Cinemática y Dinámica

Teoría y problemas resueltos

Colección Escuelas

CINEMÁTICA Y DINÁMICA

Teoría y problemas resueltos

Eduardo José López Fernández
Doctor Ingeniero de Caminos, Canales y Puertos

Roberto Alonso González Lezcano
Doctor en Ingeniería Industrial

Gastón Sanglier Contreras
Doctor en Ciencias Físicas

Sonia Cesteros García
Licenciada en Arquitectura

Escuela Politécnica Superior
Universidad San Pablo CEU de Madrid

COLEGIO DE INGENIEROS DE
CAMINOS, CANALES Y PUERTOS

Garceta
grupo editorial

Cinemática y Dinámica. Teoría y problemas resueltos

Eduardo José López Fernández; Roberto Alonso González Lezcano;
Gastón Sanglier Contreras; Sonia Cesteros García

ISBN: 978-84-1622-819-5

IBERGARCETA PUBLICACIONES, S.L., Madrid, 2019

Edición: 1ª

Nº de páginas: 240

Formato: 17 × 24 cm.

Materia IBIC: PHDT. Dinámica y estática

Cinemática y Dinámica. Teoría y problemas resueltos

ISBN (Colegio de Ingenieros de Caminos, Canales y Puertos): 978-84-380-0532-3

info@garceta.es

Imagen de cubierta: Flickr: Flowizm..._IMG_7335. Creative Commons C00.

ISBN: 978-84-1622-819-5

Edición: 1ª.

Impresión: 1ª.

Depósito legal: M-15564-2019

Impresión: Cimapress

OI: 0167/2019

IMPRESO EN ESPAÑA-PRINTED IN SPAIN

Garceta grupo editorial

COLEGIO DE INGENIEROS DE
CAMINOS, CANALES Y PUERTOS
COLECCIÓN ESCUELAS

A Marta y a Jesús.

Para vosotros como muestra de gratitud infinita.

CONTENIDO

Prólogo . . . . **XIII**

Sobre los autores . . . . **XVII**

1. Cinemática de la partícula **1**

1.1. Vector posición, velocidad y aceleración 2

1.1.1. Vector posición 2

1.1.2. Velocidad 2

1.1.3. Curva hodógrafa del movimiento 3

1.1.4. Aceleración 4

1.2. Derivada de un vector (fórmula de Poisson) 4

1.3. Coordenadas cartesianas ($\vec{i}, \vec{j}, \vec{k}$,, constantes) 5

1.3.1. Vector posición 5

1.3.2. Velocidad 5

1.3.3. Aceleración 5

1.4. Coordenadas intrínsecas o triedro de Frenet ($\vec{\tau}, \vec{n}, \vec{b}$) (triedo variable en dirección) . . . 5
1.4.1. Velocidad . . . 6
1.4.2. Aceleración . . . 6
1.5. Calculo de la trayectoria de una partícula . . . 8
1.6. Clasificación de los movimientos . . . 8
1.7. Clasificación de los movimientos . . . 9
1.7.1. Movimiento rectilíneo y uniforme . . . 9
1.7.1.1. Aceleración . . . 9
1.7.1.2. Velocidad . . . 9
1.7.1.3. Espacio recorrido . . . 9
1.7.2. Movimiento rectilíneo y uniforme . . . 10
1.7.2.1. Aceleración . . . 10
1.7.2.2. Velocidad . . . 10
1.7.2.3. Espacio recorrido . . . 11
1.7.3. Movimiento rectilíneo y uniforme . . . 11
1.7.4. Movimiento circular . . . 11
1.7.4.1. Velocidad . . . 12
1.7.4.2. Aceleración . . . 13
1.8. Coordenadas polares (r, θ) . . . 14
1.8.1. Vector posición . . . 15
1.8.2. Velocidad . . . 15
1.8.3. Aceleración . . . 16
Problemas resueltos . . . 17
Problemas propuestos . . . 38

2. Cinemática del sólido rígido . . . 51
2.1. Sólido rígido . . . 52
2.2. Movimiento de traslación . . . 52
2.3. Movimiento de rotación alrededor de un eje fijo . . . 54
2.4. Movimiento general de un sólido . . . 56
2.4.1. Relación entre las aceleraciones de los puntos de un sólido . . . 58
2.4.2. Analogías del sistema de vectores deslizantes (S.V.D.) de las $\vec{\omega_i}$ . . . 59
2.5. Movimiento helicoidal equivalente . . . 59
2.6. Movimiento plano de un sólido (S) . . . 62
2.6.1. Velocidades y aceleraciones en el movimiento plano . . . 62
2.6.2. Centro instantáneo de rotación, CIR (I) . . . 63
2.6.2.1. Forma de determinar el CIR (I) . . . 63
2.6.2.2. Cálculo práctico del CIR (I) . . . 64

2.6.2.3. Cálculo práctico de la base y la ruleta (curvas polares) 65
2.7. Movimiento de rodadura sin deslizamiento 66
2.8. Composición de movimientos. Movimiento relativo 66
2.8.1. Composición de movimientos de una partícula p 67
2.8.1.1. Velocidad absoluta de p 67
2.8.1.1. Aceleración absoluta de p 68
Problemas resueltos 70
Problemas propuestos 97

3. Teoría de campos 103
3.1. Vector posición de un punto 104
3.2. Derivada de un vector 104
3.3. Triedo de Frenet 106
3.4. Fórmulas de Frenet 107
3.5. Derivada parcial y diferencial 108
3.5.1. Derivada parcial 108
3.5.2. Diferencial 108
3.6. Campo escalar 109
3.6.1. Superficie de nivel o equiescalar 109
3.7. Campo vectorial 110
3.6.1. Líneas vectoriales o líneas del campo 110
3.8. Gradiente de una magnitud escalar 111
3.9. Operadores diferenciales 113
3.9.1. Vector nabla 113
3.9.2. Gradiente 113
3.9.3. Divergencia 114
3.9.4. Rotacional 114
3.9.5. Laplaciano 114
3.9.6. Propiedades 115
3.10. Circulación de un vector a lo largo de una línea 115
3.11. Flujo de un vector a través de una superficie 116
3.12. Teorema de Stokes 117
3.13. Teorema de Gauss 118
3.14. Clases de campos vectoriales 118
3.14.1. Campos potenciales o irrotacionales (o conservativos) 119
3.14.2. Campos solenoidales (o adivergentes) 119
3.14.3. Campos armónicos 119
Problemas resueltos 120
Problemas propuestos 141

4. Campos de fuerzas **147**
4.1. Punto material. Sistemas de puntos materiales 148
4.1.1. Punto material 148
4.1.2. Sistemas de puntos materiales 148
4.2. Noción de fuerza 148
4.2.1. Tipos de fuerzas 148
4.3. Rozamiento 149
4.4. Postulados de la mecánica clásica 149
4.5. Campos de fuerzas 150
4.6. Trabajo elemental de una fuerza 150
4.7. Trabajo a lo largo de una curva 151
4.8. Campos conservativos. Energía potencial (U). Potencial (V) 152
4.8.1. Propiedades de los campos conservativos 152
4.9. Acciones newtonianas 153
4.9.1. Campo newtoniano creado por una partícula O 154
4.10. Ley de gravitación universal. Masa gravitatoria.
Peso de un cuerpo 154
4.11. Postulado de la igualdad de la masa inerte y
la masa gravitatoria 155
Problemas resueltos 156
Problemas propuestos 168

5. Dinámica **171**
5.1. Ecuación fundamental de la dinámica del punto material 172
5.1.1. Cartesianas (x, y, z) 172
5.1.2. Triedro intrínseco o de Frenet $(\vec{\tau}, \vec{n}, \vec{b})$ 173
5.1.3. Sistema cilíndrico (ρ,θ,z) 173
5.2. Principio de d´Alembert 174
5.2.1. Punto material 174
5.2.2. Sistema de puntos materiales 174
5.3. Teorema de la energía cinética 175
5.3.1. Punto material 175
5.3.2. Sistema de puntos materiales 176
5.4. Teorema de la conservación de la energía 177
5.4.1. Punto material 177
5.4.2. Sistema de puntos materiales 177
5.5. Cantidad de movimiento 178
5.5.1. Punto material 178
5.5.2. Sistema de puntos materiales 178

5.6. Teorema de la cantidad de movimiento. 179
5.6.1. Punto material 179
5.6.2. Sistema de puntos materiales 180
5.7. Momento cinético 181
5.7.1. Punto material 181
5.7.2. Sistema de puntos materiales 182
5.8. Teorema del momento cinético. 183
5.8.1. Punto material 183
5.8.2. Sistema de puntos materiales 183
5.9. Conservación del momento cinético 184
5.9.1. Punto material 184
5.9.2. Sistema de puntos materiales 185
5.10. Momento cinético de un sólido en rotación alrededor de un eje fijo 185
5.11. Energía cinética de un sólido en rotación alrededor de un eje fijo 186
5.12. Teoremas del movimiento del centro de gravedad. 187
5.13. Momento cinético de un sistema de partículas con relación a un punto fijo. 188
5.14. Energía cinética de un sistema de partículas referida a su centro de gravedad. 189
Problemas resueltos 191
Problemas propuestos 215

PRÓLOGO

Cinemática y Dinámica es el segundo libro de la colección de varios volúmenes, que surgen de la necesidad percibida, durante un buen número de años dedicados a la enseñanza de la Física y la Mecánica, dirigida a los alumnos de los primeros cursos académicos de Ingeniería y Arquitectura, de conocer y afianzar los conceptos y sus posteriores aplicaciones a los problemas reales que se plantean en el día a día de cualquier profesional relacionado con los diferentes campos técnicos donde se desarrollan estas disciplinas, sabiendo de la importancia de la adquisición de competencias básicas, actualizadas, para afrontar con garantías las materias sucesivas donde se adquirirán competencias específicas, también fundamentales para el futuro desempeño profesional de los alumnos.

Así como el primer volumen, titulado *Estática*, se centra en el conocimiento de las distintas magnitudes físicas, escalares y vectoriales, orientándose fundamentalmente al equilibrio de los cuerpo; este segundo volumen, profundiza en las distintas operaciones con campos escalares y vectoriales, pero se dirige, fundamentalmente, al estudio y el posterior análisis del movimiento de los cuerpos, atendiendo a las causas que provocan el citado movimiento.

Como en el primer volumen, en este se plantea un enfoque teórico fundamental, acompañado de la aplicación práctica inmediata de los conocimientos adquiridos en una serie de problemas resueltos y otra de propuestos con la solución indicada, para que el proceso de aprendizaje pueda autoevaluarse, y así, ser del todo completo. Todos los problemas recogidos en los volúmenes son problemas tipo examen de diversas escuelas de Ingeniería y Arquitectura de la Universidad Politécnica de Madrid, la Universidad Carlos III de Madrid y de la Universidad San Pablo CEU de Madrid.

Los autores tienen una amplia experiencia docente acumulada durante muchos años en diferentes universidades, impartiendo Física y Mecánica Aplicadas y diversas materias técnicas relacionadas con los campos anteriores. Esto garantiza que los diferentes libros de la colección, se hayan estructurado de la manera más adecuada para que el alumno pueda adquirir las competencias mencionadas anteriormente.

Este segundo volumen denominado *Cinemática y Dinámica*, se ha dividido en cinco partes:

- *Cinemática de la partícula*, donde se presenta la partícula o punto material definiendo su posición y sometida a los campos vectoriales de velocidades y aceleraciones que definen los diferentes movimientos de la partícula.
- *Cinemática de los sistemas de puntos materiales. Sólido rígido*, aquí se definen los sistemas de puntos materiales y el sólido rígido, considerando éste como un sistema de puntos materiales continuo e indeformable. Estudiando, como en el caso de la partícula, la posición, velocidad y aceleración de los cuerpos para definir los diferentes movimientos o composición de movimientos a los que pueden estar sujetos.
- *Teoría de campos*, se introducen a través de la Geometría Diferencial y los distintos operadores diferenciales, los conceptos de circulación y flujo de los campos vectoriales y la clasificación de los mismos.
- *Campos de fuerza*, donde de manera particularizada se analizan los diferentes campos vectoriales de fuerza, conservativos y no conservativos, determinando el trabajo y la energía de los mismos.
- *Dinámica*, en este último capítulo se estudia el movimiento de los cuerpos (partícula, sistemas de partículas y sólido rígido) atendiendo a las causas (fuerzas) que lo provocan, introduciendo los diferentes teoremas y leyes que gobiernan la Mecánica Clásica.

Toda la colección se ha concebido con un único objetivo, ayudar al lector a comprender, ampliar y superar los conocimientos necesarios de las materias básicas de la Física y Mecánica Aplicadas de una manera ágil y dinámica.

Por último, queremos agradecer a todos los buenos profesores que nos ayudaron y enseñaron, siendo alumnos, a disfrutar y a amar la Física y la Mecánica a través de su experiencia, sin escatimar un ápice la transmisión de todo su conocimiento, que es como nosotros, los autores, entendemos y concebimos la docencia. De manera muy especial, es nuestro deseo mostrar la inmensa gratitud a la Editorial Garceta y al Colegio de Ingenieros de Caminos, Canales y Puertos de España por la inestimable disposición y ayuda para que esta obra haya visto la luz.

Los autores
Abril de 2019

SOBRE LOS AUTORES

Eduardo José López Fernández

Dr. Ingeniero de Caminos, Canales y Puertos desde 2010. Cursó Ingeniería de Caminos, Canales y Puertos en la Escuela de la Universidad Politécnica de Madrid y obtuvo el grado de Doctor en la Universidad San Pablo CEU.

Su trayectoria profesional se inicia en la Ingeniería y la Consultoría de Proyectos, actividad que sigue desarrollando actualmente compaginándola con la docencia, a la que se acerca siendo aún estudiante, impartiendo clases de Física y Mecánica de apoyo a estudiantes de ingenierías de la UPM. Posteriormente ha impartido Mecánica de Fluidos, Hidráulica e Hidrología.

Actualmente, además de coordinar las materias de Técnicas Analíticas y Aspectos Normativos de la Gestión en el Máster en Gestión Integrada de la Universidad San Pablo CEU, es profesor de las asignaturas de Ciclo del agua en la Edificación y Gestión de Residuos en el Título Propio de Eficiencia y Sostenibilidad en la Edificación y de Instalaciones y Servicios Técnicos y Proyecto de Instalaciones en el Grado de Arquitectura de la Escuela Politécnica Superior de la Universidad San Pablo CEU de Madrid.

Roberto Alonso González Lezcano

Doctor en Ingeniería Industrial, Postgrado en Ingeniería de Plantas, Postgrado en Didáctica Universitaria, Máster en Ingeniería Matemática. Premio Extraordinario de Doctorado. Profesor Adjunto del Departamento de Arquitectura y Diseño, en el área de Instalaciones en la Escuela Politécnica Superior de la Universidad CEU San Pablo. Ha sido docente universitario en diversas áreas: Instalaciones en la Edificación, Electromecánica y Materiales, Física, Matemáticas, Ingeniería Mecánica y Mecánica de Medios Continuos y Teoría de Estructuras. Profesor Acreditado por la ACAP en las figuras de Profesor Contratado Doctor y Profesor Doctor de Universidad Privada. Un sexenio de Investigación reconocido por el CNEAI.

Ha impartido docencia en pregrado y máster en las Universidades Carlos III de Madrid, Universidad Camilo José Cela, Universidad Europea de Madrid, Universidad Antonio de Nebrija, Universidad Politécnica de Madrid y Universidad Alfonso X El Sabio.

Ha publicado varios libros y artículos concernientes a áreas de Energía, Instalaciones y Mecánica de Medios Continuos. Coordinador y coautor de las colecciones Abecé de las Instalaciones en la Editorial Munilla-Leria e Instalaciones en el Diseño de Edificios (ediciones bilingües) en Ediciones-Asimétricas.

Gastón Sanglier Contreras

Dr. en Ciencias Físicas por la Universidad San Pablo CEU desde 2009. Estudió en la Universidad Politécnica de Madrid donde obtuvo en 1990 el título de Ingeniero Técnico Aeronáutico en la especialidad de Aeromotores y el premio extraordinario final de carrera en su especialidad. Licenciado en Ciencias Físicas con la especialidad de Física Automática e Industrial por la Universidad Nacional de Educación a Distancia (UNED) en 1998. Máster Técnico Superior en Prevención de Riesgos Laborales en las especialidades de Seguridad en el Trabajo, Ergonomía y Psicología aplicada y en Higiene Industrial.

Su trayectoria profesional la inicia en el Instituto Nacional de Técnica Aeroespacial (INTA) en los Departamentos de Motopropulsión y Energía y en el Departamento de Teledetección. Fue profesor Asociado en la Universidad Carlos III de Madrid en el Departamento de Electricidad, Electrónica y Automática. A partir de 2002 es profesor-investigador en la Universidad San Pablo CEU donde ha sido director del departamento de Ingeniería de la Edificación (2010-2012). El profesor Sanglier ha impartido Técnicas de Acondicionamiento, Física I y Física II y actualmente es profesor Titular, Responsable del Área de Ingeniería de la Construcción y coordinador de diferentes materias de los Másteres de Prevención de Riesgos Laborales y de Energías Renovables.

Sonia Cesteros García

Licenciada en Arquitectura por la Universidad CEU San Pablo. Actualmente está realizando la tesis doctoral en la línea de investigación relacionada con el consumo energético en el ámbito residencial en el Programa de Doctorado: Composición, Historia y Técnicas de Arquitectura y Urbanismo de la Universidad CEU San Pablo. Sonia Cesteros ha completado el posgrado de Simulación Energética de Edificios en la Universidad de Barcelona y el Curso Universitario Superior de Gestión de Instalaciones en la Universidad Rey Juan Carlos, compaginando el ejercicio de la profesión.

Técnico en la realización de ensayos de hermeticidad en viviendas residenciales en Madrid en el proyecto INFILES, financiado por el Ministerio de Economía y Competitividad y liderado por la Universidad de Valladolid.

Es coautora del libro de Instalaciones Eléctricas en el Diseño de Edificios de la editorial Ediciones Asimétricas. Colabora actualmente en el título propio de Eficiencia Energética y Sostenibilidad en la Edificación de la Universidad CEU San Pablo en la asignatura Eficiencia en sistemas de alumbrado y energía.

Capítulo 1

CINEMÁTICA DE LA PARTÍCULA

Índice del capítulo

1.1. Vector posición, velocidad y aceleración
1.2. Derivada de un vector (Fórmula de Poisson)
1.3. Coordenadas cartesianas
1.4. Coordenadas intrínsecas o triedro de Frenet
1.5. Calculo de la trayectoria de una partícula
1.6. Clasificación de los movimientos
1.7. Movimiento Rectilíneo
1.8. Coordenadas polares
Problemas resueltos
Problemas propuestos

1.1. VECTOR POSICIÓN, VELOCIDAD Y ACELERACIÓN

1.1.1. Vector posición

El movimiento de P respecto de un cierto sistema de referencia OXYZ, queda definido si conocemos al transcurrir un tiempo t, el vector posición $\vec{r}$ o las coordenadas (x, y, z) del punto P respecto de la referencia tomada OXYZ; es decir:

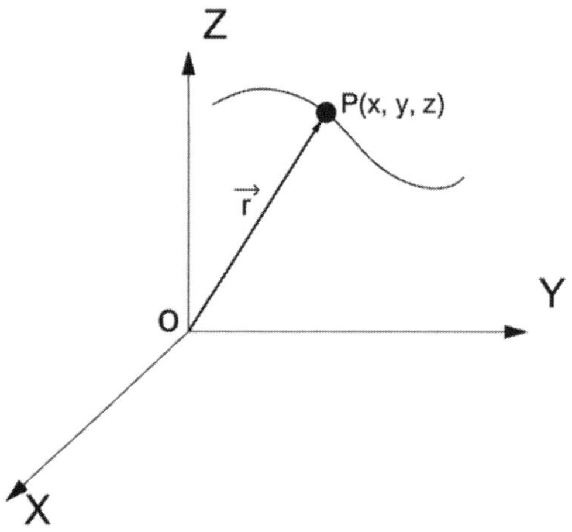

$$\vec{r} = \vec{r}(t)$$

o

$$\begin{aligned} x &= x(t) \\ y &= y(t) \rightarrow \quad \text{Ecuaciones horarias del movimiento de P} \\ z &= z(t) \end{aligned}$$

y

$$\vec{r} = x(t)\vec{\imath} + y(t)\vec{\jmath} + z(t)\vec{k}$$

El lugar geométrico de las sucesivas posiciones de P, se llama **trayectoria de P**.

El movimiento quedará definido, dadas las ecuaciones horarias.

1.1.2. Velocidad

Se define **velocidad instantánea**, como el vector que lleva la dirección de la tangente a la trayectoria.

$$\vec{v} = \lim_{\Delta t \to 0} \frac{\Delta \vec{r}}{\Delta t} = \frac{d\vec{r}}{dt}$$

El **módulo** recibe el nombre de **velocidad** y cumple:

$$v = \lim_{\Delta t \to 0} \frac{\Delta s}{\Delta t} = \frac{ds}{dt}$$

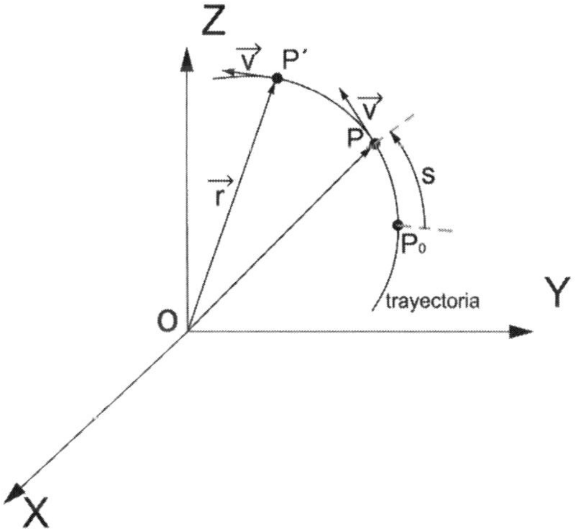

1.1.3. Curva hodógrafa del movimiento

Si representamos con un mismo origen los vectores velocidad de una partícula se obtiene una curva llamada **hodógrafa.**

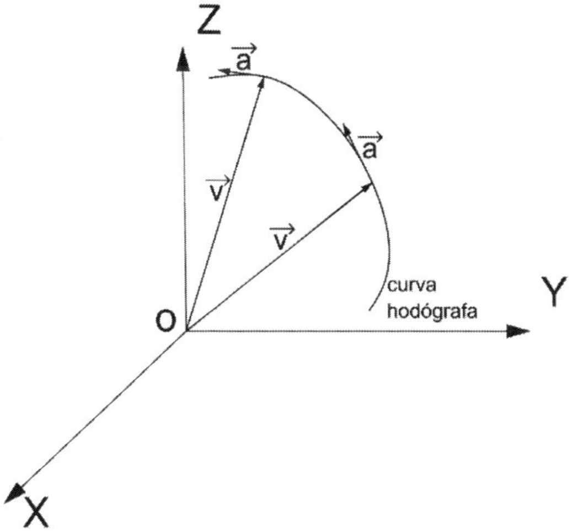

En cartesianas las ecuaciones de la hodógrafa respecto del origen de coordenadas son:

$$X = \frac{dx}{dt} = x'(t)$$

$$Y = \frac{dy}{dt} = y'(t)$$

$$Z = \frac{dz}{dt} = z'(t)$$

1.1.4. Aceleración

Se define **aceleración** como el vector tangente a la curva hodógrafa.

$$\vec{a} = \lim_{\Delta t \to 0} \frac{\Delta \vec{v}}{\Delta t} = \frac{d\vec{v}}{dt} = \frac{d^2\vec{r}}{dt^2}$$

1.2. DERIVADA DE UN VECTOR (FÓRMULA DE POISSON)

Sea un vector:

$$\vec{r} = r \cdot \vec{n}$$

siendo $\vec{n}$ el versor ($|\vec{n}| = 1$):

$$\frac{d\vec{r}}{dt} = \frac{dr}{dt} \cdot \vec{n} + r \cdot \frac{d\vec{n}}{dt}$$

Si $\vec{n}$ es variable en dirección:

$$\frac{d\vec{n}}{dt} = \vec{\omega} \wedge \vec{n}$$

donde $\vec{\omega}$ es la velocidad angular que hace que $\vec{n}$ cambie de dirección:

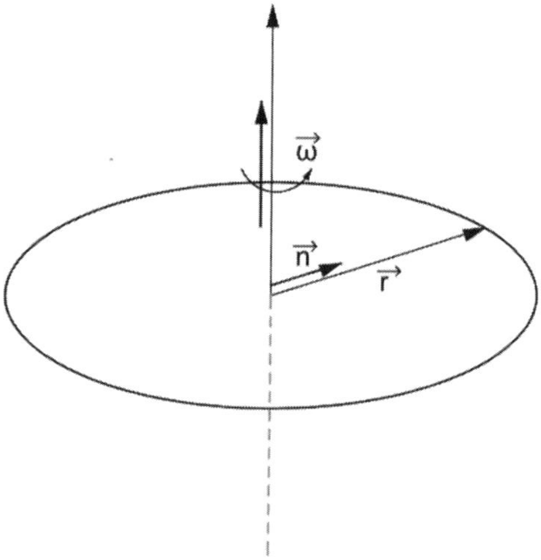

$$\frac{d\vec{r}}{dt} = \frac{dr}{dt} \cdot \vec{n} + r \cdot (\vec{\omega} \wedge \vec{n}) = \frac{dr}{dt} \cdot \vec{n} + (\vec{\omega} \wedge r\vec{n}) \rightarrow \boldsymbol{\frac{d\vec{r}}{dt} = \frac{dr}{dt} \cdot \vec{n} + (\vec{\omega} \wedge \vec{r})}$$

1.3. COORDENADAS CARTESIANAS ($\vec{i}, \vec{j}, \vec{k}$,CONSTANTES)

En el triedro de referencia cartesiano OXYZ, los versores $\vec{i}, \vec{j}, \vec{k}$ nos permiten expresar la posición, la velocidad y la aceleración.

1.3.1. Vector posición

Indica la posición de la partícula en cada instante t. Sus componentes x(t), y(t), z(t) son las denominadas **ecuaciones horarias del movimiento**.

$$\vec{r} = x(t)\vec{i} + y(t)\vec{j} + z(t)\vec{k}$$

1.3.2. Velocidad

El vector velocidad es la derivada del vector posición respecto del tiempo.

$$\vec{v} = \frac{d\vec{r}}{dt} = \frac{dx}{dt}\vec{i} + \frac{dy}{dt}\vec{j} + \frac{dz}{dt}\vec{k} = \dot{x}\vec{i} + \dot{y}\vec{j} + \dot{z}\vec{k}$$

1.3.3. Aceleración

El vector aceleración es la derivada del vector velocidad respecto del tiempo y, por tanto, la derivada segunda del vector posición respecto del tiempo.

$$\vec{a} = \frac{d^2\vec{r}}{dt^2} = \frac{d\vec{v}}{dt} = \frac{dx^2}{dt^2}\vec{i} + \frac{dy^2}{dt^2}\vec{j} + \frac{dz^2}{dt^2}\vec{k} = \ddot{x}\vec{i} + \ddot{y}\vec{j} + \ddot{z}\vec{k}$$

1.4. COORDENADAS INTRÍNSECAS O TRIEDRO DE FRENET ($\vec{\tau}, \vec{n}, \vec{b}$, TRIEDO VARIABLE EN DIRECCIÓN)

Para las coordenadas intrínsecas, en lugar de origen de coordenadas, tomamos un origen de arcos (o abscisa curvilínea) s, tal que:

$$s = s(t)$$

Ley horaria que acompañada de la trayectoria representa otra forma de definir el movimiento:

$$s = s(t) \quad \rightarrow \quad \textbf{Ley Horaria}$$

$$\left.\begin{aligned} f_1(x, y, z) &= 0 \\ f_2(x, y, z) &= 0 \end{aligned}\right. \rightarrow \textbf{Trayectoria}$$

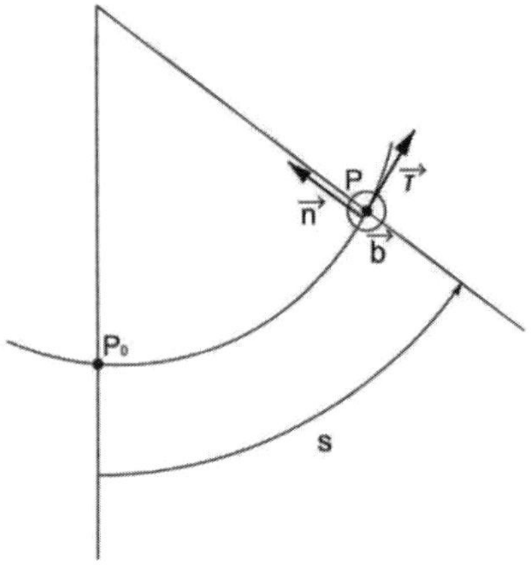

1.4.1. Velocidad

Aplicando la regla de la cadena:

$$\vec{v} = \frac{d\vec{r}}{dt} = \frac{d\vec{r}}{ds} \cdot \frac{ds}{dt}$$

Según Frenet:

$$\frac{d\vec{r}}{ds} = \vec{\tau}$$

$$\vec{v} = \vec{\tau} \cdot \frac{ds}{dt} \quad \rightarrow \quad \vec{v} = \frac{ds}{dt} \cdot \vec{\tau}$$

$$\frac{ds}{dt} = v$$

Entonces:

$$\mathbf{\vec{v} = v\vec{\tau}}$$

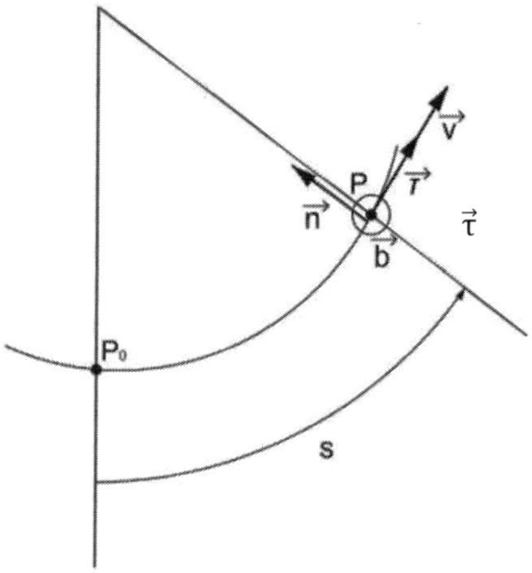

1.4.2. Aceleración

Partiendo de:

$$\vec{v} = v\vec{\tau}$$

Aplicando la regla de la cadena:

$$\vec{a} = \frac{d\vec{v}}{dt} = \frac{dv}{dt} \cdot \vec{\tau} + v \cdot \frac{d\vec{\tau}}{dt}$$

$$\vec{a} = \frac{dv}{dt} \cdot \vec{\tau} + v \cdot \frac{d\vec{\tau}}{ds} \cdot \frac{ds}{dt}$$

Según Frenet:

$$\frac{d\vec{\tau}}{ds} = \frac{1}{\rho} \cdot \vec{n}$$

$$\vec{a} = \frac{dv}{dt} \cdot \vec{\tau} + v \cdot \frac{ds}{dt} \cdot \frac{1}{\rho} \cdot \vec{n}$$

$$\mathbf{\vec{a} = \frac{dv}{dt} \cdot \vec{\tau} + \frac{v^2}{\rho} \cdot \vec{n}}$$

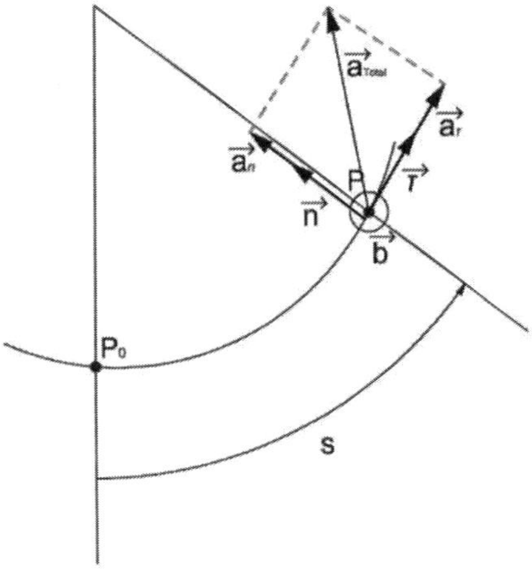

$$\vec{a} = a_t \cdot \vec{\tau} + a_n \cdot \vec{n}$$

$a_t = \dfrac{dv}{dt}$, es la aceleración tangencial (variación del módulo de la velocidad)

$$a = \sqrt{{a_t}^2 + {a_n}^2}$$

$a_n = \dfrac{v^2}{\rho}$, es la aceleración normal (variación de la dirección de la velocidad)

1.5. CALCULO DE LA TRAYECTORIA DE UNA PARTÍCULA

Definido el movimiento de la partícula, al transcurrir un cierto tiempo t, el vector posición de P será:

$$\vec{r} = x(t)\vec{i} + y(t)\vec{j} + k(t)\vec{k}$$

Y teniendo las ecuaciones horarias del movimiento:

$$x = x(t)$$
$$y = y(t)$$
$$z = z(t)$$

Eliminando el tiempo t de las ecuaciones anteriores, llegamos a la **trayectoria**.

Despejando t de una de las ecuaciones y sustituyendo en las otras dos:

$$\left.\begin{aligned} f_1(x,y,z) &= 0 \\ f_2(x,y,z) &= 0 \end{aligned}\right. \rightarrow \textbf{Trayectoria} \text{ (en el espacio)}$$

1.6. CLASIFICACIÓN DE LOS MOVIMIENTOS

Según los valores que adoptan las componentes intrínsecas de la aceleración:

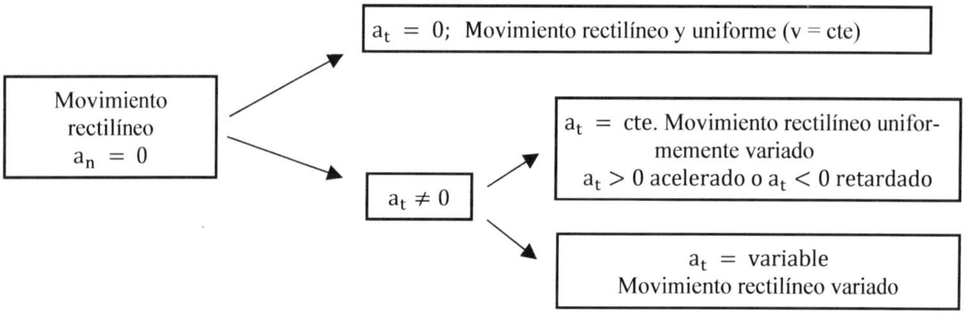

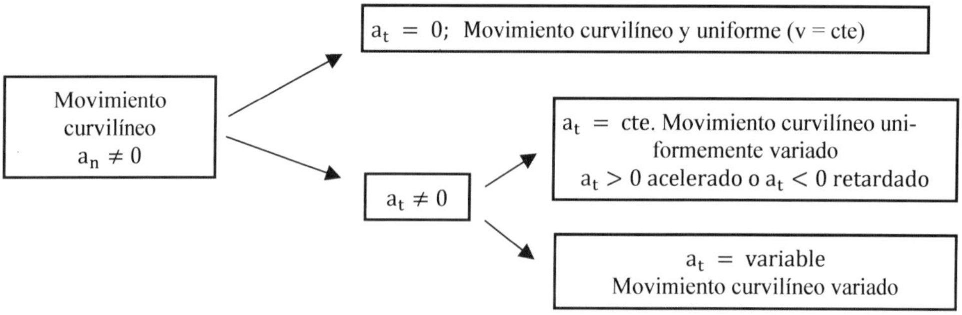

1.7. MOVIMIENTO RECTILÍNEO

Es el movimiento en el que la trayectoria de la partícula es una recta.

1.7.1. Movimiento rectilíneo y uniforme

Si además de describir una trayectoria rectilínea, la partícula se mueve con velocidad constante, el movimiento se llama rectilíneo uniforme.

1.7.1.1. Aceleración

Como la velocidad es constante la aceleración total es nula, tanto en componente tangencial como normal.

$$a = 0 \begin{cases} a_t = 0 \\ a_n = 0 \end{cases}$$

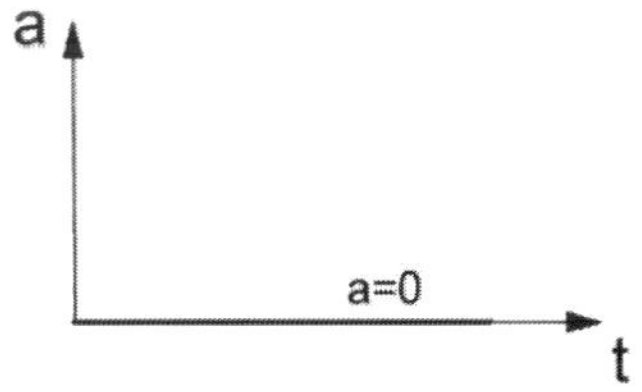

1.7.1.2. Velocidad

La velocidad en unos ejes (t,v) será una recta paralela al eje de abscisas.

$$a = \frac{dv}{dt} = 0$$

$$\mathbf{v = v_0 = constante}$$

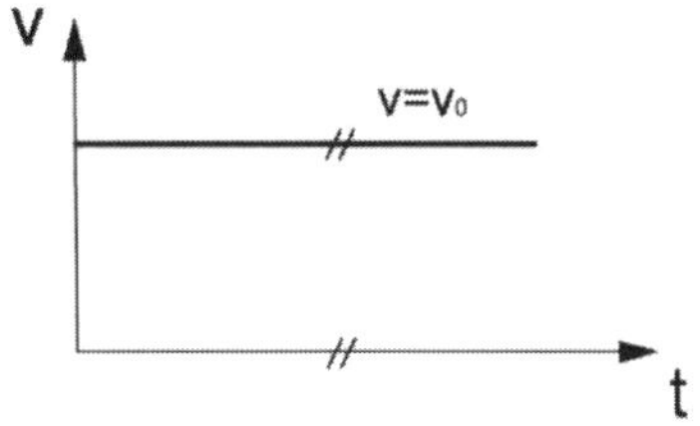

1.7.1.3. Espacio recorrido

El espacio recorrido en unos ejes (t,s) será una recta de pendiente V_0.

$$v = \frac{ds}{dt} = v_0 \quad \rightarrow \quad ds = v_0 \cdot dt$$

$$\int_{s_0}^{s} ds = \int_{t=0}^{t} v_0 \cdot dt$$

$$s - s_0 = v_0 t$$

$$\mathbf{s = s_0 + v_0 t}$$

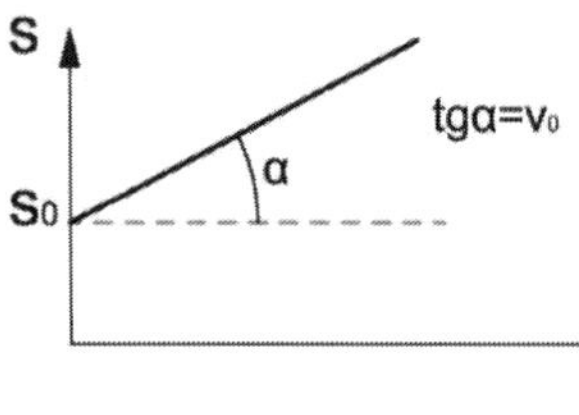

1.7.2. Movimiento uniformemente variado

Es cuando la partícula describe una trayectoria con aceleración constante.

1.7.2.1. Aceleración

Como el movimiento es rectilíneo, la partícula no tiene aclaración normal, solo tangencial y es constante.

$$a \neq 0 = \text{cte} \begin{cases} a_t \neq 0 = \text{cte} \\ a_n = 0 \end{cases}$$

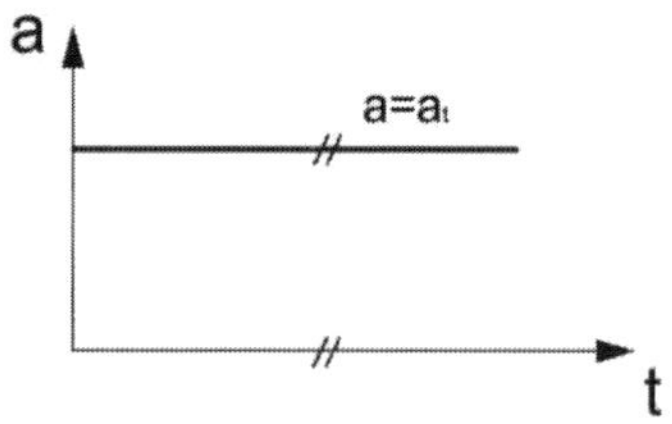

En unos ejes (t,a) se representa como una recta paralela al eje de abscisas.

1.7.2.2. Velocidad

La velocidad en unos ejes (t,v) será una recta de pendiente a_t.

$$a = a_t = \frac{dv}{dt} \quad \rightarrow \quad dv = a_t \cdot dt$$

$$\int_{v_0}^{v} dv = \int_{t=0}^{t} a_t \cdot dt \quad \rightarrow \quad v - v_0 = a_t \cdot t$$

$$\mathbf{v = v_0 + a_t \cdot t}$$

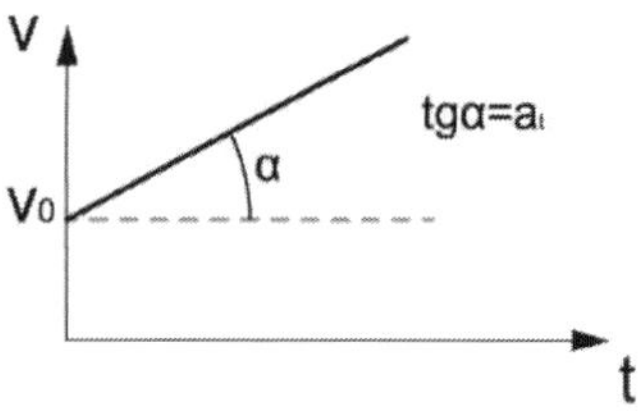

1.7.2.3. Espacio recorrido

Análogamente, en unos ejes (t,s) el espacio recorrido se representará como una parábola.

$$v = \frac{ds}{dt} = v_0 + a_t \cdot t \qquad \rightarrow \qquad ds = (v_0 + a_t \cdot t)dt$$

$$\int_{s_0}^{s} ds = \int_{t=0}^{t} (v_0 + a_t \cdot t)dt \qquad \rightarrow \qquad s - s_0 = v_0 t + \frac{1}{2} a_t \cdot t^2$$

$$\mathbf{s = s_0 + v_0 t + \frac{1}{2} a_t \cdot t^2}$$

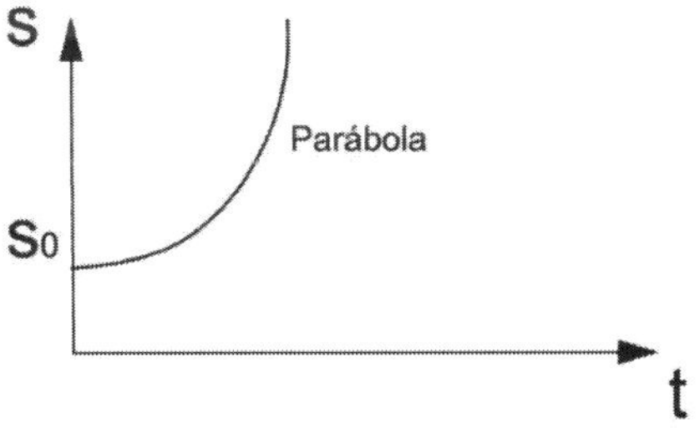

1.7.3. Movimiento rectilíneo variado

En él la aceleración varía al transcurrir un determinado tiempo t.

$$a = a(t) \left\{ \begin{array}{l} a_t = a(t) \\ a_n = 0 \end{array} \right.$$

1.7.4. Movimiento circular

Sea el movimiento de un móvil P que sigue una trayectoria circular. El movimiento queda definido por:

- el vector posición $\vec{r} = \overrightarrow{OP}$, o
- por la abscisa curvilínea $s = \widehat{P_0 P}$, o
- por el ángulo girado $\theta = \theta(t)$ que el radio vector $\overrightarrow{OP}$ forma con el eje OX.

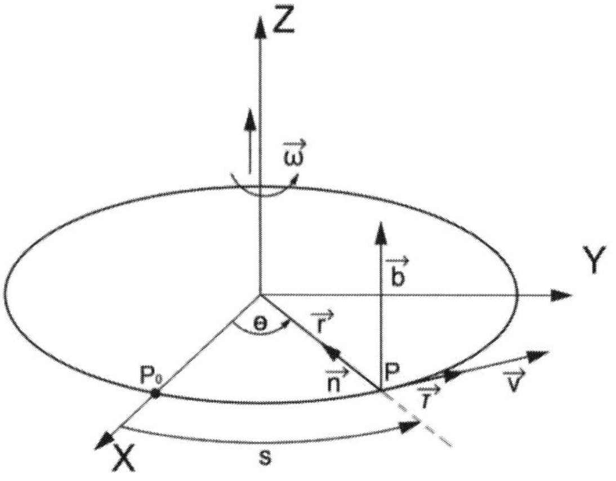

1.7.4.1. Velocidad

El módulo de la velocidad es la derivada del espacio recorrido respecto del tiempo. En el caso de utilizar el triedro de referencia de Frenet lo obtendremos derivando respecto del tiempo el citado espacio recorrido, es decir, la abscisa curvilínea o arco.

$$\vec{v} = \frac{ds}{dt} \cdot \vec{\tau}$$

Como $s = r \cdot \theta$

$$\frac{ds}{dt} = \frac{dr}{dt} \cdot \theta + r \cdot \frac{d\theta}{dt}$$

Sabiendo que r es constante.

$$\vec{v} = \left(r \cdot \frac{d\theta}{dt}\right) \cdot \vec{\tau}$$

Llamamos **velocidad angular** a

$$\frac{d\theta}{dt} = \dot{\theta} = \omega$$

$$\mathbf{\vec{v}_P = (r \cdot \omega) \cdot \vec{\tau}}$$

Vectorialmente, colocamos el vector deslizante $\vec{\omega}$ en la dirección fija del eje OZ y sentido el positivo de OZ.

$$\vec{v}_P = \overrightarrow{PO} \wedge \vec{\omega} = -\overrightarrow{OP} \wedge \vec{\omega} = \left(\vec{\omega} \wedge \overrightarrow{OP}\right)$$

$\vec{v}_P$ lleva la dirección de $\vec{\tau}$ por definición de producto vectorial.

$$|\vec{v}_P| = |\vec{\omega}| \wedge \left|\overrightarrow{OP}\right| \cdot \text{sen}\alpha = \omega \cdot r \cdot \text{sen}90^o \quad \rightarrow \quad |\vec{v}_P| = r \cdot \omega$$

$$\vec{\mathbf{v}}_{\mathbf{P}} = (\mathbf{r} \cdot \boldsymbol{\omega}) \cdot \vec{\boldsymbol{\tau}}$$

1.7.4.2. Aceleración

Obtenemos el vector aceleración derivando el vector velocidad respecto del tiempo.

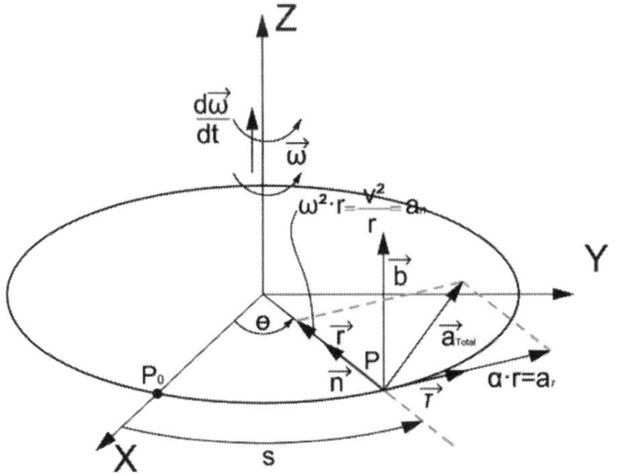

$$\vec{v}_P = (r \cdot \omega) \cdot \vec{\tau} = \left(r \cdot \frac{d\theta}{dt}\right) \cdot \vec{\tau}$$

$$\vec{a}_P = \frac{d\vec{v}_P}{dt} = \frac{d}{dt}\left(r \cdot \frac{d\theta}{dt}\right) \cdot \vec{\tau} + (r \cdot \omega) \cdot \frac{d\vec{\tau}}{dt}$$

siendo r = radio = constante.

Como

$$\omega = \frac{d\theta}{dt}$$

llamamos **aceleración angular** a:

$$\alpha = \frac{d\omega}{dt} = \frac{d^2\theta}{dt^2}$$

$$\vec{a}_P = (r \cdot \alpha) \cdot \vec{\tau} + (r \cdot \omega^2) \cdot \vec{n}$$

siendo:

$$a_t = \alpha \cdot r$$

$$a_n = \omega^2 \cdot r = \frac{v^2}{r}$$

Vectorialmente:

$$\vec{a}_P = \frac{d\vec{v}_P}{dt} = \frac{d}{dt}\left(\omega \wedge \overrightarrow{OP}\right) = \frac{d\vec{\omega}}{dt} \wedge \overrightarrow{OP} + \vec{\omega} \wedge \frac{d\overrightarrow{OP}}{dt}$$

Sabiendo que $\left|\overrightarrow{OP}\right|$ es constante:

$$\frac{d\overrightarrow{OP}}{dt} = \frac{d\left|\overrightarrow{OP}\right|}{dt} \cdot \vec{n} + \vec{\omega} \wedge \overrightarrow{OP} \qquad \rightarrow \qquad \frac{d\overrightarrow{OP}}{dt} = \vec{\omega} \wedge \overrightarrow{OP}$$

$$\mathbf{\vec{a}_P = \frac{d\vec{\omega}}{dt} \wedge \overrightarrow{OP} + \vec{\omega} \wedge \left(\omega \wedge \overrightarrow{OP}\right)}$$

$$\frac{d\vec{\omega}}{dt} \wedge \overrightarrow{OP} = \left(r \cdot \frac{d\omega}{dt}\right) \cdot \vec{\tau}$$

$$\vec{\omega} \wedge \left(\omega \wedge \overrightarrow{OP}\right) = (r\omega^2) \cdot \vec{n}$$

1.8. COORDENADAS POLARES (r, θ)

Se trata de un sistema de referencia empleado en movimientos planos que además constituye un sistema de referencia móvil.

$$\overrightarrow{u_r}, \overrightarrow{u_\theta}$$

son los versores que varían en dirección.

1.8.1. Vector posición

La posición de la partícula quedará definida por la distancia de la misma al punto O (polo) y la dirección y sentido del vector posición por el vector unitario radial $\overrightarrow{u_r}$.

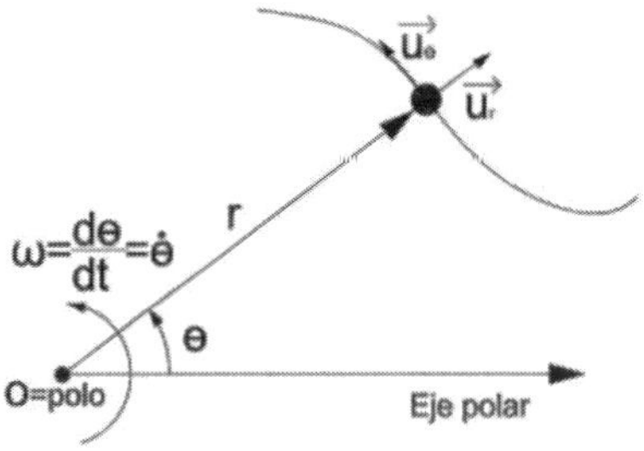

$$\vec{\boldsymbol{r}} = \boldsymbol{r} \cdot \overrightarrow{\mathbf{u_r}}$$

Las derivadas temporales de los vectores $\overrightarrow{u_r}$ y $\overrightarrow{u_\theta}$, sabiendo que ambos son variables en dirección son:

$$\frac{d\overrightarrow{u_r}}{dt} = \vec{\omega} \wedge \overrightarrow{u_r} \quad \rightarrow \quad \left[\frac{d\overrightarrow{u_r}}{dt} = \dot{\theta} \wedge \overrightarrow{u_r} = \frac{d\vec{\theta}}{dt} \wedge \overrightarrow{u_r} = \frac{d\theta}{dt} \cdot \overrightarrow{u_\theta}\right]$$

$$\frac{d\overrightarrow{u_\theta}}{dt} = \vec{\omega} \wedge \overrightarrow{u_\theta} \quad \rightarrow \quad \left[\frac{d\overrightarrow{u_\theta}}{dt} = \overrightarrow{\theta^o} \wedge \overrightarrow{u_\theta} = \frac{d\vec{\theta}}{dt} \wedge \overrightarrow{u_\theta} = -\frac{d\theta}{dt} \cdot \overrightarrow{u_r}\right]$$

1.8.2. Velocidad

A partir del vector posición, la velocidad se obtiene al derivar este.

$$\vec{v} = \frac{d\vec{r}}{dt} = \frac{dr}{dt} \cdot \overrightarrow{u_r} + r \cdot \frac{d\overrightarrow{u_r}}{dt} = \frac{dr}{dt} \cdot \overrightarrow{u_r} + r \cdot \frac{d\theta}{dt} \cdot \overrightarrow{u_\theta}$$

$$\vec{\boldsymbol{v}} = \dot{\boldsymbol{r}}\overrightarrow{\mathbf{u_r}} + \dot{\boldsymbol{\theta}} \cdot \boldsymbol{r} \cdot \overrightarrow{\mathbf{u_\theta}}$$

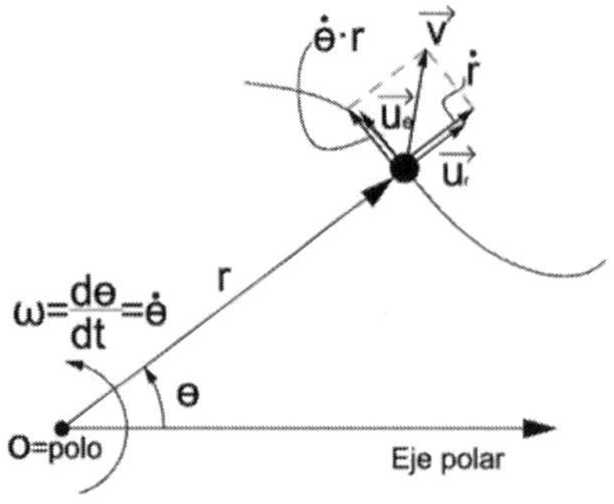

1.8.3. Aceleración

Por último a partir del vector velocidad obtenido al derivar este conseguimos el vector aceleración.

$$\vec{a} = \frac{d\vec{v}}{dt} = \left(\frac{d\dot{r}}{dt}\cdot\vec{u_r} + \dot{r}\cdot\frac{d\vec{u_r}}{dt}\right) + \left[\frac{d\dot{\theta}}{dt}\cdot r\vec{u_\theta} + \dot{\theta}\cdot\frac{d}{dt}(r\cdot\vec{u_\theta})\right]$$

$$= \left(\ddot{r}\vec{u_r} + \dot{r}\cdot\frac{d\theta}{dt}\cdot\vec{u_\theta}\right) + \left[\ddot{\theta}\cdot r\vec{u_\theta} + \dot{\theta}\cdot\left(\frac{dr}{dt}\cdot\vec{u_\theta} + r\cdot\frac{d\vec{u_\theta}}{dt}\right)\right]$$

$$= \left(\ddot{r}\vec{u_r} + \dot{r}\cdot\dot{\theta}\cdot\vec{u_\theta}\right) + \left[\ddot{\theta}\cdot r\vec{u_\theta} + \dot{\theta}\cdot\left(\dot{r}\cdot\vec{u_\theta} + r\cdot\left(-\frac{d\theta}{dt}\right)\vec{u_r}\right)\right]$$

$$= \left(\ddot{r}\vec{u_r} + \dot{\theta}\cdot\dot{r}\cdot\vec{u_\theta}\right) + \left(\ddot{\theta}\cdot r\vec{u_\theta} + \dot{\theta}\cdot\dot{r}\vec{u_\theta} - \dot{\theta}^2\cdot r\vec{u_r}\right)$$

$$\boldsymbol{\vec{a} = (\ddot{r} - \dot{\theta}^2\cdot r)\vec{u_r} + (\ddot{\theta}r + 2\dot{\theta}\dot{r})\vec{u_\theta}}$$

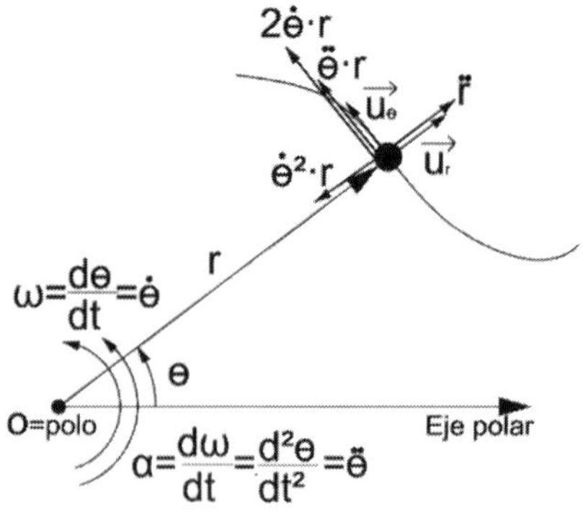

PROBLEMAS RESUELTOS

Ejercicio 1.1. Una partícula que se mueve en el plano XOY, parte del reposo desde el origen y se mueve con una aceleración $a = 2\sqrt{t^2+9}\,(m/s^2)$. Sabiendo que su aceleración en la dirección OY es de 6 m/s^2.

Hallar la posición de la partícula, la trayectoria y la curva hodógrafa.

a) Posición de la partícula:

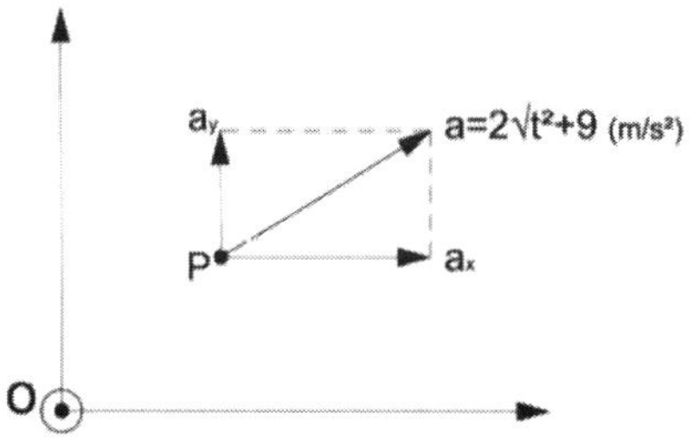

$$a = 2\sqrt{t^2+9}\,(m/s^2) \qquad a_y = 6\,(m/s^2)$$

Como:

$$a = \sqrt{{a_x}^2 + {a_y}^2} \quad \rightarrow \quad a_x = \sqrt{a^2 + {a_y}^2} = \sqrt{4(t^2+9) - 36}$$

$$a_x = \sqrt{4t^2 + 36 - 36} = \sqrt{4t^2} \quad \rightarrow \quad \boldsymbol{a_x = 2t}$$

Entonces:

$$a_x = \frac{dv_x}{dt} = 2t \quad \rightarrow \quad dv_x = 2t\,dt \quad \rightarrow \quad v_x = \int 2t\,dt = \frac{2t^2}{2} + C_1$$
$$= t^2 + C_1$$

$$a_y = \frac{dv_y}{dt} = 6 \quad \rightarrow \quad dv_y = 6\,dt \quad \rightarrow \quad v_y = \int 6\,dt = 6t + C_2$$

Sabiendo que la partícula parte del reposo, determinamos las constantes C$_1$ y C$_2$:

Si $t = 0$ $\qquad X_0 = 0;\ (v_x)_0 = 0 \qquad Y_0 = 0;\ (v_y)_0 = 0$

$(v_x)_0 = 0^2 + C_1 \quad \rightarrow \quad C_1 = 0 \quad \rightarrow \quad \boldsymbol{v_x = t^2}$

$\left(v_y\right)_0 = 6 \cdot 0 + C_2 \quad \rightarrow \quad C_2 = 0 \quad \rightarrow \quad \boldsymbol{v_y = 6t}$

$v_x = \dfrac{dx}{dt} = t^2 \quad \rightarrow \quad dx = t^2 dt \quad \rightarrow \quad x = \displaystyle\int t^2 dt \quad \rightarrow \quad x = \dfrac{t^3}{3} + C_3$

$v_y = \dfrac{dy}{dt} = 6t \quad \rightarrow \quad dy = 6t\,dt \quad \rightarrow \quad y = \displaystyle\int 6t\,dt \quad \rightarrow \quad y = \dfrac{6t^2}{2} + C_4$

b) Trayectoria de la partícula:

$$x = 2t \qquad (1)$$

$$y = 4t^2 - 4t \qquad (2)$$

Despejando t en (1):

$$t = \frac{x}{2}$$

Sustituyendo t en (2):

$$y = 4\left(\frac{x}{2}\right)^2 - 4\left(\frac{x}{2}\right) \quad \rightarrow \quad y = \frac{4x^2}{4} - \frac{4x}{2} \quad \rightarrow \quad \boldsymbol{y = x^2 - 2x}$$

La trayectoria es una parábola.

c) La curva hodógrafa:

$$X = \frac{dx}{dt} = v_x = 2$$

$$Y = \frac{dy}{dt} = v_y = 8t - 4$$

La recta:

$X = 2 + 0 \cdot t$

$Y = -4 + 1 \cdot t$

$Z = 0 + 0 \cdot t$

$$P(2,-4,0) \quad \text{y} \quad \vec{v}(0,8,0)$$

$$\frac{X-2}{0} = \frac{Y+4}{8} = \frac{Z-0}{0}$$

$$X = 2 \quad \text{y} \quad Z = 0$$

Radio de la curvatura:

$$a_n = \frac{v^2}{\rho} \quad \rightarrow \quad a_n = \frac{8}{\sqrt{16t^2-16t+5}} \quad \text{y} \quad v = 2\sqrt{16t^2-16t+5}$$

$$\frac{8}{\sqrt{16t^2-16t+5}} = \frac{4(16t^2-16t+5)}{\rho}$$

$$\rho = \frac{1}{2}(16t^2-16t+5)\sqrt{16t^2-16t+5}$$

$$\boldsymbol{\rho = \frac{1}{2}\sqrt{(16t^2-16t+5)^3}}$$

Ejercicio 1.2. Un móvil que parte del origen del sistema de referencia y recorre la parábola $2y = x^2$ (x e y en m), siendo la proyección del movimiento sobre el eje OX de velocidad constante $v_0 = 2\ m/s$.

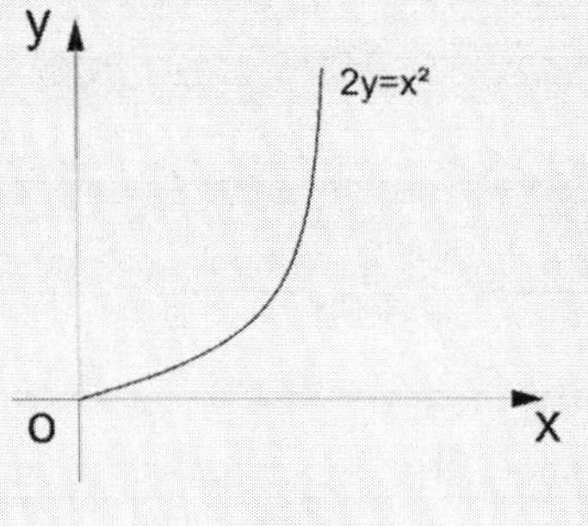

Calcular:

a) La velocidad

b) La aceleración

c) Las componentes intrínsecas de la aceleración

d) El radio de curvatura

a) Velocidad, como conozco que la velocidad según el eje x es $v_0 = 2\, m/s$

$$\frac{dx}{dt} = 2 \quad \rightarrow \quad \int dx = \int 2\, dt \quad \rightarrow \quad x = 2 \cdot t + C$$

Como se conoce que el móvil parte del origen, en $t = 0$:

$$x = 0$$

$$y = 0$$

Si $x = 0$:

$$0 = 2 \cdot 0 + C \quad \rightarrow \quad C = 0$$

por tanto:

$$x = 2t \quad \rightarrow \quad x = 2t$$

$$y = \frac{(2t)^2}{2} = \frac{4t^2}{2} \quad \rightarrow \quad y = 2t^2$$

Por tanto, la velocidad:

$$\frac{dx}{dt} = 2 \quad y \quad \frac{dy}{dt} = 4t$$

$$\vec{v} = 2\vec{\imath} + 4t\vec{\jmath}\ (m/s)$$

$$v = \sqrt{(2)^2 + (4t)^2} = \sqrt{4 + 16t^2} = \sqrt{4 \cdot (1 + 4t^2)}$$

$$\boldsymbol{v = 2 \cdot \sqrt{(1 + 4t^2)}\ (m/s)}$$

b) Aceleración:

$$\frac{d^2x}{dt^2} = 0 \quad y \quad \frac{d^2y}{dt^2} = 4$$

$$\vec{a} = 4\vec{\jmath}\ (m/s^2) \quad ; \quad a = 4\, m/s^2$$

c) Componentes intrínsecas de la aceleración

$$a_t = \frac{dv}{dt} = 2 \cdot \frac{1}{2 \cdot \sqrt{(1 + 4t^2)}} \cdot 8t \quad \rightarrow \quad a_t = \frac{8t}{\sqrt{(1 + 4t^2)}}\ m/s^2$$

$$a = \sqrt{{a_t}^2 + {a_n}^2} \quad \rightarrow \quad a^2 = {a_t}^2 + {a_n}^2$$

$$a_n{}^2 = a^2 - a_t{}^2 = 4^2 - \left(\frac{8t}{\sqrt{(1+4t^2)}}\right)^2 = 16 - \frac{64t^2}{(1+4t^2)}$$

$$a_n{}^2 = \frac{16\cdot(1+4t^2) - 64t^2}{(1+4t^2)} = \frac{16 - 64t^2 + 64t^2}{(1+4t^2)} = \frac{16}{(1+4t^2)}$$

$$\boldsymbol{a_n} - \sqrt{\frac{\mathbf{16}}{(\mathbf{1}+\mathbf{4}\boldsymbol{t}^{\mathbf{2}})}} = \frac{\mathbf{4}}{\sqrt{(\mathbf{1}+\mathbf{4}\boldsymbol{t}^{\mathbf{2}})}}$$

d) Radio de curvatura

$$a_n = \frac{v^2}{\rho} \quad \rightarrow \quad \rho = \frac{v^2}{a_n} \quad \rightarrow \quad \rho = \frac{\left(2\cdot\sqrt{(1+4t^2)}\right)^2}{\dfrac{4}{\sqrt{(1+4t^2)}}}$$

$$\rho = \frac{4\cdot(1+4t^2)\cdot\sqrt{(1+4t^2)}}{4} \quad \rightarrow \quad \boldsymbol{\rho} = \sqrt{(\mathbf{1}+\mathbf{4}\boldsymbol{t}^{\mathbf{2}})^{\mathbf{3}}}\ (\mathrm{m})$$

Ejercicio 1.3. Un punto se mueve en el plano XOY con velocidad tal que:

$$v_x = k\cdot y \quad ; \quad v_y = k\cdot x$$

Inicialmente el punto móvil está en (c, 0).

Hallar la trayectoria y el tiempo que tarda en alcanzar una posición genérica en la trayectoria.

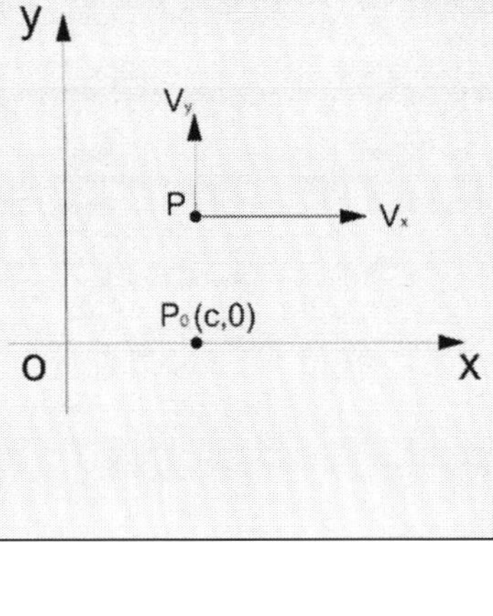

Sabiendo que en t = 0

$$x_0 = c$$

$$y_0 = 0$$

$$v_x = \frac{dx}{dt} \quad \rightarrow \quad K \cdot y = \frac{dx}{dt} \tag{1}$$

$$v_y = \frac{dy}{dt} \quad \rightarrow \quad K \cdot x = \frac{dy}{dt} \tag{2}$$

Como no se conoce ni x ni y, se divide (1) entre (2):

$$\frac{K \cdot y}{K \cdot x} = \frac{\frac{dx}{dt}}{\frac{dy}{dt}} \quad \rightarrow \quad \frac{y}{x} = \frac{dx}{dy} \quad \rightarrow \quad y \cdot dy = x \cdot dx$$

$$\rightarrow \quad \int y \cdot dy = \int x \cdot dx \quad \rightarrow \quad \frac{y^2}{2} = \frac{x^2}{2} + cte$$

En t = 0

$$\frac{0^2}{2} = \frac{c^2}{2} + cte \quad \rightarrow \quad cte = -\frac{c^2}{2}$$

$$\frac{y^2}{2} = \frac{x^2}{2} - \frac{c^2}{2} \quad \rightarrow \quad \frac{x^2}{2} - \frac{y^2}{2} = \frac{c^2}{2} \quad \rightarrow \quad \boldsymbol{x^2 - y^2 = c^2} \tag{3}$$

La trayectoria es una **hipérbola equilátera**

Para conocer el tiempo que tarda en alcanzar el punto una posición genérica en la trayectoria calculada en (2) se hace:

$$dy = K \cdot x \cdot dt \quad \rightarrow \quad dt = \frac{dy}{K \cdot x}$$

Conociendo que x en (3) es:

$$x = \sqrt{c^2 + y^2}$$

$$dt = \frac{dy}{K \cdot \sqrt{c^2 + y^2}} \quad \rightarrow \quad \int dt = \int \frac{dy}{K \cdot \sqrt{c^2 + y^2}} \quad \rightarrow \quad t = \frac{1}{k} \int \frac{dy}{\sqrt{c^2 + y^2}}$$

Multiplicando y dividiendo por $\frac{1}{c}$

$$t = \frac{1}{k}\int \frac{\frac{1}{c}\cdot dy}{\frac{\sqrt{c^2+y^2}}{c}} = \frac{1}{k}\int \frac{\frac{1}{c}\cdot dy}{\sqrt{\frac{c^2+y^2}{c^2}}} = \frac{1}{k}\int \frac{\frac{1}{c}\cdot dy}{\sqrt{1+\left(\frac{y}{c}\right)^2}}$$

$$t = \frac{1}{k}\cdot argsh\left(\frac{y}{c}\right) + cte_2$$

En t = 0

$$0 = \frac{1}{k}\cdot argsh\left(\frac{0}{c}\right) + cte_2 \quad \rightarrow \quad cte_2 = 0$$

$$\boldsymbol{t = \frac{1}{k}\cdot argsh\left(\frac{y}{c}\right)}$$

Ejercicio 1.4. Un punto se mueve en el plano de modo que sus aceleraciones tangencial y normal son:

$$a_t = \alpha \quad ; \quad a_n = \beta\cdot t^4$$

siendo α y β constantes positivas y t el tiempo.

En el instante t = 0 el punto se encontrada en reposo.

Hallar en función del espacio recorrido s:

a) El radio de curvatura de la trayectoria del punto.

b) La aceleración a total del punto.

a) Como $\boldsymbol{a_t = \alpha}$

$$a_t = \frac{dv}{dt} \quad \rightarrow \quad \frac{dv}{dt} = \alpha \quad \rightarrow \quad dv = \alpha\cdot dt$$

$$\rightarrow \quad \int_{v=v_0=0}^{v=v} dv = \alpha\int_{t=0}^{t=t} dt \quad \rightarrow \quad \boldsymbol{v = \alpha\cdot t} \qquad (1)$$

$$v = \frac{ds}{dt} \quad \rightarrow \quad ds = v\cdot dt \quad \rightarrow \quad ds = \alpha\cdot t\cdot dt$$

$$\rightarrow \quad \int_{s = s_0 = 0}^{s = s} ds = \alpha \int_{t = 0}^{t = t} dt \quad \rightarrow \quad s = \alpha \cdot \frac{t^2}{2} \quad \rightarrow \quad \boldsymbol{t} = \sqrt{\frac{\boldsymbol{2s}}{\boldsymbol{\alpha}}} \qquad (2)$$

$$a_n = \beta \cdot t^4$$

$$\rightarrow \quad \frac{v^2}{\rho} = \beta \cdot t^4 \quad \rightarrow \quad \rho = \frac{v^2}{\beta \cdot t^4} = \frac{\alpha^2 \cdot t^2}{\beta \cdot t^4} = \frac{\alpha^2}{\beta \cdot t^2} \; (3)$$

$$a_n = \frac{v^2}{\rho}$$

Sustituyendo (2) en (3)

$$\rho = \frac{\alpha^2}{\beta \cdot \frac{2s}{\alpha}} = \frac{\alpha^3}{2\beta s}$$

b)

$$a_{Total} = \sqrt{{a_t}^2 + {a_n}^2} = \sqrt{\alpha^2 + (\beta \cdot t^4)^2} = \sqrt{\alpha^2 + \beta^2 \cdot t^8}$$

$$t^8 = \left(\frac{2s}{\alpha}\right)^4 = \frac{16s^4}{\alpha^4}$$

$$a_{Total} = \sqrt{\alpha^2 + \frac{\beta^2 \cdot 16s^4}{\alpha^4}} = \sqrt{\frac{\alpha^6 + \beta^2 \cdot 16s^4}{\alpha^4}}$$

$$\boldsymbol{a_{Total}} = \frac{\mathbf{1}}{\boldsymbol{\alpha^2}} \sqrt{\boldsymbol{\alpha^6 + \beta^2 \cdot 16s^4}}$$

Ejercicio 1.5. Las ecuaciones horarias del movimiento de un punto son:

$$X = R \cdot cos\omega t$$
$$Y = R \cdot sen\omega t$$
$$Z = R \cdot ch\omega t$$

siendo ω y R constantes.

Hallar los vectores velocidad y aceleración, la ley horaria de espacios, y el radio de curvatura de flexión de la trayectoria.

a) Vector velocidad:

El vector posición de la partícula es:

$$\vec{r} = R \cdot cos\omega t\,\vec{\imath} + R \cdot sen\omega t\,\vec{\jmath} + R \cdot ch\omega t\,\vec{k}$$

El vector velocidad es:

$$\vec{v} = \frac{d\vec{r}}{dt} = -R \cdot \omega \cdot sen\omega t\,\vec{\imath} + R \cdot \omega \cdot cos\omega t\,\vec{\jmath} + R \cdot \omega \cdot sh\omega t\,\vec{k}$$

El módulo del vector velocidad es el siguiente:

$$v = \sqrt{(-R \cdot \omega \cdot sen\omega t)^2 + (R \cdot \omega \cdot cos\omega t)^2 + (R \cdot \omega \cdot sh\omega t)^2}$$

$$v = \sqrt{R^2 \cdot \omega^2 \cdot sen^2\omega t + R^2 \cdot \omega^2 \cdot cos^2\omega t + R^2 \cdot \omega^2 \cdot sh^2\omega t}$$

$$v = \sqrt{R^2 \cdot \omega^2 \cdot [(sen^2\omega t + cos^2\omega t) + sh^2\omega t]}$$

$$v = \sqrt{R^2 \cdot \omega^2 \cdot (1 + sh^2\omega t)} = R \cdot \omega \cdot \sqrt{1 + sh^2\omega t} = R \cdot \omega \cdot \sqrt{ch^2\omega t}$$

$$\boldsymbol{v = R \cdot \omega \cdot ch\omega t}$$

b) Vector aceleración:

$$\vec{a} = \frac{d\vec{v}}{dt} = -R \cdot \omega^2 \cdot cos\omega t\,\vec{\imath} - R \cdot \omega^2 \cdot sen\omega t\,\vec{\jmath} + R \cdot \omega^2 \cdot ch\omega t\,\vec{k}$$

El módulo del vector aceleración es el siguiente:

$$a = \sqrt{(-R \cdot \omega^2 \cdot cos\omega t)^2 + (-R \cdot \omega^2 \cdot sen\omega t)^2 + (R \cdot \omega^2 \cdot ch\omega t)^2}$$

$$a = \sqrt{R^2 \cdot \omega^4 \cdot cos^2\omega t + R^2 \cdot \omega^4 \cdot sen^2\omega t + R^2 \cdot \omega^4 \cdot ch^2\omega t}$$

$$a = \sqrt{R^2 \cdot \omega^4 \cdot [(cos^2\omega t + sen^2\omega t) + ch^2\omega t]} = \sqrt{R^2 \cdot \omega^4 \cdot (1 + ch^2\omega t)}$$

$$\boldsymbol{a = R \cdot \omega^2 \cdot \sqrt{1 + ch^2\omega t}}$$

c) Ley horaria de espacios es:

$$v = \frac{ds}{dt} \quad \rightarrow \quad ds = v \cdot dt \quad \rightarrow \quad ds = R \cdot \omega \cdot ch\omega t \cdot dt$$

$$\rightarrow \quad s = \int R \cdot \omega \cdot ch\omega t \cdot dt \quad \rightarrow \quad s = R \cdot \omega \cdot \int ch\omega t \cdot dt$$

$$\rightarrow \quad s = R \cdot \omega \cdot \frac{1}{\omega} \cdot sh\omega t + Cte$$

$$\boldsymbol{s = R \cdot sh\omega t + Cte}$$

d) Radio de curvatura de flexión de la trayectoria

Conociendo que:

$$a_n = \frac{v^2}{\rho} \quad \rightarrow \quad \rho = \frac{v^2}{a_n}$$

$$a_t = \frac{dv}{dt} \quad \rightarrow \quad a_t = R \cdot \omega^2 \cdot sh\omega t$$

$$a^2 = a_t{}^2 + a_n{}^2 \quad \rightarrow \quad a_n = \sqrt{a^2 - a_t{}^2}$$

$$a_n = \sqrt{\left(R \cdot \omega^2 \cdot \sqrt{1 + ch^2\omega t}\right)^2 - (R \cdot \omega^2 \cdot sh\omega t)^2}$$

$$a_n = \sqrt{R^2 \cdot \omega^4 \cdot (1 + ch^2\omega t) - R^2 \cdot \omega^4 \cdot sh^2\omega t}$$

$$a_n = \sqrt{R^2 \cdot \omega^4 \cdot (1 + ch^2\omega t - sh^2\omega t)} = \sqrt{R^2 \cdot \omega^4 \cdot 2}$$

$$\boldsymbol{a_n = R \cdot \omega^2 \cdot \sqrt{2}}$$

$$\rho = \frac{v^2}{a_n} = \frac{R^2 \cdot \omega^2 \cdot ch^2\omega t}{R \cdot \omega^2 \cdot \sqrt{2}}$$

$$\boldsymbol{\rho = \frac{R \cdot \sqrt{2}}{2} \cdot ch^2\omega t}$$

Ejercicio 1.6. Un punto M describe una circunferencia de centro O y radio R de modo que su proyección P desde el centro sobre la tangente en un punto fijo A, está animada de un movimiento uniforme.

$$AP = a \cdot t$$

Hallar la velocidad de M en el instante t.

Colocando los ejes oxyz y como M describe un movimiento circular en todo momento, la velocidad de M en módulo es:

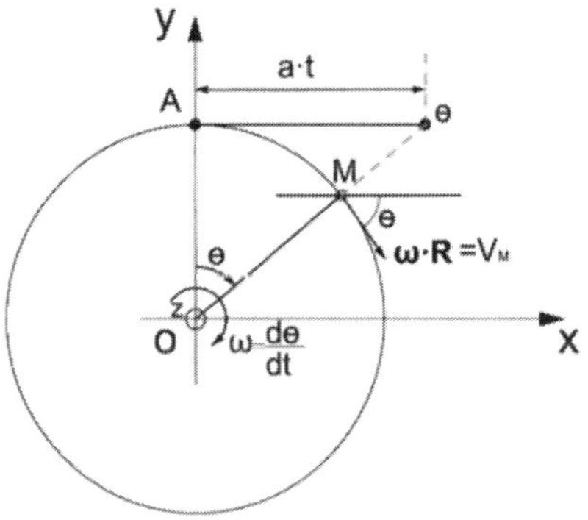

$$V_M = \omega \cdot R = \frac{d\theta}{dt} \cdot R$$

Tiene dirección y sentido el de avance del parámetro y tangente a la circunferencia.

$$\overrightarrow{V_M} = \vec{\omega} \wedge \overrightarrow{OM}$$

$$\left|\overrightarrow{V_M}\right| = |\vec{\omega}| \cdot \left|\overrightarrow{OM}\right| \cdot sen90^o = \omega \cdot R$$

Consiguiendo que $\theta = \theta(t)$ y derivando:

$$\theta \quad \rightarrow \quad tg\theta = \frac{a \cdot t}{R} \quad \rightarrow \quad \theta = arctg\left[\frac{a \cdot t}{R}\right]$$

$$y \quad \rightarrow \quad arctg[f(x)] \quad \rightarrow \quad \frac{dy}{dx} = \frac{1 \cdot f'(x)}{1 + [f(x)]^2}$$

$$\frac{d\theta}{dt} = \frac{1}{1 + \left(\frac{a \cdot t}{R}\right)^2} \cdot \frac{a}{R} = \frac{\frac{a}{R}}{\frac{R^2 + a^2 \cdot t^2}{R^2}} \quad \rightarrow \quad \boldsymbol{\frac{d\theta}{dt} = \frac{a \cdot R}{a^2 \cdot t^2 + R^2} = \omega}$$

$$V_M = \omega \cdot R = \frac{a \cdot R}{a^2 \cdot t^2 + R^2} \cdot R \quad \rightarrow \quad \boldsymbol{V_M = \frac{a \cdot R^2}{a^2 \cdot t^2 + R^2}}$$

Si queremos conocerlo vectorialmente, proyectamos sobre los ejes:

$$\overrightarrow{V_M} = V_M \cdot cos\theta\,\vec{\imath} - V_M \cdot sen\theta\,\vec{\jmath}$$

Necesitamos conocer las expresiones del seno y el coseno:

$$\frac{1}{cos^2\theta} = 1 + tg^2\theta = 1 + \frac{a^2 \cdot t^2}{R^2} \quad \rightarrow \quad \frac{1}{cos^2\theta} = \frac{R^2 + a^2 \cdot t^2}{R^2}$$

$$cos^2\theta = \frac{R^2}{R^2 + a^2 \cdot t^2} \quad \rightarrow \quad cos\theta = \sqrt{\frac{R^2}{R^2 + a^2 \cdot t^2}}$$

Como $sen^2\theta + cos^2\theta = 1$

$$sen^2\theta = 1 - cos^2\theta \quad \rightarrow \quad sen^2\theta = 1 - \frac{R^2}{R^2 + a^2 \cdot t^2} = \frac{R^2 + a^2 \cdot t^2 - R^2}{R^2 + a^2 \cdot t^2}$$

$$sen\theta = \sqrt{\frac{a^2 \cdot t^2}{R^2 + a^2 \cdot t^2}}$$

$$\boldsymbol{sen\theta = \frac{a \cdot t}{\sqrt{R^2 + a^2 \cdot t^2}}} \quad ; \quad \boldsymbol{cos\theta = \frac{R}{\sqrt{R^2 + a^2 \cdot t^2}}}$$

$$\overrightarrow{V_M} = \frac{a \cdot R^2}{R^2 + a^2 \cdot t^2} \cdot \frac{R}{\sqrt{R^2 + a^2 \cdot t^2}}\,\vec{\imath} - \frac{a \cdot R^2}{R^2 + a^2 \cdot t^2} \cdot \frac{a \cdot t}{\sqrt{R^2 + a^2 \cdot t^2}}\,\vec{\jmath}$$

$$\boldsymbol{\overrightarrow{V_M} = \frac{a \cdot R^3}{\sqrt{(R^2 + a^2 \cdot t^2)^3}}\,\vec{\imath} - \frac{a^2 \cdot R^2 \cdot t}{\sqrt{(R^2 + a^2 \cdot t^2)^3}}\,\vec{\jmath}}$$

Si necesitamos conocer la aceleración de M, se obtiene a través de las componentes intrínsecas:

$$a_t = \frac{dv}{dt} \quad \rightarrow \quad a_t = \frac{dV_M}{dt} = \frac{0 \cdot (R^2 + a^2 \cdot t^2) - a \cdot R^2 \cdot (2a^2 \cdot t)}{(R^2 + a^2 \cdot t^2)^2}$$

$$a_n = \frac{v^2}{\rho} \quad \rightarrow \quad a_n = \frac{\left[\left(\frac{a \cdot R^2}{R^2 + a^2 \cdot t^2}\right)^2\right]}{R}$$

$$\boldsymbol{a_t = -\frac{2 \cdot a^3 \cdot R^2 \cdot t}{(R^2 + a^2 \cdot t^2)^2}}$$

$$a_n = \frac{a^2 \cdot R^4}{R \cdot (R^2 + a^2 \cdot t^2)^2}$$

$$\boldsymbol{a_n = \frac{a^2 \cdot R^3}{(R^2 + a^2 \cdot t^2)^2}}$$

Ejercicio 1.7. Hallar la trayectoria del punto M de la biela de un mecanismo de biela y manivela, si:

$$r = L = 60\ cm$$

$$AB = L$$

$$M_B = \frac{L}{3}$$

$$\varphi = 4\pi t$$

Sabiendo que t se expresa en segundos, determinar la velocidad y la aceleración del punto M en el instante cuando $\varphi = 0$.

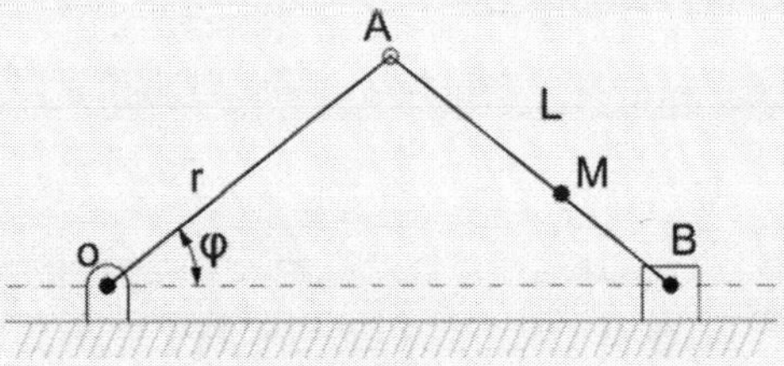

Para conocer la trayectoria se necesitan las ecuaciones horarias de M, colocar unos ejes fijos (cualquiera) y conocer las coordenadas de M:

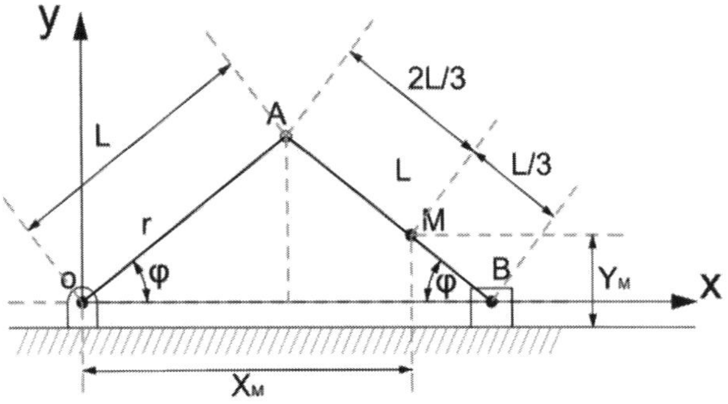

$$X_M = x = L \cdot cos\varphi + \frac{2L}{3} \cdot cos\varphi = \frac{5L}{3} \cdot cos\varphi \qquad (1)$$

$$Y_M = y = \frac{L}{3} \cdot sen\varphi \qquad (2)$$

Para calcular la trayectoria se elimina φ en (1) y (2):

$$Y_M{}^2 = \frac{L^2}{9} \cdot sen^2\varphi \quad \rightarrow \quad sen^2\varphi = \frac{9 \cdot Y_M{}^2}{L^2}$$

$$cos^2\varphi = 1 - sen^2\varphi \quad \rightarrow \quad cos^2\varphi = 1 - \frac{9 \cdot Y_M{}^2}{L^2} \qquad (3)$$

$$X_M{}^2 = \frac{25 \cdot L^2}{9} \cdot cos^2\varphi \qquad (4)$$

Sustituyendo (3) en (4):

$$X_M{}^2 = \frac{25 \cdot L^2}{9} \cdot \left(1 - \frac{9 \cdot Y_M{}^2}{L^2}\right) \quad \rightarrow \quad X_M{}^2 = \frac{25 \cdot L^2}{9} - 25Y_M{}^2$$

$$\rightarrow \quad X_M{}^2 + 25Y_M{}^2 = \frac{25 \cdot L^2}{9} \quad \rightarrow \quad \frac{X_M{}^2}{\frac{25 \cdot L^2}{9}} + \frac{Y_M{}^2}{\frac{L^2}{9}} = 1$$

$$\left[\frac{\boldsymbol{X_M}}{\frac{\boldsymbol{5 \cdot L}}{\boldsymbol{3}}}\right]^2 + \left[\frac{\boldsymbol{Y_M}}{\frac{\boldsymbol{L}}{\boldsymbol{3}}}\right]^2 = \boldsymbol{1}$$

La trayectoria es una elipse de centro el origen de coordenadas de los ejes y semiejes:

$$\boldsymbol{a} = \frac{\boldsymbol{5 \cdot L}}{\boldsymbol{3}}$$

$$\boldsymbol{b} = \frac{\boldsymbol{L}}{\boldsymbol{3}}$$

Calculamos la velocidad genérica y luego particularizamos:

$$X_M = \frac{5}{3} \cdot L \cdot cos\varphi$$

$$Y_M = \frac{L}{3} \cdot sen\varphi$$

$$\vec{v} = \frac{dX_M}{dt}\vec{i} + \frac{dY_M}{dt}\vec{j}$$

$$\dot{\varphi} = \frac{d\varphi}{dt} = \omega = 4\pi$$

$$V_{M_x} = \frac{dX_M}{dt} = \frac{dX_M}{d\varphi} \cdot \frac{d\varphi}{dt} = \frac{dX_M}{d\varphi} \cdot \dot{\varphi} = -\frac{5}{3} \cdot L \cdot sen\varphi \cdot \dot{\varphi}$$

$$\boldsymbol{V_{M_x} = -\frac{5}{3} \cdot \omega \cdot L \cdot sen\varphi}$$

$$V_{M_y} = \frac{dY_M}{dt} = \frac{dY_M}{d\varphi} \cdot \frac{d\varphi}{dt} = \frac{dY_M}{d\varphi} \cdot \dot{\varphi} = \frac{L}{3} \cdot cos\varphi \cdot \dot{\varphi}$$

$$\boldsymbol{V_{M_y} = \frac{L}{3} \cdot \omega \cdot cos\varphi}$$

Esta sería la velocidad M genérica, ahora particularizando sabemos que:

$$\varphi = 0 \quad y \quad \omega = 4\pi$$

$$\left(V_{M_x}\right)_{\varphi = 0} = -\frac{5}{3} \cdot 4\pi \cdot L \cdot sen0 = 0$$

$$\left(V_{M_y}\right)_{\varphi = 0} = \frac{L}{3} \cdot 4\pi \cdot cos0 = \frac{4\pi L}{3}$$

$$(V_M)_{\varphi = 0} = \sqrt{\left(V_{M_x}\right)_{\varphi = 0}^{2} + \left(V_{M_y}\right)_{\varphi = 0}^{2}} = \sqrt{0 + \left(\frac{4\pi L}{3}\right)^2} = \frac{4\pi L}{3}$$

Como se sabe que L = 60 cm:

$$\boldsymbol{(V_M)_{\varphi = 0} = 80\pi \ cm/s}$$

Para conocer la aceleración hay que derivar la velocidad de M genérica:

$$a_{M_x} = \frac{dV_{M_x}}{dt} = \frac{dV_{M_x}}{d\varphi} \cdot \frac{d\varphi}{dt} = \frac{dV_{M_x}}{d\varphi} \cdot \dot{\varphi} = -\frac{5}{3} \cdot \dot{\varphi} \cdot L \cdot cos\varphi \cdot \dot{\varphi}$$

$$\boldsymbol{a_{M_x} = -\frac{5}{3} \cdot \omega^2 \cdot L \cdot cos\varphi}$$

$$a_{M_y} = \frac{dV_{M_y}}{dt} = \frac{dV_{M_y}}{d\varphi} \cdot \frac{d\varphi}{dt} = \frac{dV_{M_y}}{d\varphi} \cdot \dot{\varphi} = -\frac{L}{3} \cdot \dot{\varphi} \cdot sen\varphi \cdot \dot{\varphi}$$

$$\boldsymbol{a_{M_y} = -\frac{L}{3} \cdot \omega^2 \cdot sen\varphi}$$

Esta sería la aceleración M genérica, ahora particularizando sabemos que:

$$\varphi = 0 \quad y \quad \omega = 4\pi$$

$$a_{M_x} = -\frac{5}{3} \cdot (4\pi)^2 \cdot L \cdot cos0 = -\frac{5}{3} \cdot (4\pi)^2 \cdot L$$

$$a_{M_y} = -\frac{L}{3} \cdot (4\pi)^2 \cdot sen0 = 0$$

$$\left(a_{M_y}\right)_{\varphi = 0} = \frac{5}{3} \cdot (4\pi)^2 \cdot 60 = 1600\pi^2 cm^2/s$$

Ejercicio 1.8. Un punto M gira alrededor de la recta x = y = z con velocidad angular constante e igual a una vuelta por segundo.

Hallar la velocidad y la aceleración cuando M se encuentra en el eje OX y a tres metros del origen de coordenadas.

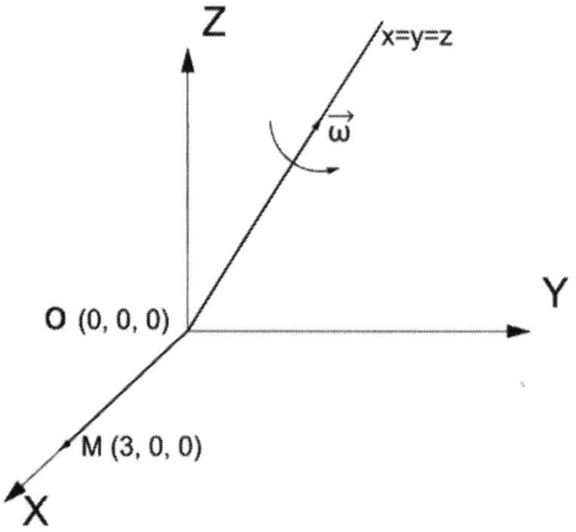

La recta es:

$$\frac{x-0}{1} = \frac{y-0}{1} = \frac{z-0}{1}$$

Sabiendo que la velocidad angular es constante e igual a una vuelta por segundo se puede expresar de la siguiente manera:

$$\omega = 2\pi \, rad/s$$

Se obtiene un versor de la recta:

$$\vec{u} = \vec{i} + \vec{j} + \vec{k} \quad \rightarrow \quad \vec{e} = \frac{\vec{u}}{|\vec{u}|} = \frac{\vec{i} + \vec{j} + \vec{k}}{\sqrt{1^2 + 1^2 + 1^2}} = \frac{\vec{i} + \vec{j} + \vec{k}}{\sqrt{3}}$$

Por lo tanto:

$$\vec{\omega} = \omega \cdot \vec{e} = \frac{2\pi}{\sqrt{3}} \cdot \left(\vec{i} + \vec{j} + \vec{k}\right)$$

$$\boldsymbol{\vec{\omega} = \frac{2\pi}{\sqrt{3}}\vec{i} + \frac{2\pi}{\sqrt{3}}\vec{j} + \frac{2\pi}{\sqrt{3}}\vec{k}}$$

Velocidad de M:

$$\overrightarrow{V_M} = \vec{\omega} \wedge \overrightarrow{OM} = \begin{vmatrix} \vec{i} & \vec{j} & \vec{k} \\ \frac{2\pi}{\sqrt{3}} & \frac{2\pi}{\sqrt{3}} & \frac{2\pi}{\sqrt{3}} \\ 3 & 0 & 0 \end{vmatrix} = \frac{6\pi}{\sqrt{3}}\vec{j} - \frac{6\pi}{\sqrt{3}}\vec{k}$$

$$\boldsymbol{\overrightarrow{V_M} = \frac{6\pi}{\sqrt{3}} \cdot \frac{\sqrt{3}}{\sqrt{3}}\vec{j} - \frac{6\pi}{\sqrt{3}} \cdot \frac{\sqrt{3}}{\sqrt{3}}\vec{k} = 2\pi\sqrt{3}\vec{j} - 2\pi\sqrt{3}\vec{k}}$$

Aceleración de M:

$$\overrightarrow{a_M} = \frac{d\vec{\omega}}{dt} \wedge \overrightarrow{OM} + \vec{\omega} \wedge \left(\vec{\omega} \wedge \overrightarrow{OM}\right) = \begin{vmatrix} \vec{i} & \vec{j} & \vec{k} \\ \frac{2\pi}{\sqrt{3}} & \frac{2\pi}{\sqrt{3}} & \frac{2\pi}{\sqrt{3}} \\ 0 & 2\pi\sqrt{3} & -2\pi\sqrt{3} \end{vmatrix}$$

$$\boldsymbol{\overrightarrow{a_M} = -8\pi^2\vec{i} + 4\pi^2\vec{j} + 4\pi^2\vec{k}}$$

Ejercicio 1.9. El extremo B de la barra horizontal AB de la figura está articulado con una corredera que se desliza a lo largo de la ranura de la pieza OC y la hace girar alrededor del eje O. La distancia del eje O a la barra AB es igual a h.

Determinar la velocidad angular de la pieza OC en función de la velocidad v de la barra y del ángulo φ.

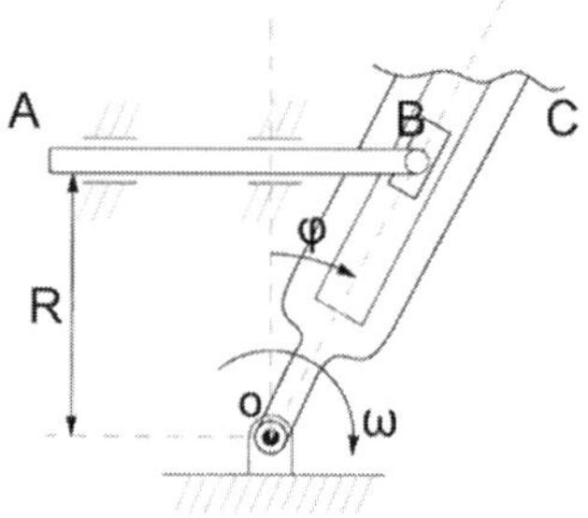

$$v \cdot cos\varphi = \omega \cdot r \quad \rightarrow \quad v \cdot cos\varphi = \omega \cdot \frac{h}{cos\varphi} \quad \rightarrow$$

$$\boldsymbol{\omega = \frac{v \cdot cos^2\varphi}{h}}$$

Ejercicio 1.10. Desde un punto O, distante d metros de un tramo recto de vía, se sigue con un catalejo el paso de un tren que marcha a velocidad v, como se indica en la figura.

Expresar la velocidad v del tren en función de d, θ y la velocidad angular del giro del catalejo.

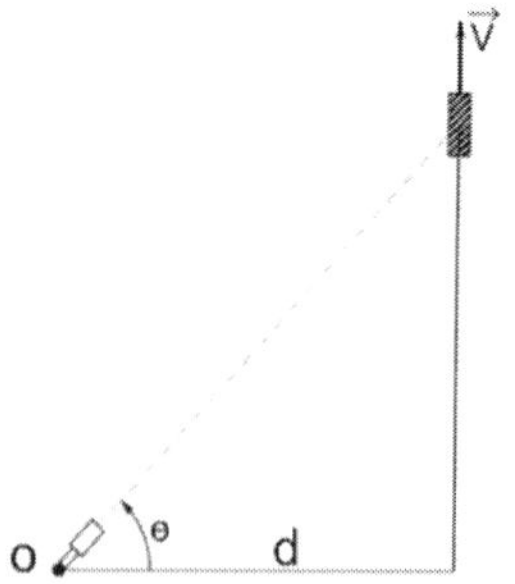

Tomando coordenadas polares (r, θ) con O como polo y perpendicular a la vía como eje polar:

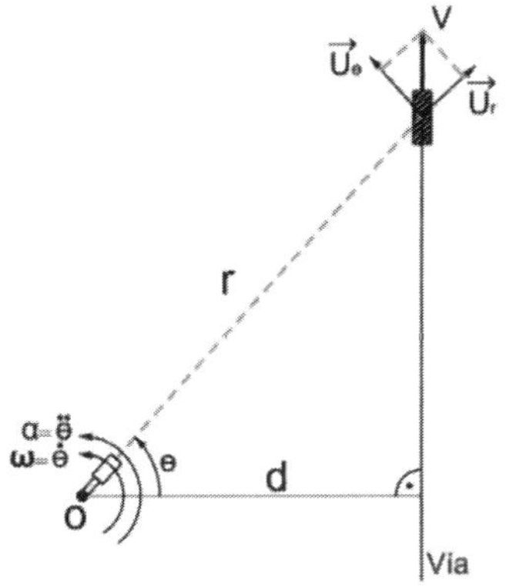

$$\vec{v} = V_r \cdot \overrightarrow{U_r} + V_\theta \cdot \overrightarrow{U_\theta} \quad \rightarrow \quad \vec{v} = \dot{r} \cdot \overrightarrow{U_r} + r \cdot \dot{\theta} \cdot \overrightarrow{U_\theta}$$

Sabiendo que:

$$r = \frac{d}{cos\theta}$$

$$V_r = \dot{r} = \frac{dr}{dt} = \frac{dr}{d\theta} \cdot \frac{d\theta}{dt} = \frac{dsen\theta}{cos^2\theta} \cdot \dot{\theta}$$

$$\boldsymbol{V_r = \frac{d\omega sen\theta}{cos^2\theta}}$$

$$V_\theta = r \cdot \frac{d\theta}{dt} = r \cdot \omega \quad \rightarrow \quad V_\theta = \frac{d \cdot \omega}{cos\theta}$$

$$v = \sqrt{{V_r}^2 + {V_\theta}^2} = \sqrt{\left(\frac{d\omega sen\theta}{cos^2\theta}\right)^2 + \left(\frac{d \cdot \omega}{cos\theta}\right)^2} = \sqrt{\frac{sen^2\theta}{cos^2\theta} \cdot \frac{d^2 \cdot \omega^2}{cos^2\theta} + \frac{d^2 \cdot \omega^2}{cos^2\theta}} =$$

$$= \sqrt{(tg^2\theta + 1) \cdot \frac{d^2 \cdot \omega^2}{cos^2\theta}} = \sqrt{\frac{1}{cos\theta} \cdot \frac{d^2 \cdot \omega^2}{cos^2\theta}}$$

$$\boldsymbol{v = \frac{d \cdot \omega}{cos^2\theta}}$$

La aceleración en polares será:

$$\vec{a} = (\ddot{r} - \dot{\theta}^2 \cdot r)\overrightarrow{u_r} + (\ddot{\theta}r + 2\dot{\theta} \cdot \dot{r})\overrightarrow{u_\theta}$$

$$\ddot{r} = \frac{d\dot{r}}{dt} = \frac{d\dot{r}}{d\theta} \cdot \frac{d\theta}{dt} = \omega \cdot \left[\frac{dcos^3\theta + dsen\theta \cdot 2cos\theta sen\theta}{cos^4\theta}\right] \cdot \omega$$

$$\dot{r} = \frac{dsen\theta}{cos^2\theta} \cdot \dot{\theta} = \frac{dsen\theta}{cos^2\theta} \cdot \omega$$

$$\ddot{r} = \omega^2 \cdot \left[\frac{dcos^3\theta + 2dsen^2\theta \cdot cos\theta}{cos^4\theta}\right] = \omega^2 \cdot \left[\frac{d}{cos\theta} + \frac{2dsen^2\theta \cdot cos\theta}{cos\theta \cdot cos^2\theta \cdot cos\theta}\right]$$

$$\ddot{r} = \omega^2 \cdot \left[\frac{d}{cos\theta} + (1 + 2tg^2\theta)\right] = \frac{d\omega^2}{cos\theta} \cdot (1 + 2tg^2\theta)$$

$$a_r = \ddot{r} - \dot{\theta}^2 \cdot r = \ddot{r} - \omega^2 \cdot r = \frac{d\omega^2}{cos\theta} \cdot (1 + 2tg^2\theta) - \frac{d\omega^2}{cos\theta}$$

$$\boldsymbol{a_r = \frac{d\omega^2}{cos\theta} \cdot (1 + 2tg^2\theta - 1) = \frac{2d\omega^2}{cos\theta} \cdot tg^2\theta}$$

$$\boldsymbol{a_\theta = \ddot{\theta}r - 2\dot{\theta} \cdot \dot{r} = \frac{\alpha \cdot d}{cos\theta} + 2 \cdot \omega^2 \cdot d \cdot \frac{sen\theta}{cos^2\theta} = \frac{d}{cos\theta}(\alpha + 2\omega^2 tg\theta)}$$

Ejercicio 1.11. Se considera una pieza OPQ fija y una varilla OB que gira en torno al punto fijo O. Cuando la varilla oscilante OB de la figura ocupa la posición $\theta = 30^o$, su velocidad angular es $\omega = 40\ rpm$.

Hallar las componentes radial y transversal de la velocidad de la pieza A.

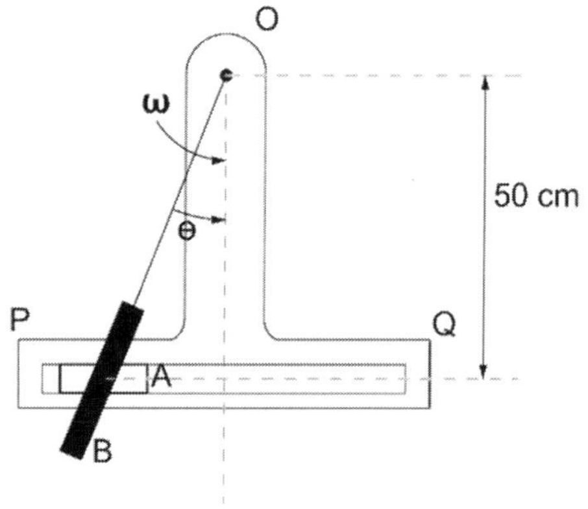

Tomando coordenadas polares (r, θ).

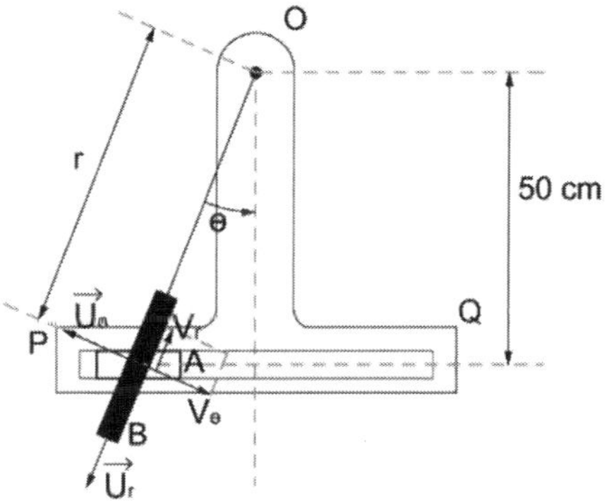

La velocidad en polares:

$$\overrightarrow{V_A} = V_r \cdot \overrightarrow{u_r} + V_\theta \cdot \overrightarrow{u_\theta}$$

$$\overrightarrow{V_A} = \frac{dr}{dt} \cdot \overrightarrow{u_r} + \left(\frac{d\theta}{dt} \cdot r\right) \cdot \overrightarrow{u_\theta}$$

En nuestro caso:

$$r \cdot cos\theta = 50 \quad \rightarrow \quad r = \frac{50}{cos\theta}$$

$$\frac{dr}{dt} = \frac{dr}{d\theta} \cdot \frac{d\theta}{dt} = \left(\frac{0 \cdot cos\theta - 50 \cdot sen\theta}{cos^2\theta}\right) \cdot \omega$$

$$\frac{dr}{dt} = \left(\frac{-50 \cdot sen\theta}{cos^2\theta}\right) \cdot \omega$$

$$\overrightarrow{V_A} = -\frac{dr}{dt} \cdot \overrightarrow{u_r} + (\omega \cdot r) \cdot \overrightarrow{u_\theta} = \left[\left(\frac{-50 \cdot sen\theta}{cos^2\theta}\right) \cdot \omega\right] \overrightarrow{u_r} + \left(\omega \cdot \frac{50}{cos\theta}\right) \cdot \overrightarrow{u_\theta}$$

En el instante considerado:

$$V_r = \left(\frac{50 \cdot sen30^o}{cos^2 30^o}\right) \cdot \frac{8}{6}\pi = \frac{50 \cdot {}^1/_2}{\left(\frac{\sqrt{3}}{2}\right)^2} \cdot \frac{8}{6}\pi = \frac{\frac{50}{2}}{\frac{3}{2 \cdot 2}} \cdot \frac{8}{6}\pi = \frac{100}{3} \cdot \frac{8}{6}\pi$$

$$\boldsymbol{V_r = 139,63\ cm/s}$$

$$V_\theta = \frac{50 \cdot \omega}{cos\theta} = \frac{8}{6}\pi \cdot \frac{50}{\frac{\sqrt{3}}{2}} = \frac{100}{\sqrt{3}} \cdot \frac{8}{6}\pi$$

$$\boldsymbol{V_\theta = 241,84\ cm/s}$$

PROBLEMAS PROPUESTOS

Ejercicio 1.12. Las ecuaciones horarias del movimiento de un punto A son:

$$x = 2t$$
$$y = t^2$$
$$z = 1$$

Nota: las unidades se indicarán en el Sistema Internacional.

Hallar la curva hodógrafa y el radio de curvatura correspondiente a la posición A en el instante t = $1s$.

Solución:

Paramétricas de la curva hodógrafa:

$$x = 2$$
$$y = 2t$$
$$z = 0$$

Radio de la curvatura (ρ) de la posición de A en t = $1s$:

$$\rho = 4\sqrt{2}\,m$$

Ejercicio 1.13. La aceleración de un avión que aterriza en una pista a 50 m/s se puede expresar, para un cierto lapso, como $a = -4(10)^{-3}v^2$, donde si v está en m/s, a resulta en m/s^2.

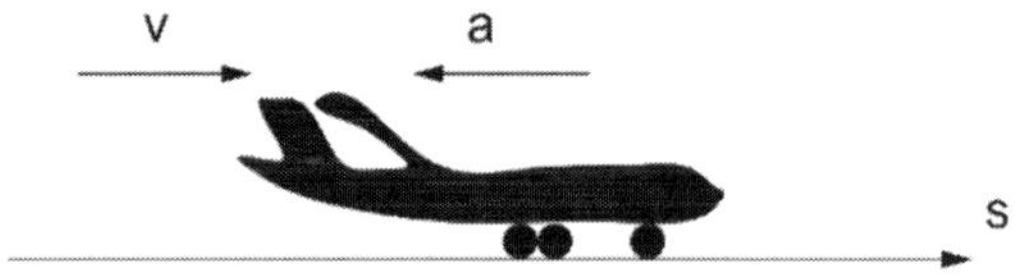

a) Determinar el tiempo requerido para que el avión reduzca su velocidad a 20 m/s.
b) Calcular la distancia que requiere el avión para reducir su velocidad de 50 a 20 m/s.

Solución:

a) Tiempo requerido para que el avión reduzca su velocidad a 20 m/s:

$$t = 75\,s$$

b) Distancia para que el avión reduzca su velocidad de 50 a 20 m/s:

$$s = 229\,m$$

Ejercicio 1.14. La magnitud de la aceleración de un collarín que se desliza sobre una barra horizontal se expresa, en función de su posición, como $a = 12\sqrt{x}$, donde a se da en cm/s^2 y x en cm.

Cuando t = 2 s, entonces v = 32 cm/s y x = 16 cm.

Determinar la posición, la velocidad y la aceleración del collarín cuando t = 3s.

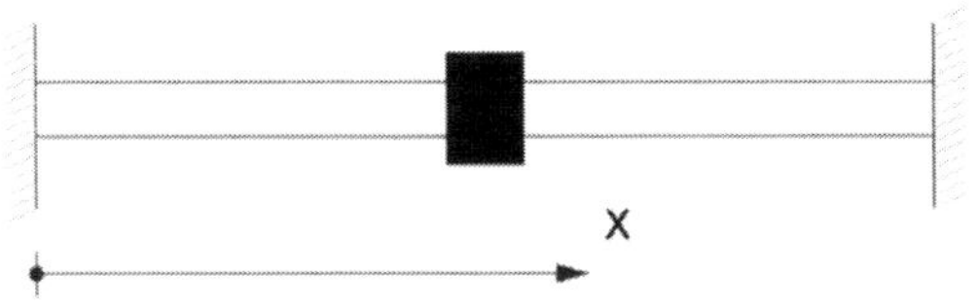

Solución:

Posición, velocidad y aceleración del collarín en t = 3s:

$$x = 0{,}81\,m$$

$$v = 1{,}08\,m/s$$

$$a = 1{,}08\,m/s^2$$

Ejercicio 1.15. La corredera A se mueve dentro de la ranura conforme se eleva el brazo horizontal, que tiene una velocidad constante de 3 m/s.

Calcular la velocidad y la aceleración de la corredera cuando x = 6 m.

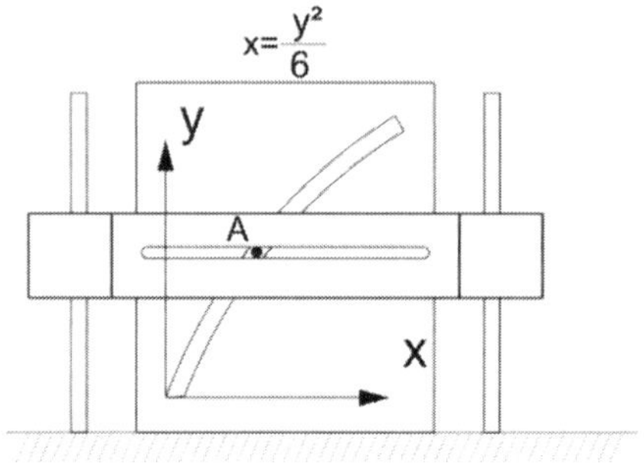

Solución:

Velocidad y aceleración de la corredera cuando x = 6 m:

$$v = 6{,}71\ m/s$$

$$a = 3\ m/s^2$$

Ejercicio 1.16. Las ecuaciones paramétricas de las coordenadas de la punta de un brazo mecánico son:

$$x = 25t - 4t^2$$

$$y = 50 - 2t^2$$

Ambas están dadas en metros, si el tiempo está en segundos. Determinar que longitud tiene el radio de curvatura de la trayectoria de la punta cuando y = 0.

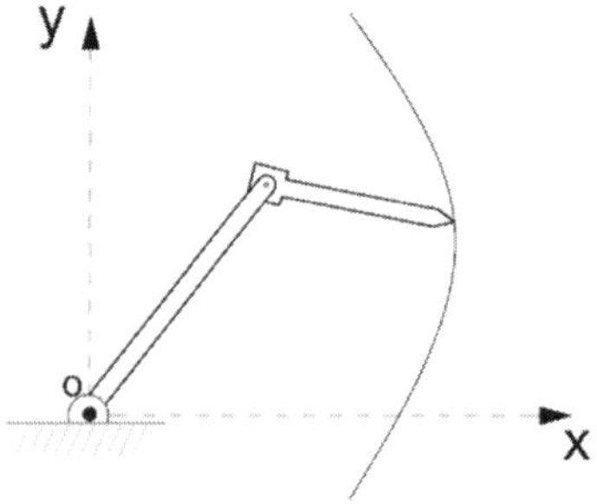

Solución:

Longitud del radio de curvatura de la trayectoria de la punta cuando y = 0:

$$\rho = 156{,}3\,m$$

Ejercicio 1.17. El collarín A y el bloque B están conectados por medio de un cable que pasa por tres poleas C, D y E, como se indica. Las poleas C y E se mantienen fijas, en tanto que B está unida a un collarín que empuja hacia abajo con una velocidad constante de 0,5 m/s. En t = 0, el collarín A empieza a moverse hacia abajo desde la posición K con una aceleración constante y sin velocidad inicial. Se sabe que la velocidad del collarín A es 2 m/s cuando éste pasa por el punto L.

Determinar el cambio de elevación, la velocidad y la aceleración del bloque B cuando el collarín A pasa por L.

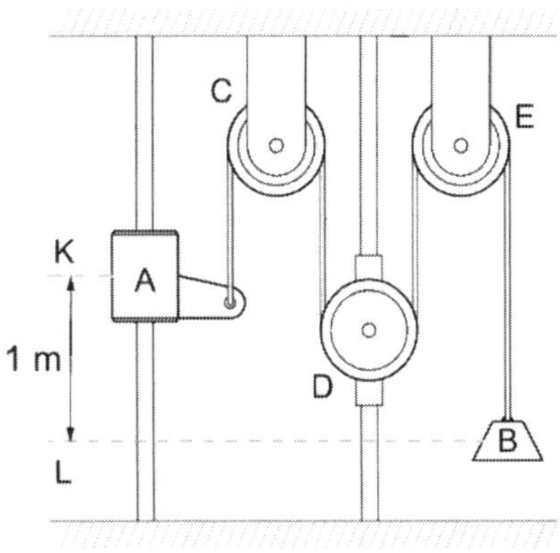

Solución:

Cambio de elevación del bloque B cuando el collarín A pasa por L:

$$B = 2\,m$$

Velocidad y aceleración del bloque B cuando el collarín A pasa por L:

$$v = 3\,m/s$$

$$a = 2\,m/s^2$$

Ejercicio 1.18. Una partícula se mueve con velocidad v_0 constante, sobre un riel circular de radio R colocado en posición horizontal sobre una superficie también horizontal. La partícula se encuentra atada mediante una cuerda inextensible a un bloque que cuelga debajo de un agujero localizado a una distancia R/2 del centro del riel. Se supone que v_0 es suficientemente pequeña para que la cuerda no se destense.

a) Determinar la velocidad del bloque en función del ángulo θ.

b) Obtener la velocidad máxima del bloque.

c) Determinar la aceleración del bloque cuando la partícula que se mueve sobre el riel pasa por la posición θ = 0.

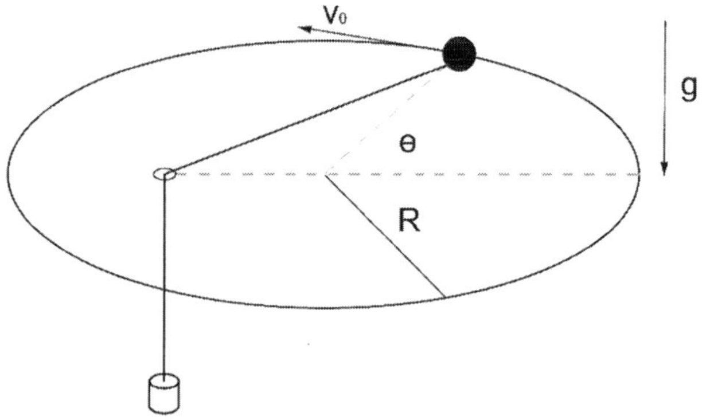

Solución:

a) Velocidad del bloque en función del ángulo θ:

$$v(\theta) = \frac{sen\theta}{\sqrt{5+4cos\theta}} \cdot v_0$$

b) Velocidad máxima del bloque:

$$\overrightarrow{v_{máx}} = \pm\frac{v_0}{2} \cdot \hat{k}$$

c) Aceleración del bloque cuando θ = 0:

$$\vec{a}(\theta = 0) = -\frac{{v_0}^2}{3R} \cdot \hat{k}$$

Ejercicio 1.19. Una partícula se mueve por el interior de un tubo de largo 2R que gira con una velocidad angular constante ω_0. La partícula inicia su movimiento desde el punto medio del tubo, desplazándose por su interior con una velocidad constante v_0 respecto al mismo.

Determinar:

a) El radio de la curvatura de la trayectoria descrita, en función del tiempo.

b) La distancia recorrida por la partícula desde que inicia su movimiento hasta que llega al extremo del tubo.

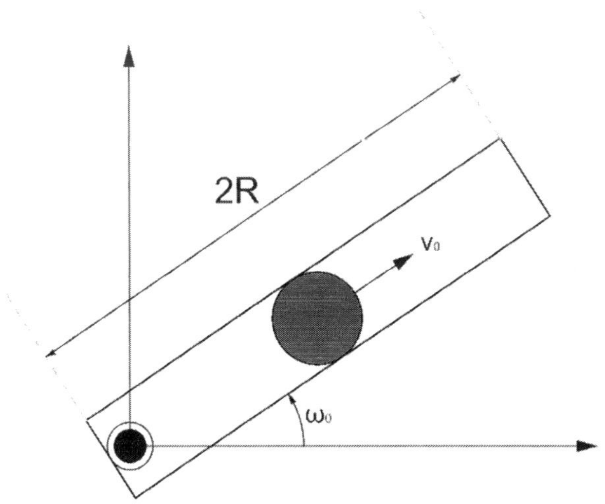

Solución:

a) Radio de curvatura en función del tiempo será:

$$\rho_C = \frac{v_0}{\omega_0} \cdot \frac{\left(1 + \left(\frac{R}{v_0} + t\right)^2 \cdot {\omega_0}^2\right)^{3/2}}{2 + \left(\frac{R}{v_0} + t\right)^2 \cdot {\omega_0}^2}$$

b) Distancia recorrida desde que inicia su movimiento hasta que llega al extremo del tubo:

$$D = \int_0^{t_2 = \frac{R}{v_0}} v_0 \sqrt{1 + \left(\frac{R}{v_0} + t\right)^2 \cdot {\omega_0}^2 dt}$$

Ejercicio 1.20. Se observa una partícula en movimiento con respecto a un sistema de referencia inercial. La trayectoria viene dada por las siguientes funciones:

$$\rho = Ae^{k\theta}$$

$$z = hp$$

donde ρ, θ y z son las respectivas coordenadas cilíndricas (con A, k, h positivas).

Suponiendo que su velocidad v_0 es constante y conocida:

a) Calcular la velocidad $\vec{v}$ de la partícula en función de θ, A, k, h y v_0.

b) Encontrar la aceleración $\vec{a}$ en función de los mismos parámetros.

c) Encontrar una expresión para $\theta(t)$.

Solución:

a) Velocidad de la partícula en función de θ, A, k, h y v_0:

$$\vec{v} = \frac{v_0}{\sqrt{k^2 + 1 + h^2k^2}} \cdot \left(k\overrightarrow{u_\rho} + \overrightarrow{u_\theta} + hk\overrightarrow{u_z}\right)$$

b) Aceleración de la partícula en función de θ, A, k, h y v_0:

$$\vec{a} = \frac{{v_0}^2}{Ae^{k\theta}(k^2 + 1 + h^2k^2)} \cdot \left(k\overrightarrow{u_\theta} - \overrightarrow{u_\rho}\right)$$

c) Expresión para $\theta(t)$:

$$\theta(t) = \frac{1}{k} ln\left(\frac{kv_0}{A\sqrt{k^2 + 1 + h^2k^2}} \cdot t + kc\right)$$

Ejercicio 1.21. Considerar una curva espiral descrita en coordenadas esféricas por las ecuaciones:

$$r = R$$

$$\emptyset = N\theta$$

donde *R* y *N* son constantes conocidas (*N* entero par).

Una partícula se mueve sobre la espiral partiendo desde el extremo superior ($\theta = 0$) y manteniendo una velocidad angular zenital constante y conocida, $\dot{\theta} = \omega_0$.

Se pide:

a) Utilizando coordenadas esféricas, escribir los vectores velocidad y aceleración para una posición cualquiera de la partícula sobre su trayectoria.

b) Determinar el valor del radio de curvatura de la trayectoria en $\theta = 90^o$.

c) Encontrar una expresión para la longitud total de la espiral y para el tiempo que la partícula tarda en recorrerla.

Solución:

a) Velocidad y aceleración para una posición cualquiera de la partícula:

$$\vec{v} = R\omega_0\left(\overrightarrow{u_\theta} + N \cdot sen\theta \cdot \overrightarrow{u_\phi}\right)$$

$$\vec{a} = -R{\omega_0}^2(1 + N^2 \cdot sen^2\theta)\overrightarrow{u_r} - R{\omega_0}^2 N^2 \cdot sen\theta cos\theta \cdot \overrightarrow{u_\theta} + 2R{\omega_0}^2 N \cdot cos\theta \cdot \overrightarrow{u_\phi}$$

b) Radio de curvatura de la trayectoria en $\theta = 90^o$:

$$\rho_c\left(\theta = \frac{\pi}{2}\right) = R$$

c) Expresión de la longitud total de la espiral y del tiempo que tarda en recorrerla:

$$L_T = R\int_0^\pi \sqrt{1 + N^2 sen^2\theta}\, d\theta$$

$$t_f = \frac{\pi}{\omega_0}$$

Ejercicio 1.22. Una barra rígida de largo L se mueve apoyada en dos paredes rígidas que forman un ángulo recto sobre ellas. Se supone que el ángulo $\theta = \theta(t)$ es una función arbitraria del tiempo. Calcular:

a) El radio de curvatura de la trayectoria se define como:

$$\rho = \frac{v^3}{\|\vec{v} \cdot \vec{a}\|}$$

Calcular el radio de curvatura de esta trayectoria.

b) Si se supone ahora que el apoyo inferior de la barra se mueve con velocidad constante v_0 a partir del momento en que la barra está en posición vertical. Encontrar la función $\theta(t)$ que da lugar a ese movimiento.

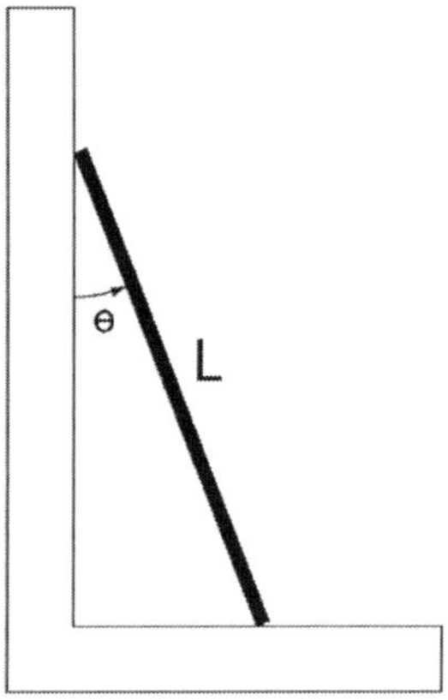

Solución:

a) Radio de curvatura de esta trayectoria:

$$\rho_c = \frac{L}{2}$$

b) Función $\theta(t)$:

$$\theta(t) = arcsen\left(\frac{v_0}{L} \cdot t\right)$$

Ejercicio 1.23. Considere una curva espiral cónica descrita en coordenadas esféricas por las ecuaciones:

$$\theta = 45^o$$

$$\emptyset = 2\pi \frac{r}{R}$$

donde R es una constante conocida.

Una partícula se mueve sobre la espiral partiendo desde el origen manteniendo una velocidad radial constante y conocida, $\dot{r} = c$.

Se pide:

a) Determinar la distancia radial del punto P en el cual la velocidad de la partícula es 3c.

b) Encontrar una expresión para la longitud total de la espiral y para el tiempo que la partícula tarda en recorrerla.

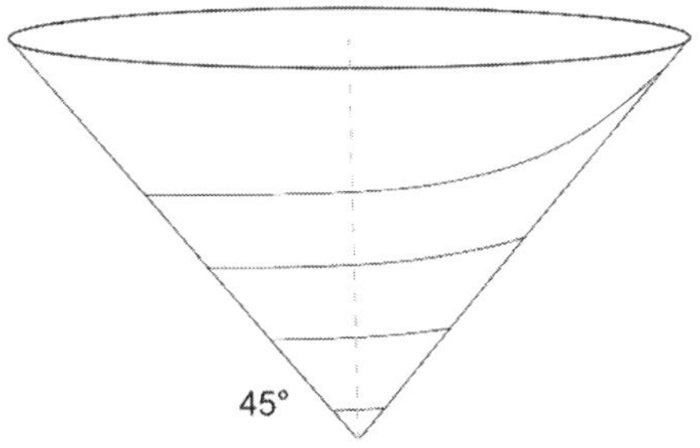

c) Determine el valor del radio de curvatura de la trayectoria en el punto P.

Solución:

a) Distancia radial del punto P cuando la velocidad es 3c:

$$r^* = \frac{2R}{\pi}$$

b) Expresión para la longitud total de la espiral y para el tiempo que la partícula tarda en recorrerla:

$$L_T = \int_0^{t_2=\frac{2R}{c\pi}} c\sqrt{1+t^2\frac{2\pi^2c^2}{R^2}}dt$$

$$t_2 = \frac{2R}{c\pi}$$

c) Radio de curvatura de la trayectoria en el punto P:

$$\rho_c = \frac{27R}{2\sqrt{86}\pi}$$

Ejercicio 1.24. El punto de unión P entre un pistón y una biela de largo D se mueve a lo largo del eje x debido a que el cigüeñal (disco), de radio R y centro en un punto fijo O, rota a velocidad angular constante ω. En el instante t = 0 la biela está horizontal ($\emptyset = 0, x = R + D$).

a) Encontrar una expresión para la distancia x(t) entre P y O como función del tiempo.

b) Encontrar la velocidad v(t) de P.

c) En la expresión para v(t) considerar el caso $R \ll D$ y luego encontrar una expresión aproximada para la aceleración e P. ¿Cómo se compara la magnitud de la aceleración máxima del pistón con la aceleración del punto A?

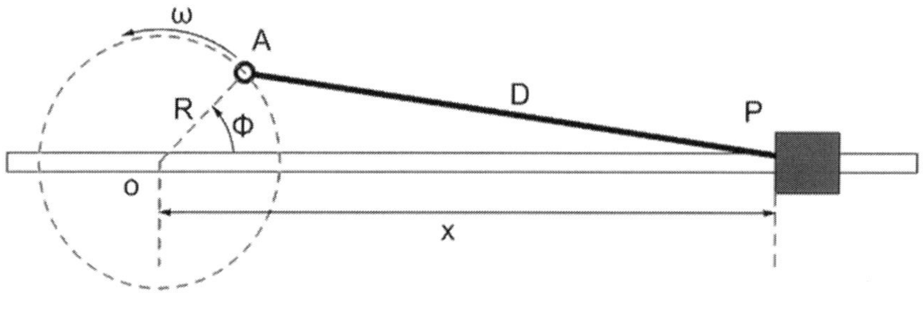

Solución:

a) Expresión para la distancia x(t) entre P y O como función del tiempo t:

$$x(t) = Rcos(\omega t) + \sqrt{D^2 + R^2 sen^2(\omega t)}$$

b) Velocidad de P:

$$v(t) = -R\omega sen(\omega t)\left[1 + \frac{Rcos(\omega t)}{\sqrt{D^2 + R^2 sen^2(\omega t)}}\right]$$

c) Expresión para la aceleración en P:

$$v(t) \approx -R\omega sen(\omega t)$$

$$a(t) \approx -R\omega^2 cos(\omega t)$$

Capítulo 2

CINEMÁTICA DEL SÓLIDO RÍGIDO

Índice del capítulo

2.1. Sólido rígido
2.2. Movimiento de traslación
2.3. Movimiento de rotación alrededor de un eje fijo
2.4. Movimiento general de un sólido
2.5. Movimiento helicoidal equivalente
2.6. Movimiento plano de un sólido S
2.7. Movimiento de rodadura sin deslizamiento
2.8. Composición de movimientos. Movimiento relativo.
Problemas resueltos
Problemas propuestos

2.1. SÓLIDO RÍGIDO

El sólido rígido constituye un sistema de puntos materiales en cuyo movimiento permanece continuo e indeformable.

Suponemos, por tanto, que la distancia entre dos puntos cualesquiera del sólido permanece invariable.

2.2. MOVIMIENTO DE TRASLACIÓN

Un sólido S tiene un movimiento de traslación, cuando el vector $\overrightarrow{AB}$ (siendo A y B dos puntos cualesquiera del sólido) permanece equipolente a sí mismo durante el movimiento.

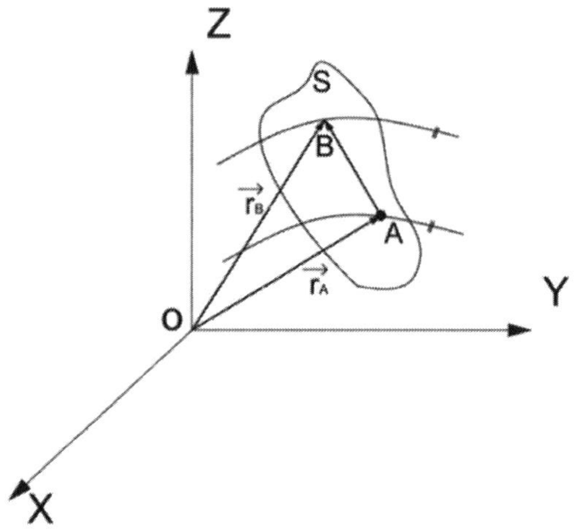

Las curvas que describen los puntos A y B son paralelas.

Partiendo de:

$$\overrightarrow{OA} + \overrightarrow{AB} = \overrightarrow{OB}$$

Derivamos la ecuación respecto del tiempo.

$$\frac{d\overrightarrow{OA}}{dt} + \frac{d\overrightarrow{AB}}{dt} = \frac{d\overrightarrow{OB}}{dt}$$

Como:

$$\overrightarrow{AB} = \overrightarrow{cte} \qquad \rightarrow \qquad \frac{d\overrightarrow{AB}}{dt} = \vec{0}$$

Las dos igualdades siguientes se cumplen siempre, tomando dos puntos cualesquiera del sólido en el movimiento de traslación:

$$\frac{d\overrightarrow{OA}}{dt} = \frac{d\overrightarrow{OB}}{dt} \qquad \rightarrow \qquad \overrightarrow{\boldsymbol{v_A}} = \overrightarrow{\boldsymbol{v_B}}$$

$$\frac{d^2\overrightarrow{OA}}{dt^2} = \frac{d^2\overrightarrow{OB}}{dt^2} \qquad \rightarrow \qquad \overrightarrow{\boldsymbol{a_A}} = \overrightarrow{\boldsymbol{a_B}}$$

En función de las trayectorias descritas por los puntos del sólido se pueden clasificar en:

a) Si las trayectorias descritas por A y B son rectas, el movimiento del sólido S es una **traslación rectilínea**.

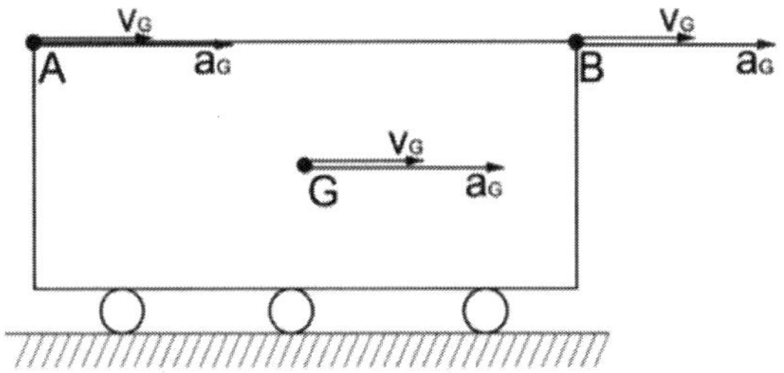

b) Si, por el contrario, las trayectorias descritas por A y B son curvas, el movimiento del sólido S es una **traslación curvilínea**.

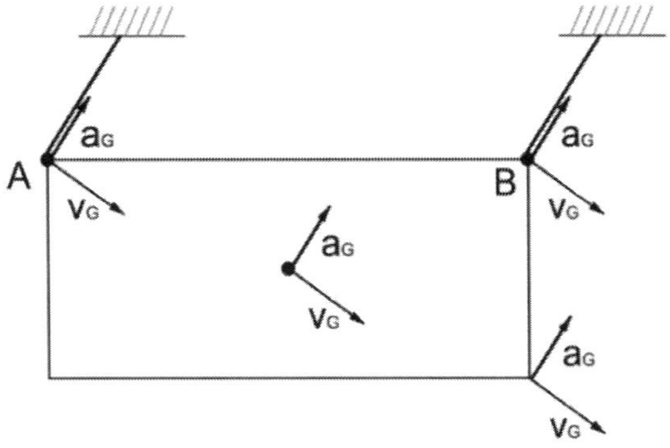

2.3. MOVIMIENTO DE ROTACIÓN ALREDEDOR DE UN EJE FIJO

Cuando dos puntos A y B de un sólido rígido permanecen fijos durante el movimiento del sólido, (permanece fijo el eje que los une) el sólido realiza un movimiento de rotación alrededor del eje que une A y B.

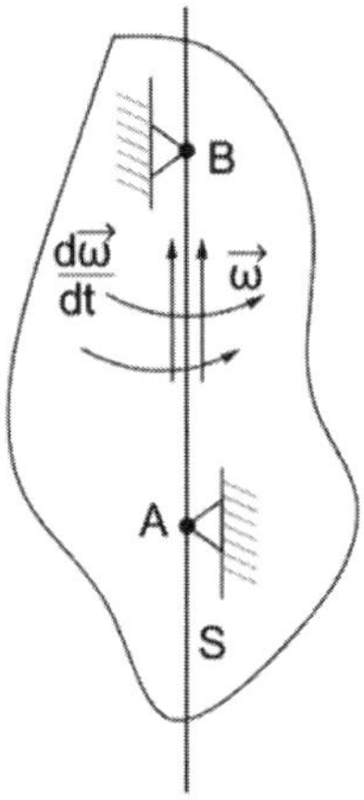

Por tanto, los puntos P del sólido que no pertenezcan al eje fijo están describiendo circunferencias en el plano que pasa por esos puntos P y que es normal al eje fijo, con centro en el punto O de intersección de dicho plano con el eje fijo. Y son movimientos circulares luego, sabiendo como varía θ con el tiempo tenemos el movimiento del sólido.

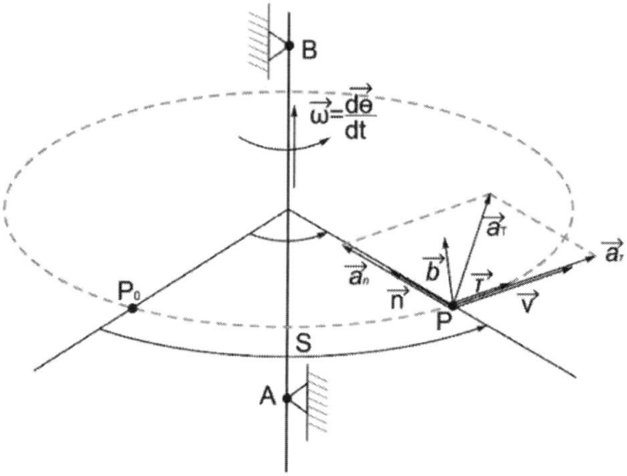

$$\omega = \frac{d\theta}{dt}$$

$$ds = R \cdot d\theta$$

$$R = \frac{ds}{d\theta}$$

$$v = \frac{ds}{dt} = \frac{ds}{d\theta} \cdot \frac{d\theta}{dt} = R \cdot \omega$$

$$\vec{v} = R \cdot \omega \cdot \vec{\tau}$$

O colocando $\vec{\omega}$, vector deslizante, en el eje fijo:

$$\vec{v} = \vec{\omega} \wedge \overrightarrow{OP}$$

Las componentes de la aceleración son:

$$\vec{a} = \overrightarrow{a_\tau} + \overrightarrow{a_n}$$

$$\overrightarrow{a_\tau} = \frac{dv}{dt} = R \cdot \frac{d\omega}{dt} \cdot \vec{\tau}$$

$$\overrightarrow{a_n} = \frac{v^2}{\rho} \cdot \vec{n} = \frac{R^2 \cdot \omega^2}{R} \cdot \vec{n} = R \cdot \omega^2 \cdot \vec{n}$$

$$\boldsymbol{\vec{a} = R \cdot \frac{d\omega}{dt} \cdot \vec{\tau} + R \cdot \omega^2 \cdot \vec{n}}$$

O derivando:

$$\vec{v} = \vec{\omega} \wedge \overrightarrow{OP} \qquad \rightarrow \qquad \frac{d\vec{v}}{dt} = \frac{d\vec{\omega}}{dt} \wedge \overrightarrow{OP} + \vec{\omega} \wedge \frac{d\overrightarrow{OP}}{dt}$$

$$\boldsymbol{\vec{a} = \frac{d\vec{v}}{dt} = \frac{d\vec{\omega}}{dt} \wedge \overrightarrow{OP} + \vec{\omega} \wedge \left(\vec{\omega} \wedge \overrightarrow{OP}\right)}$$

$$\overrightarrow{a_\tau} = \frac{d\vec{\omega}}{dt} \wedge \overrightarrow{OP}$$

$$\overrightarrow{a_n} = \vec{\omega} \wedge \left(\vec{\omega} \wedge \overrightarrow{OP}\right)$$

$\overrightarrow{a_n}$ tiene la dirección a normal trazada desde P al centro de la circunferencia O.

2.4. MOVIMIENTO GENERAL DE UN SÓLIDO

En el movimiento arbitrario de un sólido rígido, siendo A y B dos puntos cualesquiera del sólido, podemos aplicar la condición de indeformabilidad.

Como:

$$\left|\overrightarrow{AB}\right| = cte$$

Luego:

$$\overrightarrow{AB} \cdot \overrightarrow{AB} = \left|\overrightarrow{AB}\right| \cdot \left|\overrightarrow{AB}\right| \cdot cos0^o =$$

$$= \left|\overrightarrow{AB}\right|^2 = cte$$

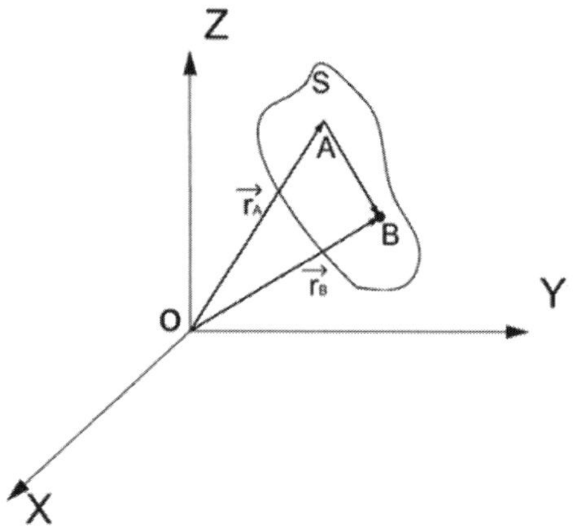

Derivando:

$$\frac{d}{dt}\left(\overrightarrow{AB} \cdot \overrightarrow{AB}\right) = \frac{d\overrightarrow{AB}}{dt} \cdot \overrightarrow{AB} + \overrightarrow{AB} \cdot \frac{d\overrightarrow{AB}}{dt} = 2\overrightarrow{AB} \cdot \frac{d\overrightarrow{AB}}{dt} = 0 \quad \rightarrow \quad \overrightarrow{AB} \cdot \frac{d\overrightarrow{AB}}{dt} = 0 \quad (1)$$

Como:

$$\overrightarrow{OA} + \overrightarrow{AB} = \overrightarrow{OB} \quad \rightarrow \quad \overrightarrow{AB} = \left(\overrightarrow{OB} - \overrightarrow{OA}\right)$$

Sustituyo en (1):

$$\overrightarrow{AB} \cdot \frac{d}{dt}\left(\overrightarrow{OB} - \overrightarrow{OA}\right) = \overrightarrow{AB} \cdot \frac{d\overrightarrow{OB}}{dt} - \overrightarrow{AB} \cdot \frac{d\overrightarrow{OA}}{dt} = 0 \quad \rightarrow \quad \overrightarrow{AB} \cdot \frac{d\overrightarrow{OB}}{dt} = \overrightarrow{AB} \cdot \frac{d\overrightarrow{OA}}{dt}$$

$$\rightarrow \quad \overrightarrow{AB} \cdot \overrightarrow{v_B} = \overrightarrow{AB} \cdot \overrightarrow{v_A} \quad \rightarrow \quad \overrightarrow{v_B} \cdot \overrightarrow{AB} = \overrightarrow{v_A} \cdot \overrightarrow{AB}$$

Propiedad característica de los campos de momentos

La propiedad característica de los campos de momentos vemos que es:

$$\overrightarrow{\boldsymbol{v}_B} \cdot \frac{\overrightarrow{\boldsymbol{AB}}}{\left|\overrightarrow{\boldsymbol{AB}}\right|} = \overrightarrow{\boldsymbol{v}_A} \cdot \frac{\overrightarrow{\boldsymbol{AB}}}{\left|\overrightarrow{\boldsymbol{AB}}\right|}$$

Las proyecciones ortogonales de las velocidades de los puntos de una recta sobre esa misma recta son iguales. Luego en el sólido rígido aparece el campo de velocidades:

$$\overrightarrow{\boldsymbol{v_B}} = \overrightarrow{\boldsymbol{v_A}} + \overrightarrow{\boldsymbol{\omega}} \, \boldsymbol{\Lambda} \, \overrightarrow{\boldsymbol{AB}}$$

Como:

$$\overrightarrow{r_B} = \overrightarrow{r_A} + \overrightarrow{AB}$$

Derivando respecto del tiempo:

$$\frac{d\overrightarrow{r_B}}{dt} = \frac{d\overrightarrow{r_A}}{dt} + \frac{d\overrightarrow{AB}}{dt}$$

Como:

$$\frac{d\overrightarrow{AB}}{dt} = \vec{\omega} \, \Lambda \, \overrightarrow{AB}$$

$$\overrightarrow{\boldsymbol{v_B}} = \overrightarrow{\boldsymbol{v_A}} + \overrightarrow{\boldsymbol{\omega}} \, \boldsymbol{\Lambda} \, \overrightarrow{\boldsymbol{AB}}$$

Considerando $\vec{\omega}$ como la resultante de todas las $\overrightarrow{\omega_\iota}$ del sólido:

$$\overrightarrow{\boldsymbol{v_A}} = \overrightarrow{\boldsymbol{v_{o'}}} + \overrightarrow{\boldsymbol{\omega}} \, \boldsymbol{\Lambda} \, \overrightarrow{\boldsymbol{O'A}}$$

siendo $\overrightarrow{v_{o'}}$ la velocidad del punto A del sólido, debido al movimiento de traslación y $\vec{\omega} \, \Lambda \, \overrightarrow{O'A}$ la velocidad del punto A del sólido debida al movimiento de rotación del sólido alrededor del eje instantáneo de rotación y deslizamiento.

Por tanto, el movimiento general que un sólido S tiene en un instante es equivalente a una traslación acompañada de una rotación.

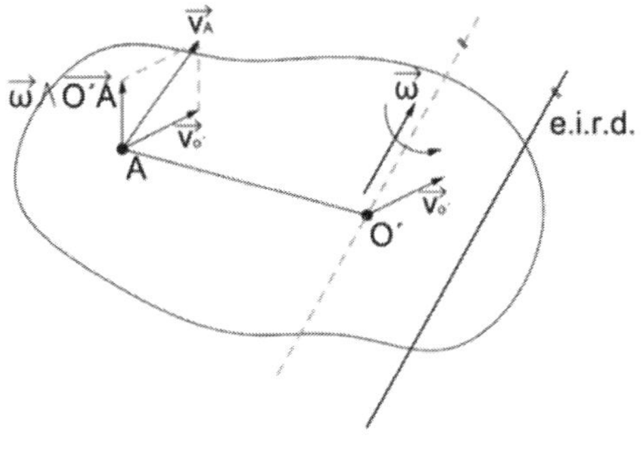

2.4.1. Relación entre las aceleraciones de los puntos de un sólido

Partiendo de:

$$\overrightarrow{v_A} = \overrightarrow{v_{o'}} + \vec{\omega} \wedge \overrightarrow{O'A}$$

Derivamos respecto del tiempo:

$$\frac{d\overrightarrow{v_A}}{dt} = \frac{d\overrightarrow{v_{o'}}}{dt} + \frac{d}{dt}\left(\vec{\omega} \wedge \overrightarrow{O'A}\right)$$

$$\overrightarrow{a_A} = \overrightarrow{a_{o'}} + \frac{d\vec{\omega}}{dt} \wedge \overrightarrow{O'A} + \vec{\omega} \wedge \frac{d\overrightarrow{O'A}}{dt}$$

Como:

$$\frac{d\overrightarrow{O'A}}{dt} = \vec{\omega} \wedge \overrightarrow{O'A}$$

obtenemos:

$$\boldsymbol{\overrightarrow{a_A} = \overrightarrow{a_{o'}} + \frac{d\vec{\omega}}{dt} \wedge \overrightarrow{O'A} + \vec{\omega} \wedge \left(\vec{\omega} \wedge \overrightarrow{O'A}\right)}$$

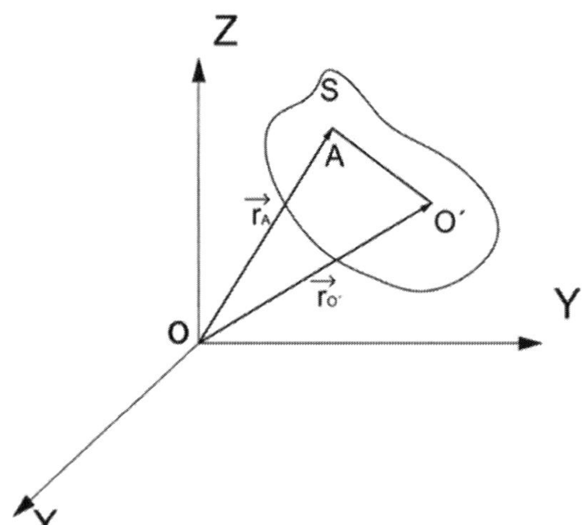

2.4.2. Analogías del sistema de vectores deslizantes (S.V.D.) de las $\overrightarrow{\omega_\iota}$

Como conclusión, el sistema de vectores deslizantes de las $\overrightarrow{\omega_\iota}$ en un sólido S tiene todas las propiedades de cualquier sistema de vectores deslizantes, donde:

Vectores deslizantes → $\overrightarrow{\omega_\iota}$

Resultantes → $\vec{\omega} = \sum_{i=1}^{n} \overrightarrow{\omega_\iota}$

Momentos resultantes → velocidades $\overrightarrow{v_A}$

Campos de momentos → campo de velocidades $\overrightarrow{v_B} = \overrightarrow{v_A} + \vec{\omega} \wedge \overrightarrow{AB}$

Eje central → eje instantáneo de rotación y desplazamiento:

$\Rightarrow C \in e.i.r.d$

$\Rightarrow Calculo\ \overrightarrow{v_C} \rightarrow \overrightarrow{v_C} = \overrightarrow{v_A} + \vec{\omega} \wedge \overrightarrow{AC}$

$\Rightarrow Impongo\ \overrightarrow{v_C} \parallel \vec{\omega}$

$\Rightarrow \overrightarrow{v_C}$ *es el vector traslación* $\vec{\tau}$ *y, por supuesto,* $|\overrightarrow{v_C}| = |\vec{\tau}| = |\overrightarrow{v_{m\iota n}}|$

Invariantes:

$\Rightarrow Resultante \rightarrow \vec{\omega} = \overrightarrow{cte}$

$\Rightarrow Automomento \rightarrow \overrightarrow{v_A} \cdot \vec{\omega} = \text{cte}$

$$\Rightarrow Momento\ mínimo \rightarrow |\vec{\tau}| = |\overrightarrow{v_C}| = \frac{\overrightarrow{v_A} \cdot \vec{\omega}}{|\vec{\omega}|} = cte$$

$$\Rightarrow Característica \rightarrow \frac{\overrightarrow{v_A} \cdot \vec{\omega}}{|\vec{\omega}|^2} = cte$$

2.5. MOVIMIENTO HELICOIDAL EQUIVALENTE

En el movimiento general de un sólido rígido, siempre existirá algún punto C del sólido, cuya velocidad $\overrightarrow{v_C}$ sea paralela a $\vec{\omega}$. Por este punto C, pasará el *eje instantáneo de rotación y deslizamiento* (e.i.r.d.) que es paralelo a $\vec{\omega}$. En cada instante, tenemos un eje instantáneo de rotación y deslizamiento; luego el movimiento instantáneo del sólido se puede considerar como un *movimiento helicoidal* definido por el vector rotación $\vec{\omega}$ y el vector traslación (velocidad mínima) $\overrightarrow{v_C}$ ($\vec{\tau}$).

Si tomamos una referencia fija OXYZ, se define **axoide fijo** o **polar fija** al lugar geométrico de los e.i.r.d. respecto de la referencia fija. Es, por tanto, una superficie reglada.

Si tomamos una referencia rígidamente unida al sólido o'x'y'z', es decir que se mueve con el sólido, se define **axoide móvil** o **polar móvil** al lugar geométrico de los e.i.r.d. respecto de la referencia móvil. Es, por tanto, una superficie reglada.

Ambas superficies son regladas; podemos asegurarlo pues están generadas por rectas.

En cada instante, el axoide móvil y el axoide fijo tienen en contacto una generatriz común. Por ello, y dado que el axoide móvil va unido rígidamente al sólido, se puede decir que el sólido se mueve como si el axoide móvil rodase y deslizase sobre el axoide fijo a lo largo de la generatriz de contacto.

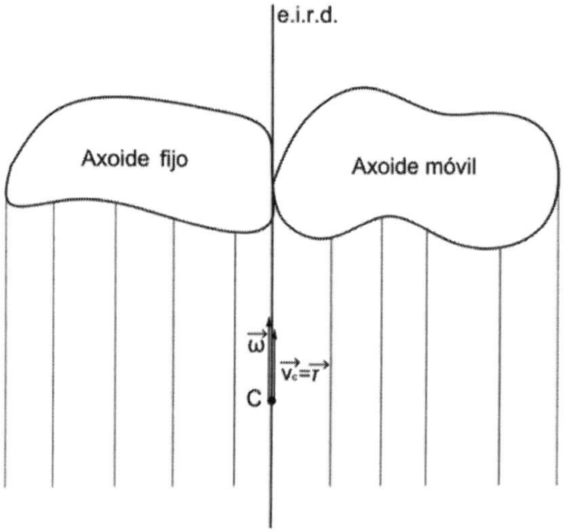

Casos particulares: como cualquier S.V.D. reducimos a un punto A, es decir calculamos $\vec{\omega}$ y $\vec{v_A}$ y en función de estos resultados:

1. Sistema vector único:

$$\vec{\omega} \cdot \vec{v_A} = 0$$

$$\vec{\omega} \neq 0$$

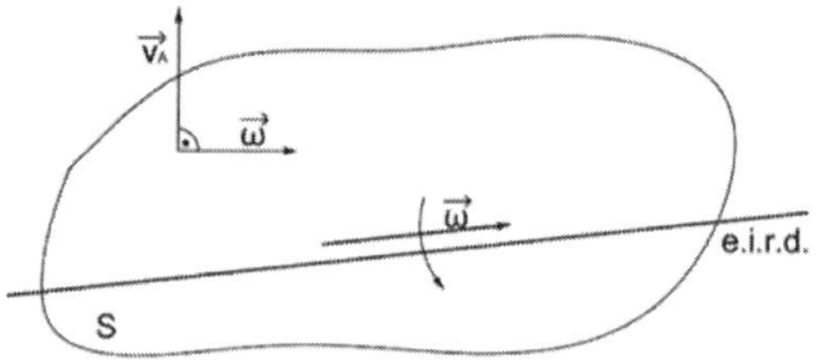

El S.V.D. de las rotaciones $\vec{\omega}$ cuya resultante es $\vec{\omega}$ se reduce a $\vec{\omega}$ aplicada en el e.i.r.d. (eje central).

El movimiento del sólido equivale a una rotación alrededor del eje que contiene a $\vec{\omega}$ (e.i.r.d.), que en este caso se llama e.i.r. (eje instantáneo de rotación).

2. Sistema par de vectores:

$$\vec{\omega} = 0$$

$$\vec{v_A} \neq 0$$

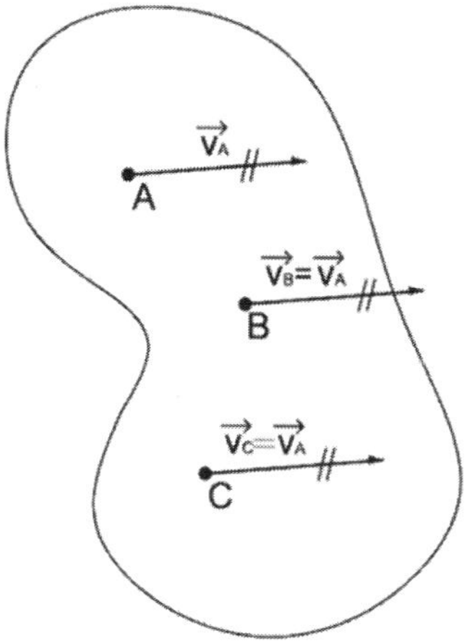

Todos los puntos del sólido tienen la misma velocidad que el punto A.

El movimiento del sólido es una traslación definida por $\vec{v_A}$.

$$\vec{v_B} = \vec{v_A} + \vec{\omega} \wedge \overrightarrow{AB} \quad \rightarrow \quad \vec{v_B} = \vec{v_A}$$

3. Sistema nulo:

$$\vec{\omega} = 0$$

$$\vec{v_A} = 0$$

El sólido se encuentra en reposo con relación al sistema de referencia que elijamos.

4. Sistema vector único: caso particular

$$\vec{\omega} \neq \vec{0}$$

$$\vec{v_A} = \vec{0}$$

Y, por tanto:

$$\vec{v_A} \cdot \vec{\omega} = 0$$

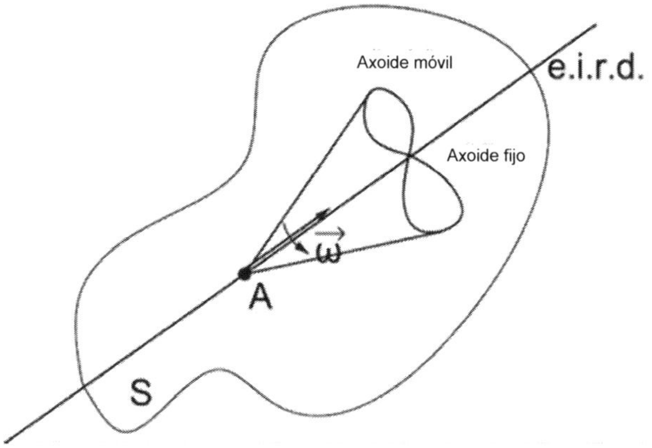

El eje instantáneo de rotación e.i.r. pasa constantemente por A y el sólido realiza un movimiento de rotación (pura) alrededor del eje e.i.r.

2.6. MOVIMIENTO PLANO DE UN SÓLIDO (S)

Cuando un sólido S se mueve paralelamente a un plano π estamos en *movimiento plano.*

Las trayectorias de los puntos del plano π y de todos los puntos de los planos paralelos a π son iguales. El movimiento plano no permite rotaciones alrededor de ejes paralelos al plano π. Las rotaciones en movimiento plano son todas ortogonales al plano π. $\left(\vec{\omega} = \omega\vec{k}\right)$

Con estudiar la intersección del plano πcon el sólido S conocemos el movimiento del sólido.

Conocemos que $\vec{v} \cdot \vec{\omega} = 0$, el sistema es un sistema vector único y equivale a una rotación $\vec{\omega}$ alrededor del e.i.r. (e).

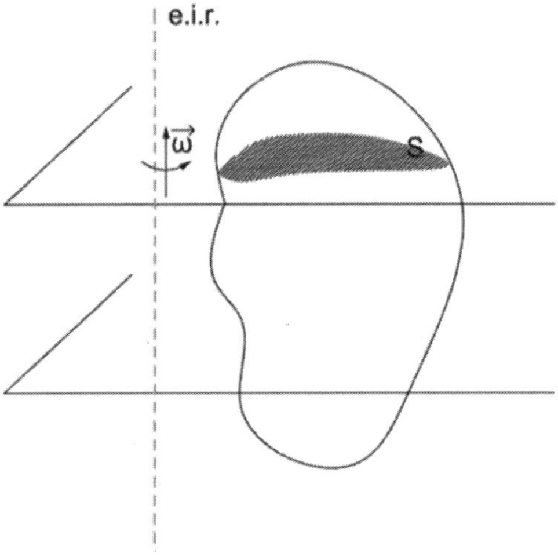

2.6.1. Velocidades y aceleraciones en el movimiento plano

Velocidad:

$$\overrightarrow{v_B} = \overrightarrow{v_A} + \vec{\omega} \wedge \overrightarrow{AB}$$

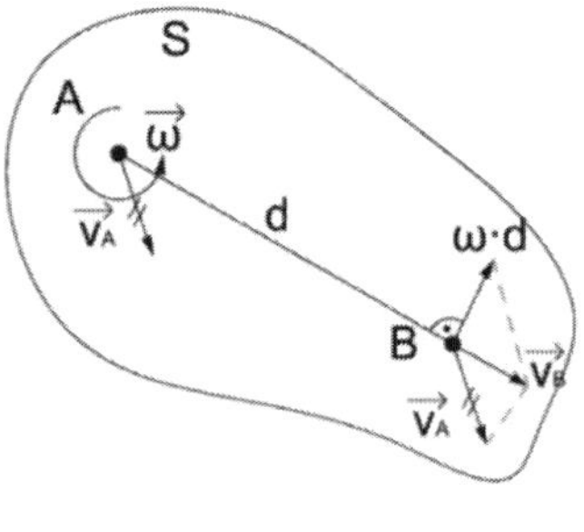

Aceleración:

$$\overrightarrow{a_B} = \overrightarrow{a_A} + \frac{d\vec{\omega}}{dt} \wedge \overrightarrow{AB} + \vec{\omega} \wedge (\vec{\omega} \wedge \overrightarrow{AB})$$

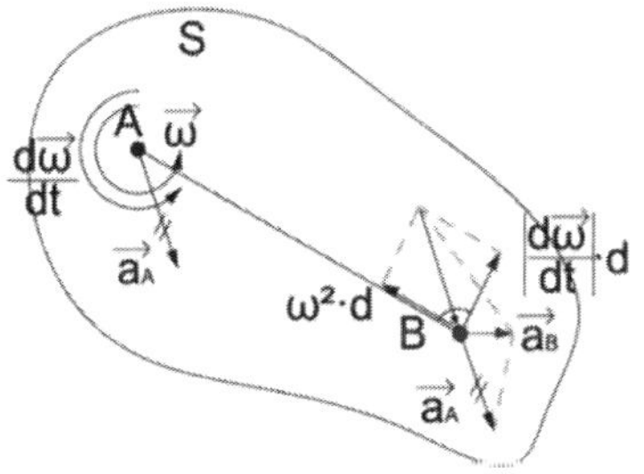

2.6.2. Centro instantáneo de rotación, CIR (I)

El eje instantáneo de rotación en el movimiento plano intersecta con el plano π en un punto que llamamos CIR (centro instantáneo de rotación) que siempre existe y que tiene en ese instante velocidad nula.

El CIR (I) puede no estar dentro del cuerpo *físicamente*.

$$\overrightarrow{v_A} = \overrightarrow{v_I} + \vec{\omega} \wedge \overrightarrow{IA} \quad \rightarrow \quad \boldsymbol{\overrightarrow{v_A} = \vec{\omega} \wedge \overrightarrow{IA}}$$

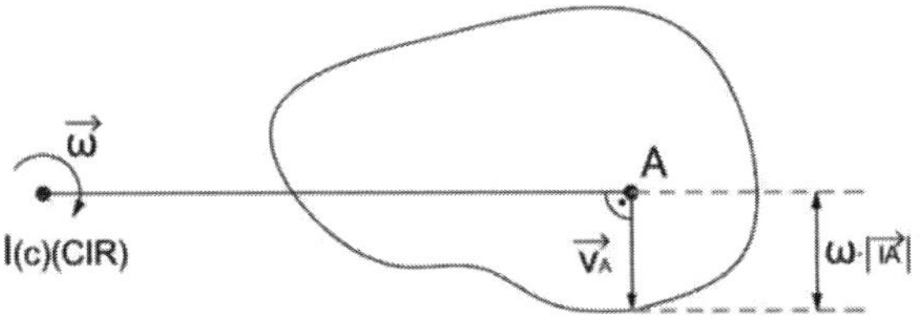

En cada instante hay un CIR distinto.

2.6.2.1. Forma de determinar el CIR

Como

$$\overrightarrow{v_A} = \vec{\omega} \wedge \overrightarrow{IA} \quad \rightarrow \quad \overrightarrow{IA}$$

tiene dirección normal a la trayectoria en A, pues $\overrightarrow{IA} \perp \overrightarrow{v_A}$ (por definición de producto vectorial). Entonces:

> "*La normal a la trayectoria trazada en un punto pasa por el centro instantáneo de rotación*"

Se definen:

- *Base*: es el lugar geométrico de la huella que dejó el CIR en el plano fijo. Se llama **base** o **polar fija**.
- *Ruleta*: es el lugar geométrico de los CIR en el plano móvil, no porque se mueva, sino porque se mueve el plano donde se halla. Se llama **ruleta** o **polar móvil**.

2.6.2.2. Cálculo práctico del CIR (I)

Primer caso:

Conocemos la velocidad en el punto A del sólido $\overrightarrow{v_A}$ y la velocidad angular del sólido $\vec{\omega} = \omega\vec{k}$.

Para que C sea el CIR (I):

En módulos:

$$v_A = \omega \cdot d$$

$$d = \frac{v_A}{\omega}$$

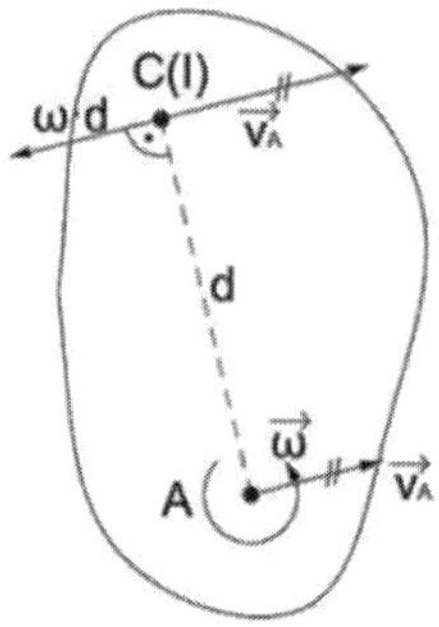

Segundo caso:

Conocemos las velocidades $\overrightarrow{v_A}$ y $\overrightarrow{v_B}$ de dos puntos del sólido A y B.

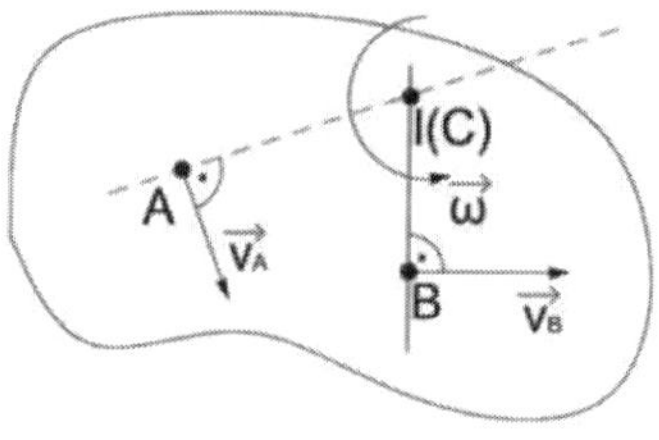

Tercer caso:

Conocemos las velocidades $\overrightarrow{v_A}$ y $\overrightarrow{v_B}$ de dos puntos del sólido A y B que son paralelas y de distinto módulo.

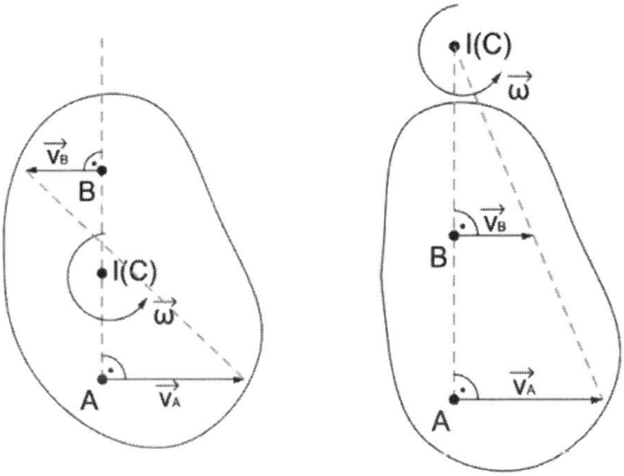

2.6.2.3. Cálculo práctico de la base y la ruleta (curvas polares)

1. Determinamos el CIR (I).
2. Damos las coordenadas del CIR (I), expresadas en un sistema de referencia fija XYZ y obtenemos la base o polar fija.
3. Damos las coordenadas del CIR (I), expresadas en un sistema de referencia rígidamente unido al sólido xyz (referencia móvil porque se mueve con el sólido) y tenemos la ruleta o polar móvil.

Polar fija o base: $\begin{matrix} X = X_i \\ Y = Y_i \end{matrix}$

Polar móvil o ruleta: $\begin{matrix} x = x_i \\ y = y_i \end{matrix}$

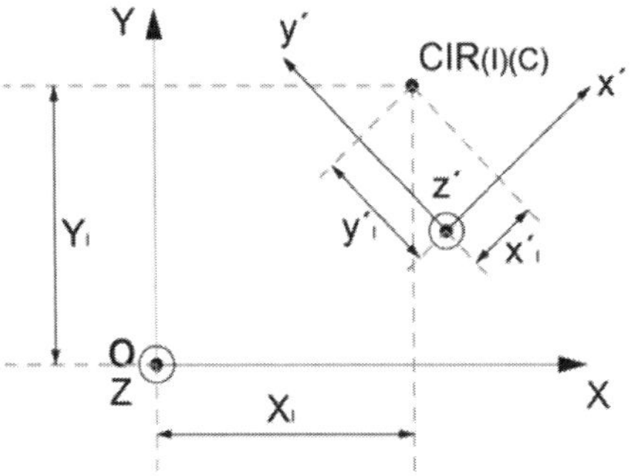

2.7. MOVIMIENTO DE RODADURA SIN DESLIZAMIENTO

Se dice que un cuerpo rueda sin deslizar sobre otro si, en el punto de contacto ambos tienen la misma velocidad:

En el punto de contacto:

⇒ El punto como perteneciente al suelo fijo:

$$v_I = 0$$

⇒ Luego obligatoriamente el punto, como perteneciente a la rueda, debe llevar la misma velocidad:

$$v_I = v_G - \omega \cdot d = 0$$

$$v_G = \omega \cdot d$$

Como:

$$d = radio\ R$$

$$\omega = \frac{v_G}{R}$$

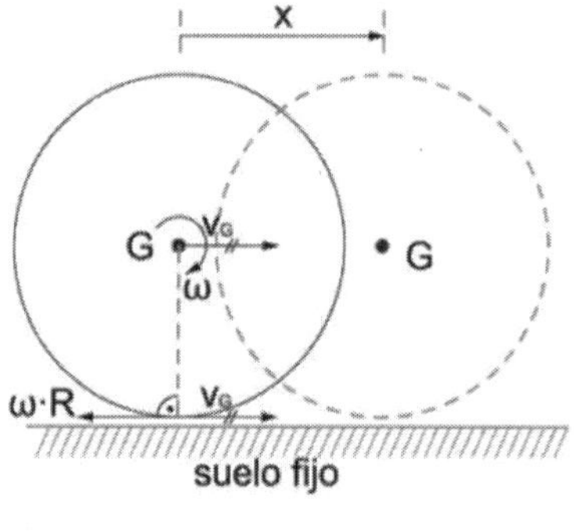

Caso particular: la ruleta rueda sin deslizar sobre la base (fija). Luego en el caso anterior la ruleta es la circunferencia de la rueda y la base es la recta del suelo fijo.

2.8. COMPOSICIÓN DE MOVIMIENTOS. MOVIMIENTO RELATIVO

Cuando una partícula o un sistema de partículas se encuentran sometidos a más de un movimiento se debe estudiar el movimiento resultante como composición de los anteriores.

2.8.1. Composición de movimientos de una partícula p

Estudiemos el movimiento de un punto P respecto de una referencia fija OXYZ, conocido el movimiento de P respecto de una referencia o'x'y'z' que a su vez tiene un cierto movimiento con respecto a la referencia fija OXYZ antes citada.

El movimiento de P respecto a la referencia fija OXYZ se denomina **movimiento absoluto**.

El movimiento de P respecto a la referencia móvil o'x'y'z' se denomina **movimiento relativo.**

El movimiento de P respecto a la referencia fija OXYZ si unimos ésta invariablemente a la referencia móvil o´x´y'z', se denomina **movimiento de arrastre.**

$$\overrightarrow{r_{abs}} = \overrightarrow{r_{arr}} + \overrightarrow{r_{rel}}$$

$$\vec{r} = \vec{r_0} + \vec{r'}$$

$$\overrightarrow{OP} = \overrightarrow{OO'} + \overrightarrow{O'P}$$

$$\overrightarrow{OP} = x\vec{\imath} + y\vec{\jmath} + z\vec{k}$$

$$\overrightarrow{OO'} = x_0\vec{\imath} + y_0\vec{\jmath} + z_0\vec{k}$$

$$\overrightarrow{O'P} = x'\vec{\imath'} + y'\vec{\jmath'} + z'\vec{k'}$$

$\{\vec{\imath}, \vec{\jmath}, \vec{k}\}$ Son los versores del triedro fijo OXYZ

$\{\vec{\imath'}, \vec{\jmath'}, \vec{k'}\}$ Son los versores del triedro fijo o´x´y´z´

2.8.1.1. Velocidad absoluta de P

Es la velocidad calculada desde el sistema de referencia fijo o x,xy,z, que se calcula como composición de la velocidad relativa y la de arrastre.

$$\overrightarrow{v_{abs}} = \vec{v_a} = \frac{d\overrightarrow{OP}}{dt} = \frac{d\overrightarrow{OO'}}{dt} + \frac{d\overrightarrow{O'P}}{dt}$$

$$\vec{v_a} = \frac{dx_0}{dt}\vec{\imath} + \frac{dy_0}{dt}\vec{\jmath} + \frac{dz_0}{dt}\vec{k} + \frac{dx'}{dt}\vec{\imath'} + x'\frac{d\vec{\imath'}}{dt} + \frac{dy'}{dt}\vec{\jmath'} + y'\frac{d\vec{\jmath'}}{dt} + \frac{dz'}{dt}\vec{k'} + z'\frac{d\vec{k'}}{dt}$$

Recordando las fórmulas de Poisson:

$$\frac{d\vec{\imath'}}{dt} = \vec{\omega} \wedge \vec{\imath'}$$

$$\frac{d\vec{\jmath'}}{dt} = \vec{\omega} \wedge \vec{\jmath'}$$

$$\frac{d\vec{k'}}{dt} = \vec{\omega} \wedge \vec{k'}$$

Sustituyendo:

$$\vec{v_a} = \vec{v_0} + \overrightarrow{v_{rel}} + x'(\vec{\omega} \wedge \vec{\imath'}) + y'(\vec{\omega} \wedge \vec{\jmath'}) + z'(\vec{\omega} \wedge \vec{k'})$$

$$\vec{v_a} = \overrightarrow{v_{rel}} + \vec{v_0} + \omega \wedge x'\,\vec{\imath'} + \omega \wedge y'\,\vec{\jmath'} + \omega \wedge z'\,\vec{k'}$$

$$\vec{v_a} = \overrightarrow{v_{rel}} + \vec{v_0} + \omega \wedge (x'\,\vec{\imath'} + y'\,\vec{\jmath'} + z'\,\vec{k'})$$

$$\vec{v_a} = \overrightarrow{v_{rel}} + \vec{v_0} + \omega \wedge \overrightarrow{r_{rel}}$$

$$\boldsymbol{\vec{v_a} = \overrightarrow{v_{rel}} + \overrightarrow{v_{arr}}}$$

Ahora:

- Para calcular $\overrightarrow{\boldsymbol{v}_{arr}}$: “paramos” el movimiento relativo y se deja mover el punto P con el movimiento de arrastre y se calcula su velocidad.
- Para calcular $\overrightarrow{\boldsymbol{v}_{rel}}$: se deja mover el punto P con el movimiento relativo y se calcula su velocidad.

2.8.1.2. Aceleración absoluta de P:

$$\overrightarrow{a_{abs}} = \vec{a_a} = \overrightarrow{a_{arr}} + \overrightarrow{a_{rel}} + \overrightarrow{a_{COR}}$$

A esta expresión de la aceleración se llega derivando la velocidad calculada anteriormente respecto del tiempo.

La aceleración de Coriolis o complementaria aparece cuando la dirección en un vector velocidad lineal $\vec{v}$, está siendo modificada debido a la acción de un giro $\vec{\omega}$ exterior a ella.

$$\overrightarrow{a_{abs}} = \overrightarrow{a_{rel}} + \vec{a_0} + \frac{d\vec{\omega}}{dt} \wedge \overrightarrow{r_{rel}} + \vec{\omega} \wedge (\vec{\omega} \wedge \overrightarrow{r_{rel}}) + 2(\vec{\omega} \wedge \overrightarrow{v_{rel}})$$

$$\boldsymbol{\overrightarrow{a_{abs}} = \overrightarrow{a_{rel}} + \overrightarrow{a_{arr}} + \vec{a_C}}$$

Ahora:

- Para calcular $\overrightarrow{a_{arr}}$: “paramos” el movimiento relativo y se deja mover el punto P con el movimiento de arrastre y se calcula su aceleración.
- Para calcular $\overrightarrow{a_{rel}}$: se deja mover el punto P con el movimiento relativo y se calcula su aceleración.

- Para calcular $\overrightarrow{a_{COR}} = \overrightarrow{a_C}$:

$$\overrightarrow{a_C} = 2\vec{\omega} \,\Lambda\, \overrightarrow{v_{rel}}$$

Casos particulares en los que $\overrightarrow{a_C} = \vec{0}$

a) Si el movimiento de arrastre es una traslación:

$$\vec{\omega} = \vec{0} \quad \rightarrow \quad \overrightarrow{a_C} - 2\vec{\omega} \,\Lambda\, \overrightarrow{v_{rel}} = \vec{0}$$

Y, por tanto:

$$\overrightarrow{a_{arr}} = \overrightarrow{a_0} + \frac{d\vec{\omega}}{dt} \Lambda\, \overrightarrow{r_{rel}} + \vec{\omega} \,\Lambda\, (\vec{\omega} \,\Lambda \overrightarrow{r_{rel}}\,)$$

Como:

$$\vec{\omega} - \vec{0} \quad \rightarrow \quad \frac{d\vec{\omega}}{dt} = \vec{0}$$

$$\overrightarrow{a_{arr}} = \overrightarrow{a_0}$$

$$\overrightarrow{\boldsymbol{a_{abs}}} = \overrightarrow{\boldsymbol{a_0}} + \overrightarrow{\boldsymbol{a_{rel}}}$$

b) Si el movimiento de arrastre es una traslación rectilínea y uniforme:

$$\vec{\omega} = \vec{0}$$

$$\overrightarrow{a_{arr}} = \vec{0} \quad \rightarrow \quad \overrightarrow{a_{abs}} = \overrightarrow{a_{arr}} + \overrightarrow{a_{rel}} + \overrightarrow{a_C}$$

$$\overrightarrow{a_C} = \vec{0}$$

$$\overrightarrow{\boldsymbol{a_{abs}}} = \overrightarrow{\boldsymbol{a_{rel}}}$$

Esto ocurre siempre en unos ejes de Galileo, o lo que es lo mismo, en un sistema de referencia inercial.

c) Si $\overrightarrow{\omega_{arr}} = \vec{\omega}$ y $\overrightarrow{v_{rel}}$ son paralelas:

$$\overrightarrow{\omega_{arr}} = \vec{\omega} \parallel \overrightarrow{v_{rel}} \quad \rightarrow \quad \overrightarrow{a_C} = 2\vec{\omega} \,\Lambda\, \overrightarrow{v_{rel}}$$

$$\overrightarrow{\boldsymbol{a_C}} = \vec{\boldsymbol{0}}$$

$$\overrightarrow{\boldsymbol{a_{abs}}} = \overrightarrow{\boldsymbol{a_{arr}}} + \overrightarrow{\boldsymbol{a_{rel}}}$$

PROBLEMAS RESUELTOS

Ejercicio 2.1. En el instante que se considera, un sólido rígido está sometido simultáneamente a los dos movimientos helicoidales de la figura. Hallar los elementos del movimiento helicoidal equivalente y la velocidad $\overrightarrow{v_o}(0,0,0)$

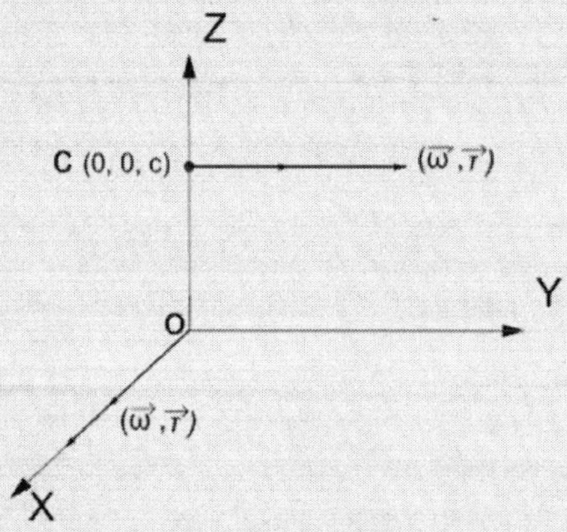

¿Tiene módulo mínimo? ¿Existen puntos del sólido cuya velocidad sea paralela al plano XOY? En caso afirmativo, hállese su lugar geométrico.

Realmente, lo que pide el ejercicio es que se sumen los dos sistemas de vectores deslizantes (los movimientos helicoidales).

Sistema I:

$$\overrightarrow{R_I}$$
$$\overrightarrow{M_{A_I}}$$

Sistema II:

$$\overrightarrow{R_{II}}$$
$$\overrightarrow{M_{A_{II}}}$$

Suma:

$$\overrightarrow{R_I} + \overrightarrow{R_{II}} = \vec{R}$$
$$\overrightarrow{M_A} = \overrightarrow{M_{A_I}} + \overrightarrow{M_{A_{II}}}$$

Si los momentos resultantes no están calculados en el mismo punto no se pueden sumar hasta que no lo estén.

En nuestro problema:

a) Elementos del Movimiento Helicoidal Equivalente (M.H.E.)

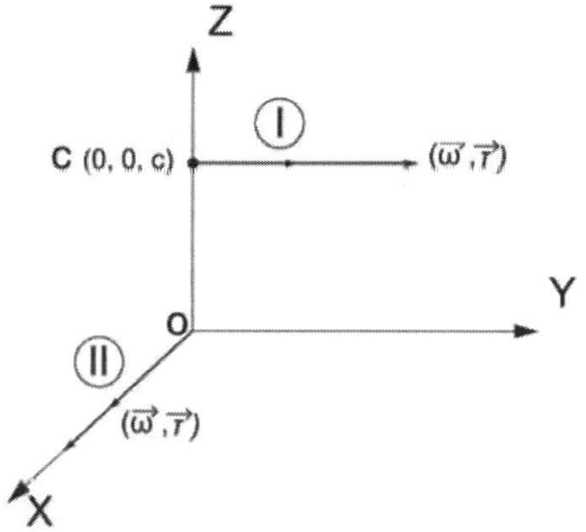

Para hallar la velocidad $\vec{v_o}(0,0,0)$, hacemos:

M.H.E.$_{\mathrm{I}}$:

$$\overrightarrow{\omega_I} = \omega\vec{j}$$

$$\overrightarrow{\tau_I} = \overrightarrow{v_{C_I}} = \tau\vec{j}$$

M.H.E.$_{\mathrm{II}}$:

$$\overrightarrow{\omega_{II}} = \omega\vec{i}$$

$$\overrightarrow{\tau_{II}} = \overrightarrow{v_{0_{II}}} = \tau\vec{i}$$

Tenemos que pasar $\overrightarrow{v_{C_I}}$ a $\overrightarrow{v_{0_I}}$:

$$\overrightarrow{v_{0_I}} = \overrightarrow{v_{C_I}} + \overrightarrow{\omega_I} \wedge \overrightarrow{CO} = (\tau\vec{j}) + \begin{vmatrix} \vec{i} & \vec{j} & \vec{k} \\ 0 & \omega & 0 \\ 0 & 0 & -C \end{vmatrix}$$

$$\overrightarrow{CO} = -C\vec{k}$$

$$\boldsymbol{\overrightarrow{v_{0_I}} = -C\omega\vec{i} + \tau\vec{j}}$$

Se piden los elementos del movimiento resultante y, por tanto, se tiene que estudiar si $\vec{v_o} = \vec{\tau}$, es decir, si O es un punto del e.i.r.d. del M.H.E.

Para ello si $\overrightarrow{v_o}$ fuera la $\overrightarrow{v_{mín}} = \vec{\tau}$, debe ser colineal con $\vec{\omega}$ (resultante), luego:

$$\frac{v_{0_x}}{\omega_x} = \frac{v_{0_y}}{\omega_y} = \frac{v_{0_z}}{\omega_z} \quad \rightarrow \quad \frac{(\tau - C\omega)}{\omega} \neq \frac{\tau}{\omega} \neq \frac{0}{0}$$

Así pues, $\overrightarrow{v_o}$ no tiene módulo mínimo y, por tanto, no es la velocidad mínima de $\vec{\tau}$.

Ahora se tiene que calcular $\vec{\tau}$

$$|\vec{\tau}| = \frac{\vec{v} \cdot \vec{\omega}}{|\vec{\omega}|} = \frac{\overrightarrow{v_o} \cdot \vec{\omega}}{|\vec{\omega}|} = \frac{(\tau - C\omega) \cdot \omega + C \cdot \omega}{\sqrt{\omega^2 + \omega^2}} = \frac{\tau \cdot \omega - C \cdot \omega^2 + \tau \cdot \omega}{\sqrt{2\omega^2}}$$

$$|\vec{\tau}| = \frac{2 \cdot \tau \cdot \omega - C \cdot \omega^2}{\omega\sqrt{2}} = \frac{2C - C \cdot \omega}{\sqrt{2}} \cdot \frac{\sqrt{2}}{\sqrt{2}} = \frac{2 \cdot \sqrt{2} \cdot \tau - \sqrt{2} \cdot C \cdot \omega}{2}$$

$$\boldsymbol{|\vec{\tau}| = \sqrt{2} \cdot \tau - \frac{\sqrt{2}}{2} \cdot C \cdot \omega}$$

$\vec{\tau}$ lleva la dirección y sentido de $\vec{\omega}$:

$$\vec{\tau} = |\vec{\tau}| \cdot \frac{\vec{\omega}}{|\vec{\omega}|} = \frac{\left(\sqrt{2} \cdot \tau - \frac{\sqrt{2}}{2} \cdot C \cdot \omega\right) \cdot (\omega\vec{i} + \omega\vec{j})}{\omega\sqrt{2}} = \frac{\sqrt{2}\left(\tau - \frac{C \cdot \omega}{2}\right) \cdot \omega(\vec{i} + \vec{j})}{\omega\sqrt{2}}$$

$$\boldsymbol{\vec{\tau} = \left(\tau - \frac{C \cdot \omega}{2}\right)\vec{i} + \left(\tau - \frac{C \cdot \omega}{2}\right)\vec{j}}$$

Luego el M.H.E.:

$$\vec{\omega} = \omega\vec{i} + \omega\vec{j}$$

$$\vec{\tau} = \left(\tau - \frac{C \cdot \omega}{2}\right)\vec{i} + \left(\tau - \frac{C \cdot \omega}{2}\right)\vec{j}$$

b) ¿Existen puntos del sólido cuya velocidad sea paralela al plano XOY? En caso afirmativo, hállese su lugar geométrico.

Sí existen, serán todos los que su componente de velocidad, según el eje z, sea nula.

$$M(x, y, z) \text{ tal que } (v_M)_Z = 0$$

$$\overrightarrow{v_M} = \overrightarrow{v_0} + \vec{\omega} \wedge \overrightarrow{OM} = [(\tau - C\omega)\vec{i} + \tau\vec{j}] + \begin{vmatrix} \vec{i} & \vec{j} & \vec{k} \\ \omega & \omega & 0 \\ x & y & z \end{vmatrix}$$

$$\overrightarrow{OM} = x\vec{\imath} + y\vec{\jmath} + z\vec{k}$$

$$\overrightarrow{v_M} = (\tau - C\omega + \omega z)\vec{\imath} + (\tau - \omega z)\vec{\jmath} + [\omega(y - x)]\vec{k}$$

Para que

$$\overrightarrow{v_M} \parallel XOY \quad \rightarrow \quad (v_M)_Z = 0 \quad \rightarrow \quad \omega(y - x) = 0 \quad \rightarrow \quad y = x$$

Se calcula el e.i.r.:

$$C(x, y, z) \in e.i.r.$$

$$\overrightarrow{v_C} \parallel \vec{\omega}$$

$$\overrightarrow{v_C} = \overrightarrow{v_0} + \vec{\omega} \wedge \overrightarrow{OC} = [(\tau - C\omega)\vec{\imath} + \tau\vec{\jmath}] + \begin{vmatrix} \vec{\imath} & \vec{\jmath} & \vec{k} \\ \omega & \omega & 0 \\ x & y & z \end{vmatrix}$$

$$\vec{\omega} = \omega\vec{\imath} + \omega\vec{\jmath}$$

$$\overrightarrow{OC} = x\vec{\imath} + y\vec{\jmath} + z\vec{k}$$

$$\overrightarrow{v_C} = (\tau - C\omega + \omega z)\vec{\imath} + (\tau - \omega z)\vec{\jmath} + [\omega(y - x)]\vec{k}$$

$$\frac{(\tau - C\omega + \omega z)}{\omega} = \frac{(\tau - \omega z)}{\omega} = \frac{\omega(y - x)}{0} \quad \rightarrow \quad \frac{\tau - C\omega + \omega z}{\omega} = \frac{\tau - \omega z}{\omega}$$

$$\left.\begin{matrix} \tau - C\omega + \omega z = \tau - \omega z \\ y = x \end{matrix}\right\} \quad \left.\begin{matrix} C\omega = 2\omega z \\ y = x \end{matrix}\right\} \quad \begin{matrix} \boldsymbol{z = \frac{C}{2}} \\ \boldsymbol{y = x} \end{matrix} \quad \boldsymbol{e.i.r.}$$

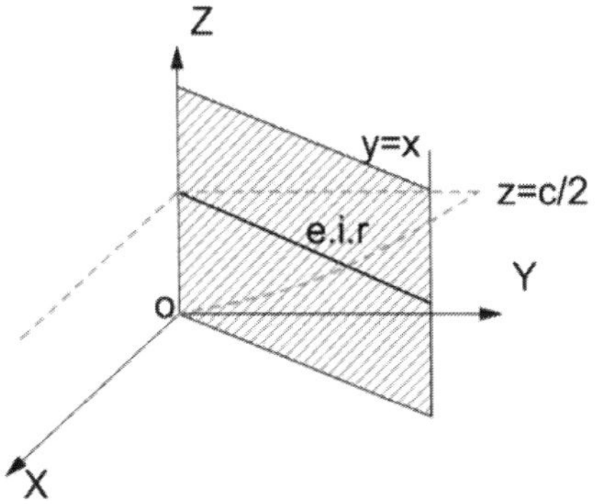

Ejercicio 2.2. Un sólido está sometido simultáneamente a 6 rotaciones cuyos vectores velocidad angular están situadas en los lados y diagonales de un cuadrado de lado L y cuyos módulos son: $\omega_1 = K \cdot L$ y $\omega_2 = K \cdot L\sqrt{2}$

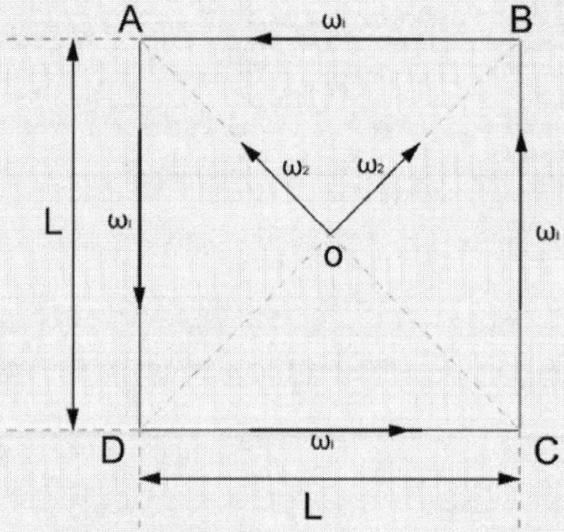

Con los sentidos indicados en la figura. Hallar:

a) El movimiento resultante.

b) La velocidad del punto A.

$$\overrightarrow{\omega_{AB}} = -\omega_1 \vec{\imath}$$

$$\overrightarrow{\omega_{CD}} = \omega_1 \vec{\imath}$$

$$\overrightarrow{\omega_{BC}} = \omega_1 \vec{\jmath}$$

$$\overrightarrow{\omega_{AD}} = -\omega_1 \vec{\jmath}$$

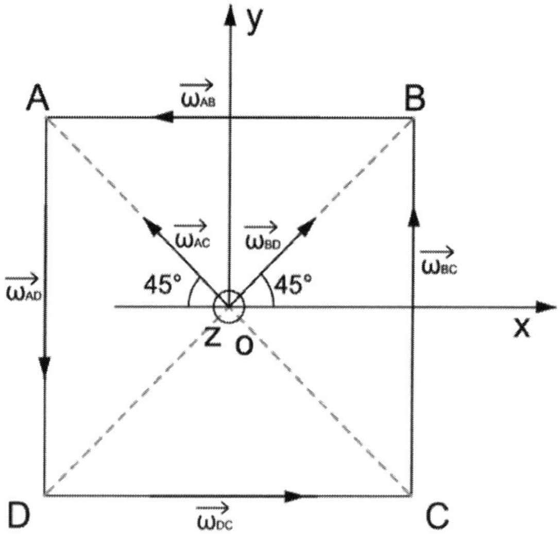

$$\overrightarrow{\omega_{BD}} = \omega_2 \cdot cos45^o\vec{\imath} + \omega_2 \cdot sen45^o\vec{\jmath} = \omega_2 \cdot \frac{\sqrt{2}}{2}\vec{\imath} + \omega_2 \cdot \frac{\sqrt{2}}{2}\vec{\jmath}$$

$$\overrightarrow{\omega_{AC}} = -\omega_2 \cdot cos45^o\vec{\imath} + \omega_2 \cdot sen45^o\vec{\jmath} = -\omega_2 \cdot \frac{\sqrt{2}}{2}\vec{\imath} + \omega_2 \cdot \frac{\sqrt{2}}{2}\vec{\jmath}$$

a) Movimiento resultante

$$\vec{\omega} = \overrightarrow{\omega_{AB}} + \overrightarrow{\omega_{CD}} + \overrightarrow{\omega_{BC}} + \overrightarrow{\omega_{AD}} + \overrightarrow{\omega_{BD}} + \overrightarrow{\omega_{AC}}$$

$$\vec{\omega} = -\omega_1\vec{\imath} + \omega_1\vec{\imath} + \omega_1\vec{\imath} - \omega_1\vec{\imath} + \omega_2 \cdot \frac{\sqrt{2}}{2}\vec{\imath} + \omega_2 \cdot \frac{\sqrt{2}}{2}\vec{\jmath} - \omega_2 \cdot \frac{\sqrt{2}}{2}\vec{\imath} + \omega_2 \cdot \frac{\sqrt{2}}{2}\vec{\jmath}$$

$$\boldsymbol{\vec{\omega} = \omega_2\sqrt{2}\vec{\jmath}}$$

Se comprueba que el S.V.D de las ω_i' se reduce a un sistema de S.V.D. concurrentes (teorema de Varignon).

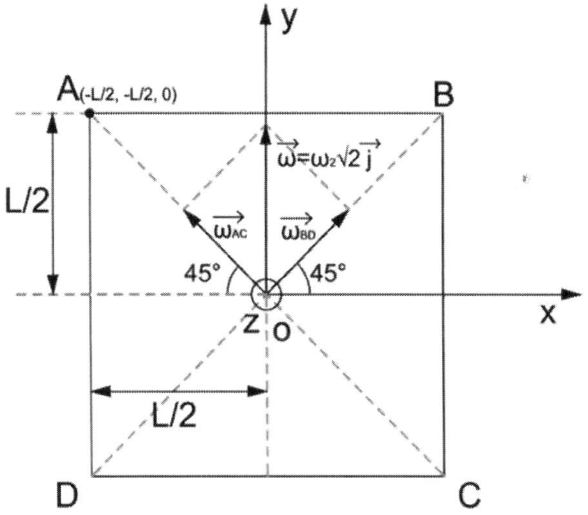

El e.i.r.d. pasa por el punto de concurrencia O y es paralelo (colineal) con $\vec{\omega}$.

$$\vec{\omega} = \omega_2\sqrt{2}\vec{\jmath} = K \cdot L \cdot \sqrt{2} \cdot \sqrt{2}\vec{\jmath} \quad \rightarrow \quad \boldsymbol{\vec{\omega} = 2KL\vec{\jmath}}$$

$$\boldsymbol{\overrightarrow{v_o} = \vec{\tau} = \vec{0}}$$

b) Velocidad del punto A

Recordemos que el Teorema de Varignon dice:

"El momento resultante (velocidad) del S.V.D. en un punto A es igual al momento de la resultante $\vec{k}$, aplicada en O (punto de concurrencia), respecto del punto A ($\overrightarrow{v_A} = \overrightarrow{OA} \Lambda \vec{\omega}$)".

$$\overrightarrow{v_A} = \vec{\omega} \Lambda \overrightarrow{OA} = \begin{vmatrix} \vec{i} & \vec{j} & \vec{k} \\ 0 & 2KL & 0 \\ \frac{-L}{2} & \frac{L}{2} & 0 \end{vmatrix}$$

$$\overrightarrow{OA} = \frac{-L}{2}\vec{i} + \frac{L}{2}\vec{j}$$

$$\overrightarrow{v_A} = 2 \cdot K \cdot L \cdot \frac{L}{2} \cdot \vec{k} \rightarrow \boldsymbol{\overrightarrow{v_A} = K \cdot L^2 \cdot \vec{k}}$$

$$\boldsymbol{v_A = K \cdot L^2}$$

Ejercicio 2.3. Un sólido gira en un instante dado alrededor del origen de coordenadas O, con la velocidad angular $\vec{\omega} = 3\vec{i} + \vec{k}$ y se traslada con la velocidad $\overrightarrow{v_O} = \vec{i} + 2\vec{j}$.

Determinar el eje instantáneo de rotación y deslizamiento, así como el vector velocidad de traslación del movimiento helicoidal equivalente.

El movimiento del sólido rígido viene definido por:

$$\vec{\omega} = 3\vec{i} + \vec{k}$$

$$\overrightarrow{v_O} = \vec{i} + 2\vec{j}$$

Calculamos el e.i.r.d., para ello tomamos:

$$P(x, y, z) \in e.i.r.d.$$

Calculamos:

$$\overrightarrow{v_P} = \overrightarrow{v_O} + \vec{\omega} \wedge \overrightarrow{OP} = (\vec{\imath} + 2\vec{\jmath}) + \begin{vmatrix} \vec{\imath} & \vec{\jmath} & \vec{k} \\ 3 & 0 & 1 \\ x & y & z \end{vmatrix}$$

$$\overrightarrow{OP} = x\vec{\imath} + y\vec{\jmath} + z\vec{k}$$

$$\overrightarrow{v_P} = (-y+1)\vec{\imath} + (-3z + x + 2)\vec{\jmath} + 3y\vec{k}$$

Imponemos:

$$\overrightarrow{v_P} \parallel \vec{\omega} \quad \rightarrow \quad \frac{v_{p_x}}{\omega_x} = \frac{v_{p_y}}{\omega_y} = \frac{v_{p_z}}{\omega_z}$$

$$\frac{(-y+1)}{3} = \frac{(-3z + x + 2)}{0} = \frac{3y}{1} \qquad \left\{ \begin{array}{l} -3z + x + 2 = 0 \\ \dfrac{(-y+1)}{3} = \dfrac{3y}{1} \end{array} \right.$$

Eje instantáneo de rotación y deslizamiento

$$\boldsymbol{x + 2 = 3z}$$

$$\boldsymbol{y = \frac{1}{10}}$$

El vector traslación será: $\vec{\tau} = \overrightarrow{v_{min}}$.

Calculamos el $|\overrightarrow{v_{min}}|$ (3ª invariante)

$$|\overrightarrow{v_{min}}| = \frac{\vec{v} \cdot \vec{\omega}}{|\vec{\omega}|} = \frac{\overrightarrow{v_0} \cdot \vec{\omega}}{|\vec{\omega}|} = \frac{(\vec{\imath} + 2\vec{\jmath}) \cdot (3\vec{\imath} + \vec{k})}{\sqrt{10}} = \frac{1 \cdot (3) + 2 \cdot (0) + 0 \cdot (1)}{\sqrt{10}}$$

$$\vec{\omega} = \sqrt{3^2 + 0^2 + 1^2} = \sqrt{10}$$

$$|\overrightarrow{\boldsymbol{v_{min}}}| = \frac{\boldsymbol{3}}{\sqrt{\boldsymbol{10}}}$$

El vector $\overrightarrow{v_{min}}$ será:

$$\overrightarrow{v_{min}} = |\overrightarrow{v_{min}}| = \frac{\vec{\omega}}{|\vec{\omega}|} = \frac{3}{\sqrt{10}} \cdot \frac{(3\vec{\imath} + \vec{k})}{\sqrt{10}}$$

$$\overrightarrow{\boldsymbol{v_{min}}} = \frac{\boldsymbol{3}}{\boldsymbol{10}} \cdot (\boldsymbol{3\vec{\imath} + \vec{k}}) = \frac{\boldsymbol{9}}{\boldsymbol{10}}\vec{\boldsymbol{\imath}} + \frac{\boldsymbol{3}}{\boldsymbol{10}}\vec{\boldsymbol{k}} = \vec{\boldsymbol{\tau}}$$

Se puede ahora definir el M.H.E:

$$\vec{\omega} = 3\vec{\imath} + \vec{k}$$

$$\vec{\tau} = \frac{9}{10}\vec{\imath} + \frac{3}{10}\vec{k}$$

$$v_A = K \cdot L^2$$

Ejercicio 2.4. La varilla de la figura está conectada a las correderas A y B mediante rótulas. Si la corredera A se mueve en el sentido negativo del eje x con una velocidad constante de 150 mm/s.

Determinar la velocidad v_B de la corredera B en el instante representado en la figura.

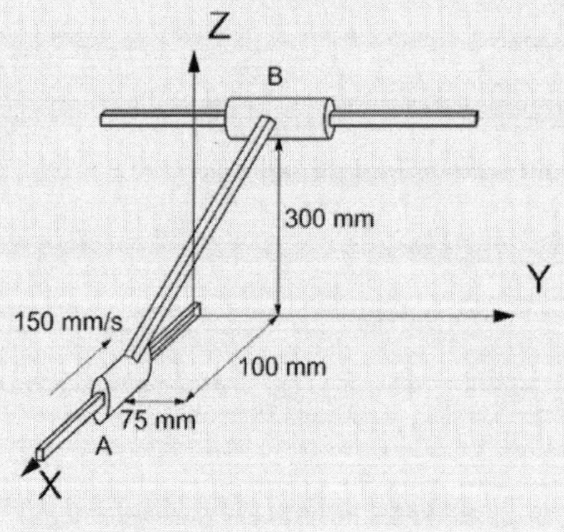

$$\vec{v_A} = -0{,}15\,\vec{\imath}\,(m/s)$$

$$\vec{v_B} = v_B\vec{\jmath}$$

$$\overrightarrow{AB} = -0{,}1\vec{\imath} + 0{,}075\vec{\jmath} + 0{,}3\vec{k}$$

Si se tiene que calcular la velocidad de B, debemos pensar en equiproyectividad.

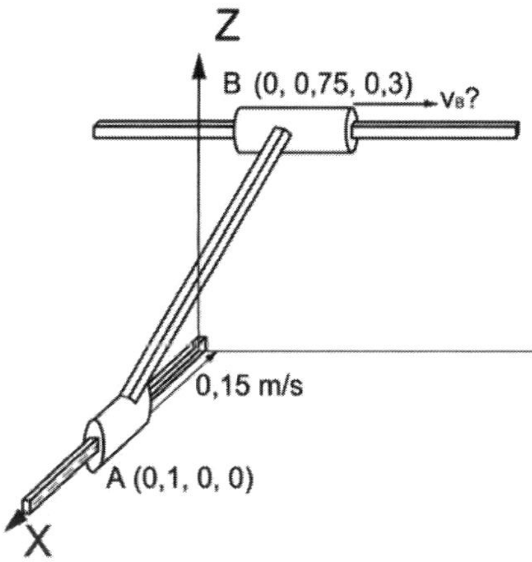

Las proyecciones de las velocidades de A y de B sobre la recta AB son iguales:

$$\overrightarrow{v_A}\cdot\frac{\overrightarrow{AB}}{|\overrightarrow{AB}|}=\overrightarrow{v_B}\cdot\frac{\overrightarrow{AB}}{|\overrightarrow{AB}|}$$

$$(-0{,}15)\cdot(-0{,}1)+0\cdot(0{,}075)+0\cdot(0{,}3)\;=\;0\cdot(-0{,}1)+v_B\cdot(0{,}075)+0\cdot(0{,}3)$$

$$0{,}015\;=\;0{,}075\cdot v_B$$

$$v_B\;=\;0{,}2\,\frac{m}{s}\;=\;200\,\frac{mm}{s}$$

$$\boldsymbol{\overrightarrow{v_B}\;=\;0{,}2\,\vec{j}\,\left(\frac{m}{s}\right)}$$

Ejercicio 2.5. Las tres barras articuladas de la figura se mueven en un plano, siendo $\omega\;=\;4\,rad/s$. Hallar la velocidad angular ω_1 de DC y la velocidad angular ω_2 de BC.

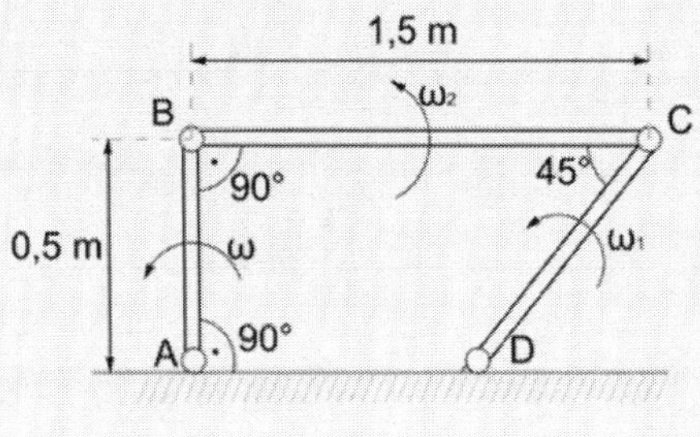

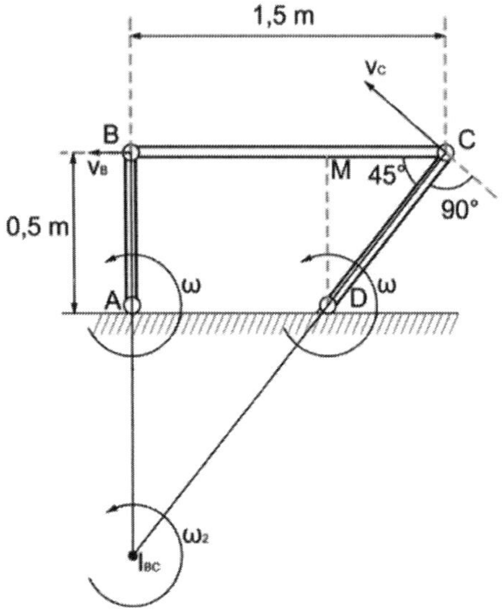

$$cos45^o = \frac{DM}{DC}$$

$$DC = \frac{DM}{cos45^o} = \frac{\frac{1}{2}}{\frac{\sqrt{2}}{2}} = \frac{\sqrt{3}}{2}m$$

Se calcula la v_B como punto de la barra AB y la v_C como punto de la barra CD. Esas velocidades serán las mismas que v_B y v_C como puntos de la barra BC.

Ahora se calcula el CIR de la barra BC; para ello se toma el triángulo IBC:

$$tg45^o = \frac{BC}{I_{BC} \cdot B} = \frac{1{,}5}{I_{BC} \cdot B} = 1$$

$$I_{BC} \cdot B = 1{,}5\, m$$

$$sen45^o = \frac{BC}{I_{BC} \cdot C} = \frac{1{,}5}{I_{BC} \cdot C} = \frac{\sqrt{2}}{2}$$

$$I_{BC} \cdot C = \frac{3}{\sqrt{2}} \cdot \frac{\sqrt{2}}{\sqrt{2}} = \frac{5}{2}\sqrt{2}\, m$$

Colocando en el CIR de BC (I_{BC}) la velocidad angular de la barra BC, $\omega_{BC} = \omega_2$. Y ahora se calcula la v_B como punto de la barra BC y la v_C, como punto de la barra BC.

Como punto de la barra AB:

$$v_B = \omega \cdot AB = 4 \cdot 0{,}5 = 2\, m/s$$

Como punto de la barra BC:

$$v_B = \omega_2 \cdot I_{BC}B = \omega_2 \cdot 1{,}5$$

$$2 = \omega_2 \cdot 1{,}5$$

$$\omega_2 = \frac{4}{3}\frac{rad}{s}$$

Ejercicio 2.6. Unos operarios desean manipular una bombilla de una habitación. Para ello colocan una escalera de tijera de lados AB y BC, de 3 m de longitud cada uno y articulados en B.

La escalera se apoya en A y se supone que se mantiene en equilibrio mediante un cable que une los puntos medios de los lados de la escalera. En un momento dado se rompe el cable y el único punto que se mantiene fijo es el A. En el instante de la figura, donde los lados forman 30º con la horizontal y la $v_C = 1\, m/s$ hacia la derecha yconsiderando la escalera como dos sistemas rígidos articulados en B, se pide en el instante de la figura:

a) Demostrar que las velocidades angulares de AB y BC son iguales y de sentido contrario.

b) Determinar la velocidad de B vectorialmente y el módulo.

c) Calcular las coordenadas de los centros instantáneos de rotación de los lados de la escalera.

Nota. Se tomará el origen del sistema de referencia en A.

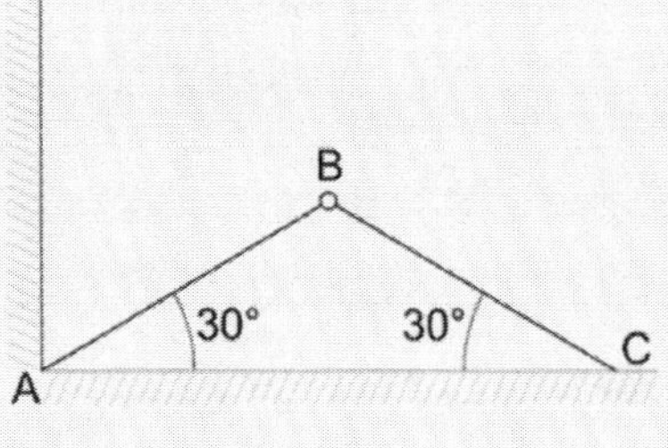

a)

$$AB = BC = l = 3\,m$$

Como el triángulo es isósceles los ángulos que forman AB y BC con la horizontal son iguales, por lo tanto, si derivamos respecto del tiempo:

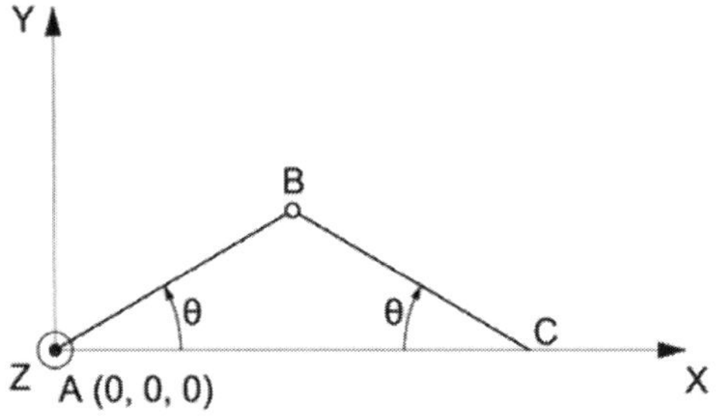

$$\omega_{AB} = \frac{d\theta}{dt};\ \overrightarrow{\omega_{AB}} = \frac{d\theta}{dt}\vec{k}$$

$$\omega_{BC} = \frac{d\theta}{dt};\ \overrightarrow{\omega_{AB}} = -\frac{d\theta}{dt}\vec{k}$$

b) y c) El CIR de la barra AB es el punto A, que en ese instante (y en todos) tiene velocidad nula (I_{AB}), luego:

$$I_{AB} = (0, 0, 0)$$

Una vez que se conoce el CIR de AB, se calcula v_B.

$$v_B = \omega_{AB} \cdot AB = \omega_{AB} \cdot l = 3 \cdot \omega_{AB}$$

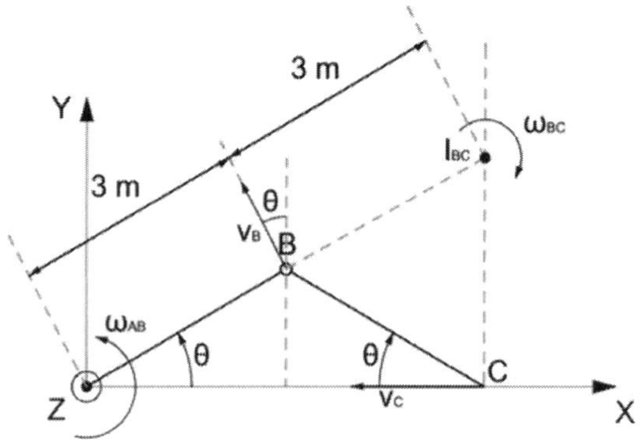

Una vez conocida la dirección de la v_B ya se puede calcular el CIR del sólido (barra) BC (lanzando las perpendiculares a v_B y v_C por B y C respectivamente).

$$tg30^o = \frac{y_I}{3\sqrt{3}}$$

$$\frac{\sqrt{3}}{3} = \frac{y_I}{3\sqrt{3}}$$

$$y_I = \frac{3\sqrt{3}\sqrt{3}}{3} = 3\,m$$

Luego:

$$I_{BC}(3\sqrt{3}, 3, 0)$$

$$\omega_{AB} = \frac{1}{3}\frac{rad}{s}$$

En el triángulo ACI_{BC}:

$$sen30^o = \frac{1}{2} = \frac{3}{3+h}$$

$$3 + h = 6$$

$$h = 3\,m$$

$$\omega_{BC} = -\frac{1}{3}\frac{rad}{s}$$

Entonces:

$$v_C = \omega_{BC} \cdot (3)$$

$$v_C = 1\,m/s$$

$$\omega_{BC} \cdot 3 = 1$$

$$\omega_{AC} = \omega_{AB} = \frac{1}{3}\frac{rad}{s}$$

$$v_B = \omega_{AB} \cdot 3 = \frac{1}{3} \cdot 3 = 1\frac{m}{s}$$

$$\overrightarrow{v_B} = 1 \cdot cos30^o \vec{j} - 1 \cdot sen30^o \vec{i} = -\frac{1}{2}\vec{i} + \frac{\sqrt{3}}{2}\vec{j}$$

Ejercicio 2.7. La manivela OA de la figura, gira con una velocidad angular constante de 80 r.p.m. Determinar las velocidades angulares de las barras AB y BC.

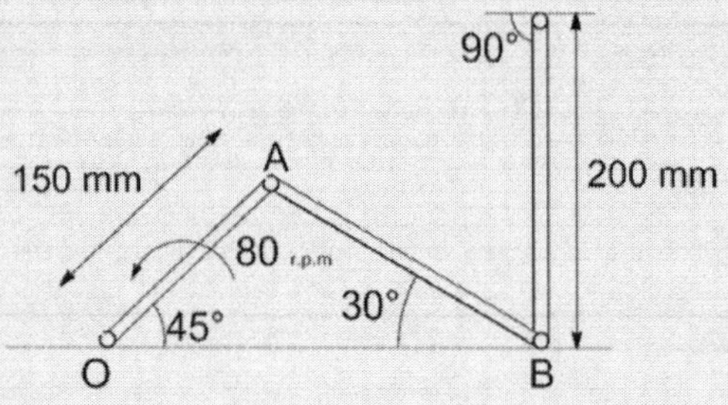

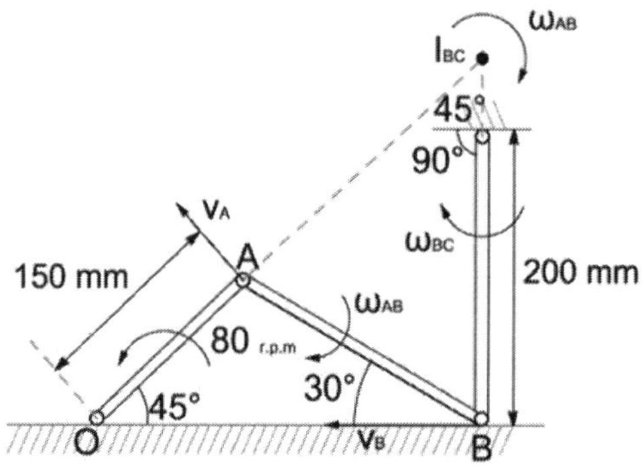

$$\omega_{OA} = 80\, r.p.m. = \frac{80 \cdot 2}{60} = 8{,}08 \frac{rad}{s}$$

$$OA = 150\, mm = 0{,}15\, m$$

$$BC = 200\, mm = 0{,}2\, m$$

Se calculan las velocidades de A y B como puntos A de la manivela OA y B de la barra BC.

$$v_A = \omega_{OA} \cdot OA = 8{,}08 \cdot 1{,}5 \cdot 10^{-3} = 1{,}257 \frac{m}{s} \tag{1}$$

$$v_B = \omega_{BC} \cdot BC = \omega_{BC} \cdot 0{,}2 = 0{,}2 \cdot \omega_{BC} \tag{2}$$

En el triángulo OMA:

$$OM = AM = 0{,}15 \cdot \frac{\sqrt{2}}{2} = 0{,}075\sqrt{2}\, m$$

En el triángulo BMA:

$$tg30^o = \frac{\sqrt{3}}{3} = \frac{AM}{BM} \quad \rightarrow \quad \frac{\sqrt{3}}{3} = \frac{0{,}075\sqrt{2}}{BM}$$

$$BM = MB = 0{,}1837\, m$$

$$OM = AM = 0{,}075\sqrt{2} = 0{,}1061\, m$$

$$OB = OM + MB$$

$$\boldsymbol{OB = 0{,}2898\, m}$$

En el triángulo OBI_{BC}:

$$OB = BI_{BC} = 0{,}2898\, m$$

$$OI_{BC} = \sqrt{(0{,}2898)^2 + (0{,}2898)^2} = 0{,}4098\, m$$

$$I_{BC}A = I_{BC}O - OA = 0{,}4098 - 0{,}15$$

$$I_{BC}A = 0{,}2598\, m$$

$$I_{BC}B = 0{,}2898\, m$$

Ahora se calcula la velocidad de A como punto de la barra AB, a partir del CIR de AB (I_{BC}):

$$v_A = \omega_{AB} \cdot I_{BC}A = \omega_{AB} \cdot 0{,}2598 \qquad (3)$$

Igualando (1) y (3):

$$1{,}257 = \omega_{AB} \cdot 0{,}2598$$

$$\boldsymbol{\omega_{AB} = 4{,}84\, rad/s}$$

La velocidad de B como punto de AB a partir del CIR de BC (I_{BC}):

$$v_B = \omega_{AB} \cdot I_{BC}B = 4{,}84 \cdot 0{,}2898 = 1{,}402\,\frac{m}{s} \qquad (4)$$

Igualando (2) y (4):

$$0{,}2 \cdot \omega_{BC} = 1{,}402$$

$$\boldsymbol{\omega_{BC} = 7{,}01\, rad/s}$$

Ejercicio 2.8. La rueda A está girando en el sentido de las manecillas del reloj a una velocidad angular de 5 rad/s mientras está unido por medio de una varilla al collarín B. En el instante que se muestra en la figura, determinar la velocidad v_B del collarín B.

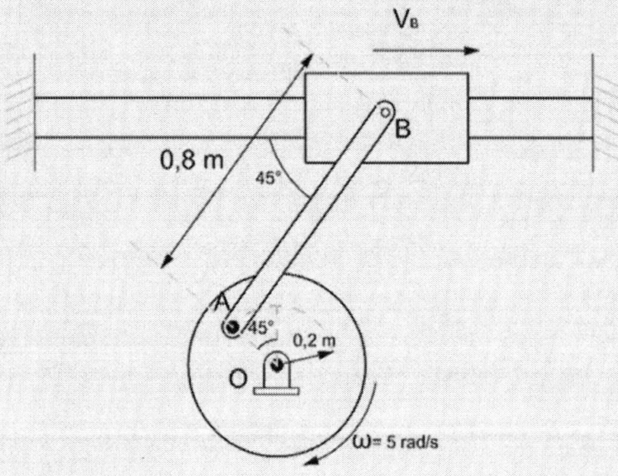

Se calcula la velocidad en A, como punto de la rueda.

$$v_A = \omega \cdot 0{,}2 = 5 \cdot 0{,}2 = 1\frac{m}{s}$$

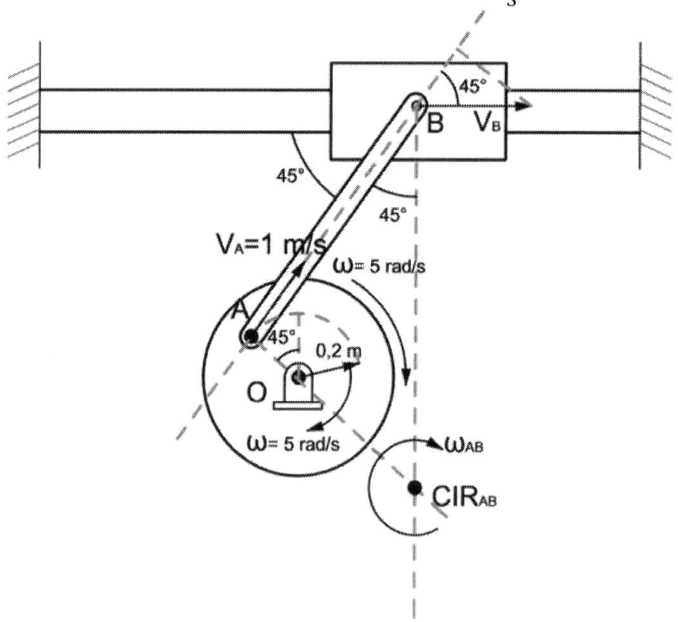

Si conocemos la velocidad de A y la velocidad de B como puntos de la barra AB y se puede aplicar equiproyectividad de velocidades:

"*Las proyecciones de las velocidades de los puntos de una recta, sobre la recta, son iguales*".

$$v_B \cdot \cos 45^o = v_A$$

$$v_B = \frac{1}{\frac{\sqrt{2}}{2}} = \frac{2}{\sqrt{2}} \cdot \frac{\sqrt{2}}{\sqrt{2}} = \sqrt{2}\frac{m}{s}$$

Ejercicio 2.9. La manivela OA, al girar con la velocidad angular de 2,5 rad/s alrededor del eje O de un piñón fijo de radio r_2, de 15 cm, pone en movimiento el piñón de radio r_1, de 5 cm, encajado sobre su extremo A.

Determinar el módulo, y la dirección de las velocidades de los puntos A, B, C, D y E del piñón móvil si CE es perpendicular a BD.

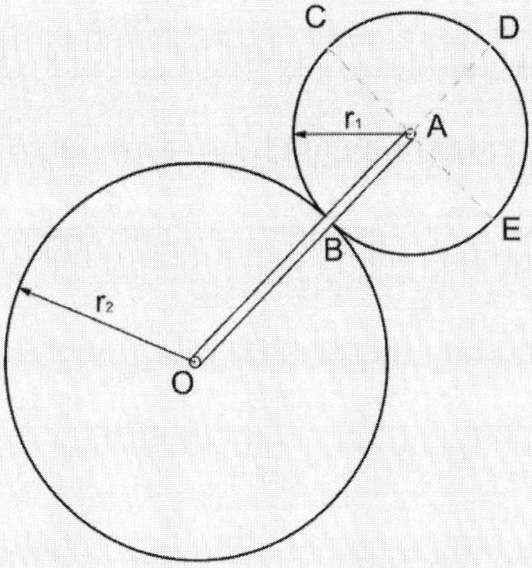

Se coloca una referencia oxyz móvil (con la varilla).

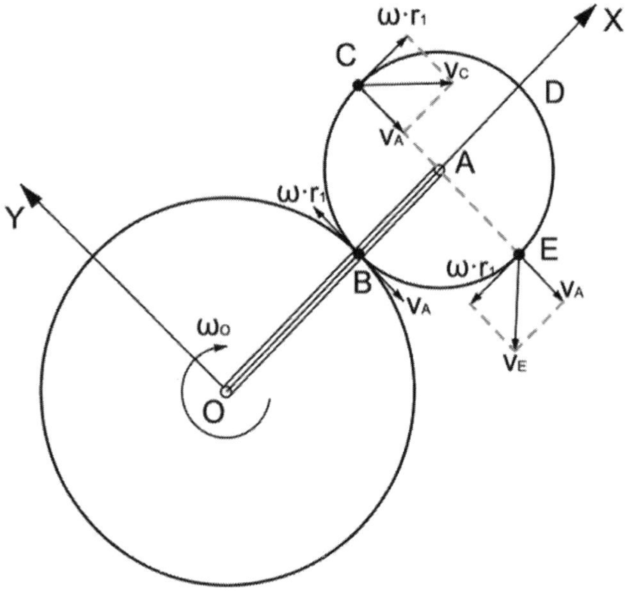

Se calculan las velocidades pedidas y para dar los vectores se expresan en estos ejes.

$$OA = r_2 + r_1 = 15 + 5 = 20 \text{ cm}$$

$$\omega_o = 2{,}5 \frac{rad}{s}$$

$$\overrightarrow{\omega_o} = -2{,}5\vec{k}\left(\frac{rad}{s}\right)$$

A es un punto de la manivela y también del disco, luego se calculará la velocidad de A como punto de la manivela OA:

$$v_A = 2{,}5 \cdot 20 = 50\, cm/s$$

$$\overrightarrow{v_A} = -50\vec{j}\,(cm/s)$$

Conocida la velocidad en A que será la misma que tiene A en el disco se calcula la velocidad de B como punto del disco:

$$v_B = \omega \cdot r_1 - v_A$$

$$\overrightarrow{v_B} = (\omega \cdot r_1 - v_A)\vec{\jmath}$$

Por otro lado, el punto B también es del disco fijo.

Y como punto del disco fijo:

$$v_B = 0$$

Como son piñones, el piñón móvil rueda sin deslizar sobre el fijo y en todo instante el punto de contacto tiene la misma velocidad, luego:

$$\theta = \omega \cdot r_1 - v_A$$

$$v_A = \omega \cdot r_1$$

$$\omega = \frac{v_A}{r_1} = \frac{50}{5} = 10\frac{rad}{s}$$

$$\vec{\omega} = -10\vec{k}\left(\frac{rad}{s}\right)$$

Como del piñón móvil (sólido) se conoce la velocidad de un punto A y la velocidad angular ya se pueden calcular las velocidades de todos los puntos del piñón y en particular, de C, D y E:

$$\overrightarrow{v_C} = \omega \cdot r_1\vec{\imath} - v_A\vec{\jmath} = 10 \cdot 5\vec{\imath} - 50\vec{\jmath}$$

$$\boldsymbol{v_C = \sqrt{50^2 + (-50)^2} = 70,71\ cm/s}$$

$$\overrightarrow{v_D} = -(v_A + \omega \cdot r_1)\vec{\jmath} = -(50 + 50)\vec{\jmath}$$

$$\boldsymbol{v_D = 100\ cm/s}$$

$$\overrightarrow{v_E} = -\omega \cdot r_1\vec{\imath} - v_A\vec{\jmath} = -10 \cdot 5\vec{\imath} - 50\vec{\jmath}$$

$$\boldsymbol{v_E = \sqrt{(-50)^2 + (-50)^2} = 70,71\ cm/s}$$

Ejercicio 2.10. El árbol motriz I de una transmisión por fricción gira con una velocidad angular constante de 360 r.p.m.

Al mismo tiempo el árbol I se desplaza a lo largo del eje, de derecha a izquierda, de tal modo que el punto M de contacto de las ruedas I y II se mueve según la ley

$$s = 16\text{-}2\,t\ (\text{cm}),$$

donde t se expresa en segundos y la distancia s se cuenta a partir del eje de la rueda II.

Determinar en el instante t = 5s la velocidad angular y la aceleración angular de la rueda conducida II, si el radio de la rueda motriz es $r_1 = 8$ cm.

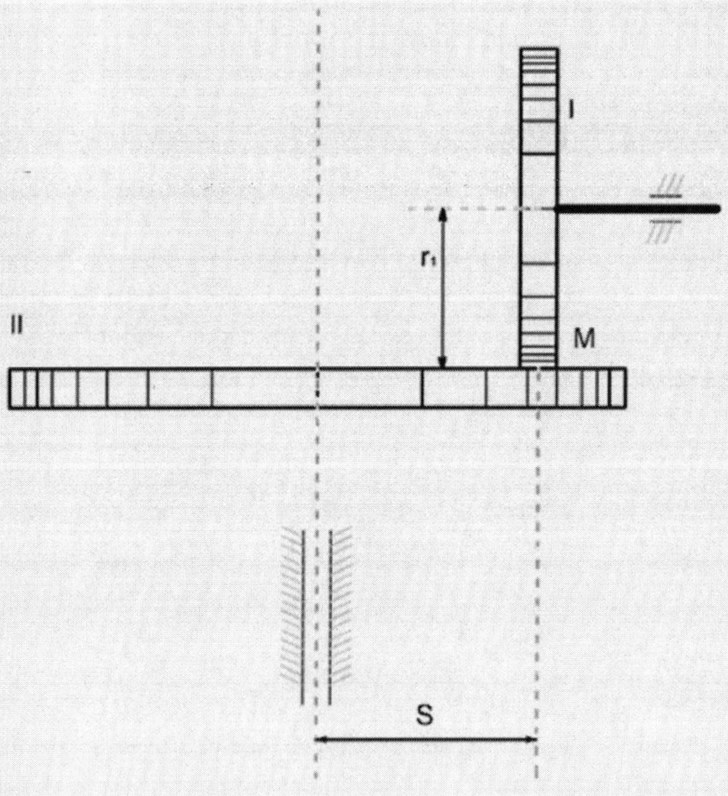

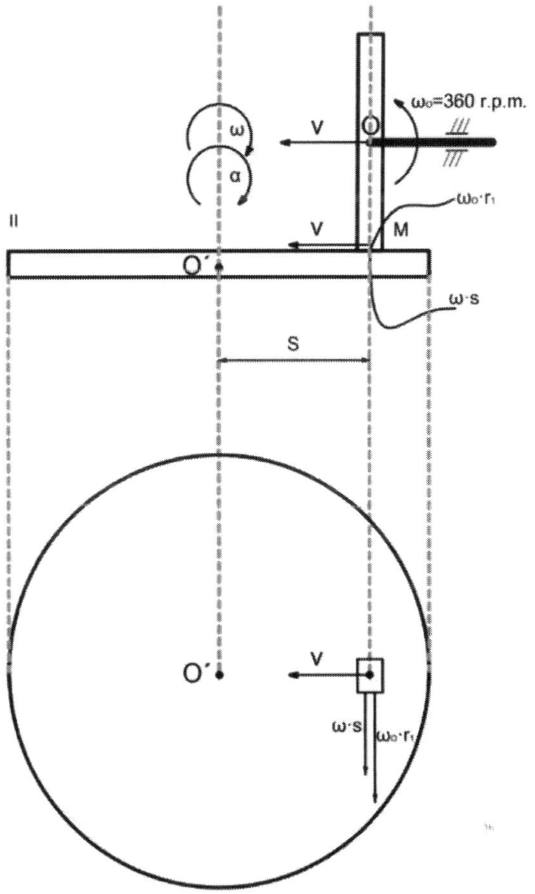

$$\omega_0 = 360\, r.p.m. = \frac{360 \cdot 2\pi}{60} = 12\pi \frac{rad}{s}$$

$$s = 16 - 2t$$

$$v = \frac{ds}{dt} = -2\, cm/s$$

La única solución posible es que no exista deslizamiento en la línea de la tangente común a los dos árboles (I y II) pero sí lo hay en la línea ortogonal a la tangente en el árbol II. Entonces:

$$\omega \cdot s = \omega_0 \cdot r_1$$

$$\omega = \frac{\omega_0 \cdot r_1}{s} = \frac{12\pi \cdot 8}{16 - 2t} = \frac{12\pi \cdot 8}{2(8 - t)} = \frac{48\pi}{8 - t} (rad/s)$$

- Para la velocidad angular en t = 5s:

$$\omega_{5s} = \frac{48\pi}{8-5} = 16\pi \, rad/s$$

Y, por tanto:

$$\alpha = \frac{d\omega}{dt} = \frac{48\pi}{(8-t)^2} rad/s^2$$

- Para la velocidad angular en t = 5s:

$$\alpha_{5s} = \frac{48\pi}{(8-5)^2} = \frac{16\pi}{3} rad/s^2$$

$$x'^2 + y'^2 = (2R)^2$$

Ejercicio 2.11. Una placa triangular ABC gira alrededor de su lado AC fijo con una velocidad angular de 30 r.p.m. en el sentido indicado en la figura, encontrándose inicialmente en el plano XOZ.

Un pequeño insecto cuya posición inicial es C, recorre la hipotenusa del triángulo C hasta B con una velocidad $4\sqrt{2}$ cm/s.

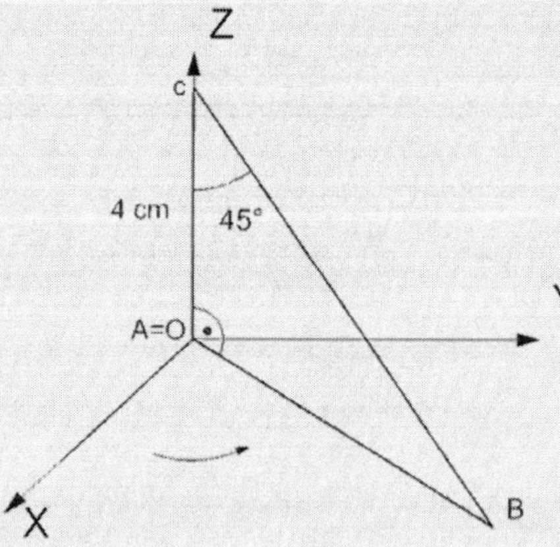

Determinar las componentes de la velocidad absoluta y de la aceleración absoluta del insecto en el instante en que la placa se confunde con el plano YOZ.

$$\omega = 30\, r.p.m. = 30 \cdot 2\pi\, rad/min = \frac{30 \cdot 2\pi}{60}$$

$$\boldsymbol{\omega = \pi\, rad/s}$$

$$\vec{\omega} = \omega \cdot \vec{k'} = \pi \cdot \vec{k'}\, rad/s$$

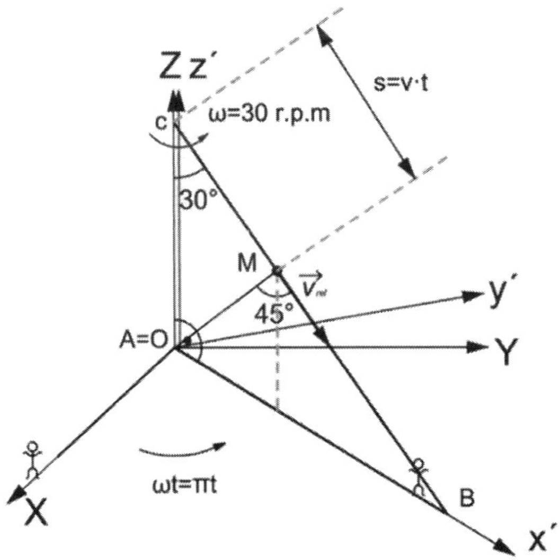

Ahora se deben definir los movimientos de arrastre y relativo y elegir los sistemas de referencia fijo y móvil adecuados para resolver el problema:

- Movimiento de arrastre: giro con $\omega = 30\, r.p.m$ alrededor de OZ.
- Movimiento relativo: traslación rectilínea realizada por el insecto M sobre la hipotenusa de la placa con velocidad $4\sqrt{2}$ cm/s.
- Velocidad absoluta de M:
  - Se toma como referencia fija OXYZ.
  - Se toma una referencia móvil (rígidamente unida al triángulo) OXYZ.

$$\overrightarrow{v_{Abs_M}} = \overrightarrow{v_{rel_M}} + \overrightarrow{v_{arr_M}}$$

A continuación se calcula la velocidad de arrastre y la relativa y se proyecta sobre los ejes que se quiera.

$$v_{rel} = v \cdot sen45^o \vec{\imath'} - v \cdot cos45^o \vec{k'}$$

$$v_{rel} = 4\sqrt{2} \cdot \frac{\sqrt{2}}{2} \vec{\imath'} - 4\sqrt{2} \cdot \frac{\sqrt{2}}{2} \vec{k'}$$

$$v_{rel} = 4\vec{\imath'} - 4\vec{k'}$$

Para conocer la velocidad de arrastre, con el movimiento relativo unimos al insecto rígidamente al movimiento de arrastre y se calcula la velocidad:

$$\overrightarrow{OM} = 4t\vec{\imath'} + (4-4t)\vec{k'}$$

$$\overrightarrow{v_{arr_M}} = \vec{v_o} + \vec{\omega} \wedge \overrightarrow{OM} = \begin{vmatrix} \vec{\imath'} & \vec{\jmath'} & \vec{k'} \\ 0 & 0 & \pi \\ 4t & 0 & (4-4t) \end{vmatrix} = 4\pi t\vec{\jmath'}$$

Coordenadas de M:

$$M\left(vt\frac{sen45^o}{\frac{\sqrt{2}}{2}}, 0, 4 - vtcos45^o\right)$$

$$M\left(4t, 0, (4-4t)\right)$$

$$\overrightarrow{v_{Abs_M}} = \overrightarrow{v_{rel_M}} + \overrightarrow{v_{arr_M}} = 4\vec{\imath'} + 4\pi t\vec{\jmath'} - 4\vec{k'}$$

Pero la velocidad se piden en el instante en el que la placa triangular se confunde con el plano YOZ.

$$t = 0 \quad \rightarrow \quad \omega t = 0$$

$$\omega t = \frac{\pi}{2} \quad \rightarrow \quad t = \frac{\pi}{2\omega} = \frac{\pi}{2\pi} = \frac{1}{2}s$$

Y la velocidad absoluta del insecto en ese instante:

$$(\boldsymbol{v_{Abs}})_{t=\frac{1}{2}s} = \boldsymbol{4\vec{\imath} + 2\pi\vec{\jmath} - 4\vec{k}}$$

Para calcular la aceleración absoluta del insecto:

$$\overrightarrow{\boldsymbol{a_{Abs_M}}} = \overrightarrow{\boldsymbol{a_{rel_M}}} + \overrightarrow{\boldsymbol{a_{arr_M}}} + \overrightarrow{\boldsymbol{a_{cor}}}$$

Si se le pregunta al observador que aceleración tiene el insecto sólo ve como el insecto baja por la hipotenusa con velocidad constante, por lo tanto, la aceleración relativa del insecto es 0.

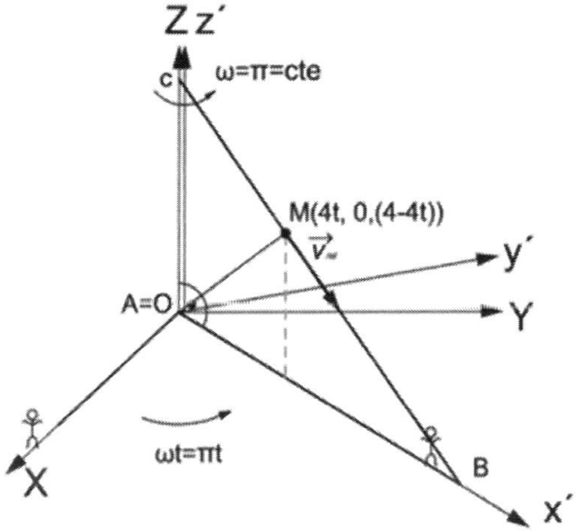

Aceleración de arrastre: se une el insecto rígidamente al movimiento de arrastre y se para el movimiento relativo. Si ahora se pregunta al observador qué ve, tenemos.

$$\vec{\alpha} = \frac{d\vec{\omega}}{dt} = \frac{d(\pi \cdot \vec{k'})}{dt} = \pi \frac{d\vec{k'}}{dt} = \vec{0}$$

$$\overrightarrow{a_{arr_M}} = \vec{a_o} + \frac{d\vec{\omega}}{dt} \wedge \overrightarrow{OM} + \vec{\omega} \wedge \left(\vec{\omega} \wedge \overrightarrow{OM}\right) \quad \rightarrow \quad \overrightarrow{a_{arr_M}} = \vec{\omega} \wedge \left(\vec{\omega} \wedge \overrightarrow{OM}\right)$$

$$\overrightarrow{a_{arr_M}} = \begin{vmatrix} \vec{\imath'} & \vec{\jmath'} & \vec{k'} \\ 0 & 0 & \pi \\ 0 & 4\pi t & 0 \end{vmatrix} = -4\pi^2 t \vec{\imath'}$$

$$\overrightarrow{a_{cor_M}} = 2\vec{\omega} \wedge \overrightarrow{v_{rel}} = 2 \cdot \begin{vmatrix} \vec{\imath'} & \vec{\jmath'} & \vec{k'} \\ 0 & 0 & \pi \\ 4 & 0 & -4 \end{vmatrix} = 2 \cdot \left(4\pi \vec{\jmath'}\right) = 8\pi \vec{\jmath'}$$

Por lo tanto, la aceleración absoluta del insecto es:

$$\overrightarrow{a_{Abs_M}} = -4\pi^2 t \vec{\imath'} + \vec{0} + 8\pi \vec{\jmath'} = -4\pi^2 t \vec{\imath'} + 8\pi \vec{\jmath'}$$

En el instante pedido:

$$\left(\boldsymbol{a_{Abs}}\right)_{t=\frac{1}{2}s} = \boldsymbol{-4\pi^2 \frac{1}{2} \vec{\imath'} + 8\pi \vec{\jmath'} = -2\pi^2 \vec{\imath'} + 8\pi \vec{\jmath'}}$$

Ejercicio 2.12. Una figura plana se mueve en su plano, de forma que una de sus rectas pasa siempre por un punto O fijo, y un punto P de dicha recta describe una recta fija que dista a del punto O. Calcular la base y la ruleta del movimiento.

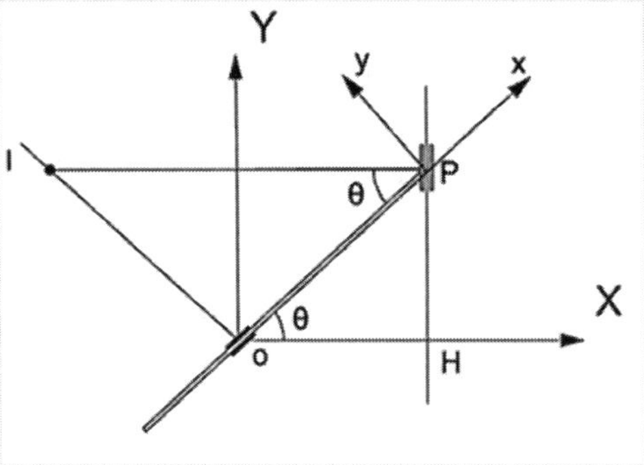

En el triángulo OPH

$$OPcos\theta = a \quad \rightarrow \quad OP = \frac{a}{cos\theta}$$

$$tg\theta = \frac{HP}{a} \quad \rightarrow \quad HP = a \cdot tg\theta$$

En el triángulo IOP

$$IPcos\theta = OP \quad \rightarrow \quad IP = \frac{a}{cos^2\theta}$$

$$OI = IP \cdot sen\theta = \frac{a \cdot sen\theta}{cos^2\theta}$$

Base:

$$X = -(IP - a) = \left(\frac{a}{cos^2\theta} - a\right) = -a \cdot tg^2\theta$$

$$Y = HP = a \cdot tg\theta$$

$$\boldsymbol{Y^2 = -aX}$$

Ruleta:

$$X = -OP = -\frac{a}{cos\theta}$$

$$Y = OI = \frac{a \cdot sen\theta}{cos^2\theta}$$

$$\boldsymbol{X^4 = a^2(x^2 + y^2)}$$

PROBLEMAS PROPUESTOS

Ejercicio 2.13. Un cono circular recto de semiángulo cónico α y radio de la base R, rueda uniformemente sin deslizamiento por un plano horizontal. El vértice del cono está fijado articuladamente en el punto O, que se encuentra al mismo nivel que el centro C de la base del cono. El módulo de la velocidad del punto C es v.

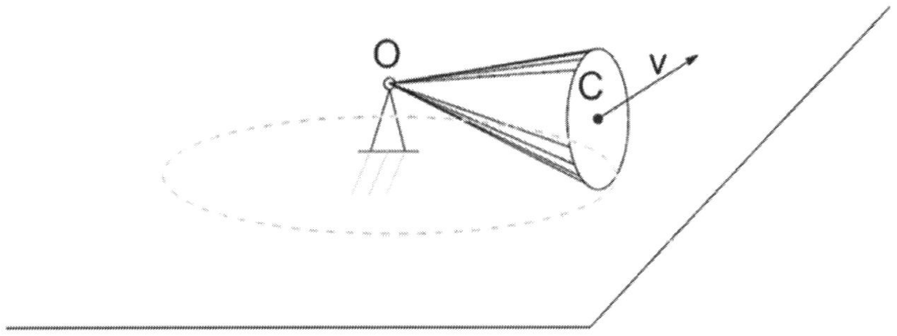

a) Determinar el eje instantáneo de rotación correspondiente a la posición indicada en la figura.

b) Hallar el módulo de $\vec{\omega}$, velocidad angular de rotación del cono.

c) Hallar el módulo del vector:

$$\frac{d\vec{\omega}}{dt}$$

Solución:

a) Eje instantáneo de rotación de la figura:

$$x = 0$$

$$y = \frac{-z}{tg\alpha}$$

b) Módulo de la velocidad angular:

$$\omega = \frac{v}{Rcos\alpha}$$

c) Modulo del vector $\frac{d\vec{\omega}}{dt}$:

$$\left|\frac{d\vec{\omega}}{dt}\right| = \frac{v^2}{R^2} \cdot tg\alpha$$

Ejercicio 2.14. Dos varillas formando un ángulo recto X_1, O_1, Y_1 se mueven en un plano de forma que O_1 describe un diámetro de una circunferencia fija y dada, en tanto que la varilla O_1 X_1 permanece tangente a dicha circunferencia.

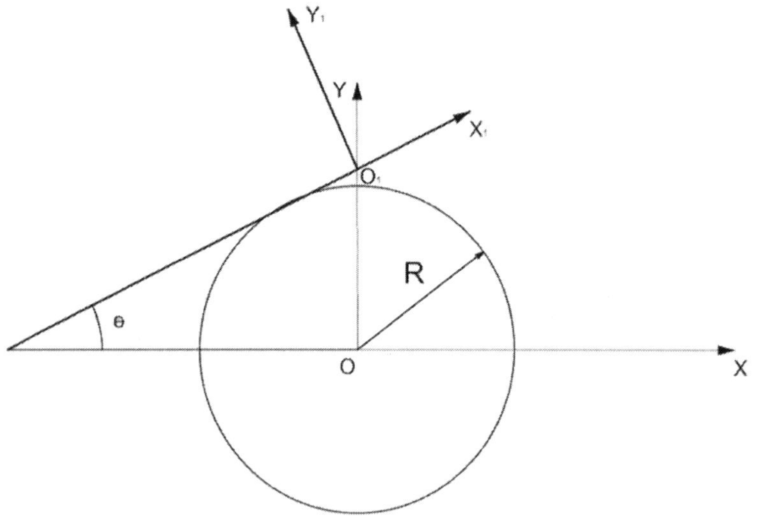

Hallar las curvas polares del movimiento.

Solución:

Curvas polares del movimiento:

- Base o curva polar fija:

$$y^4 = R^2(x^2 + y^2)$$

- Ruleta o polar móvil (parábola de eje X_1):

$$Y_1 = \frac{X_1}{R}$$

Ejercicio 2.15. Un segmento rectilíneo AB de longitud 2R se mueve de forma que el extremo B recorre una circunferencia de radio R y centro O, con movimiento circular uniforme de velocidad angular ω. El segmento AB pasa constantemente por un punto C de la circunferencia.

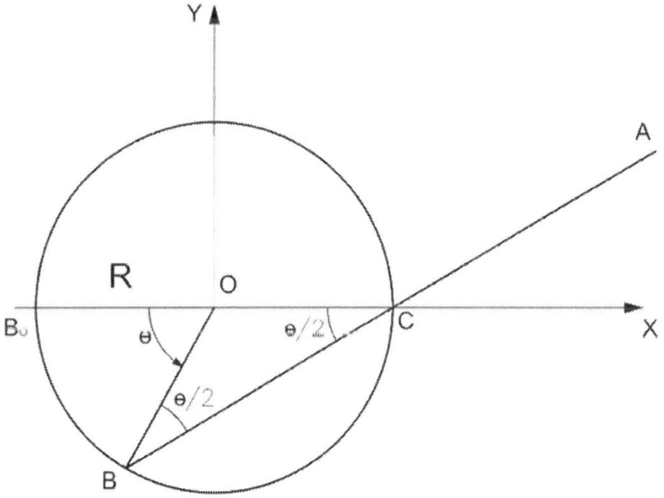

Hallar:

a) La velocidad del extremo A, cuando el extremo B ha recorrido un ángulo de $2\pi/3$ a partir de su posición inicial B_0, diametralmente opuesta a C.

b) La base y la ruleta del movimiento.

Solución:

a) Velocidad del extremo A:

$$v_A = \omega \cdot R$$

$$\overrightarrow{v_A} = \omega \cdot R\vec{j}$$

b) Base y ruleta del movimiento:

- Base:

$$x^2 + y^2 = R^2$$

- Ruleta:

$$x'^2 + y'^2 = (2R)^2$$

Ejercicio 2.16. El eje z de una peonza describe uniformemente alrededor de la vertical $O\xi$ un cono circular con ángulo de abertura de 2θ. La velocidad angular constante de la rotación propia de la peonza es igual a ω.

Determinar el módulo de la velocidad angular absoluta de $\vec{\Omega}$ de la peonza.

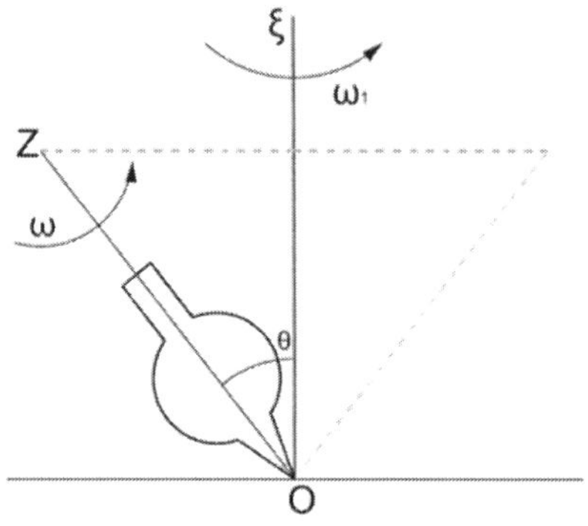

Solución:

Módulo de la velocidad angular de $\vec{\Omega}$:

$$|\vec{\Omega}| = \sqrt{\omega_1{}^2 + N^2 + 2\omega_1 \omega cos\theta}$$

Ejercicio 2.17. Un insecto M se mueve sobre una generatriz de un cono de revolución de semiángulo $\alpha = 30^o$, con una velocidad constante u = 1 cm/s. Simultáneamente, la generatriz gira alrededor del eje del cono con una velocidad constante $\omega = \frac{120}{\pi}$ r.p.m.

Hallar los módulos de los vectores velocidad absoluta y aceleración absoluta de M cuando su distancia al eje del cono es $\rho = 3{,}2\ cm$.

Solución:

- Velocidad absoluta del insecto:

$$|\overrightarrow{v_{Abs}}| = 12{,}84\ cm/s$$

- Aceleración absoluta del insecto:

$$|\overrightarrow{a_{Abs}}| = 51{,}36\ cm/s^2$$

Ejercicio 2.18. Una recta se apoya en una circunferencia de radio R, mientras que uno de sus puntos desliza sobre una tangente a la circunferencia. Calcular la base y la ruleta del movimiento.

Solución:

- Base:

$$X^2 = R(2Y - R)$$

- Ruleta:

$$y^2 = R(2x + R)$$

Ejercicio 2.19. Una escuadra BC se mueve de forma que B desliza por el eje OX y el lado AC pasa por el punto fijo M tal que M (0, a); sabiendo que AB = a, calcular la base y la ruleta del movimiento.

Solución:

- Base:

$$X^2 = a(2Y - a)$$

- Ruleta:

$$y^2 = 2ax - a^2$$

Capítulo 3

TEORÍA DE CAMPOS

Índice del capítulo

3.1. Vector posición de un punto
3.2. Derivada de un vector
3.3. Triedo de Frenet
3.4. Fórmulas de Frenet
3.5. Derivada parcial y diferencial
3.6. Campo escalar
3.7. Campo vectorial
3.8. Gradiente de una magnitud escalar
3.9. Operadores diferenciales
3.10. Circulación de un vector a lo largo de una línea
3.11. Flujo de un vector a través de una superficie
3.12. Teorema de Stokes
3.13. Teorema de Gauss
3.14. Clases de campos vectoriales

3.1. VECTOR POSICIÓN DE UN PUNTO

Sean unos ejes trirectangulares OXYZ y un punto P del espacio, se denomina **vector posición** del punto P con relación al punto O, centro de la referencia XYZ al vector:

$$\overrightarrow{\mathrm{OP}} = \vec{r}$$

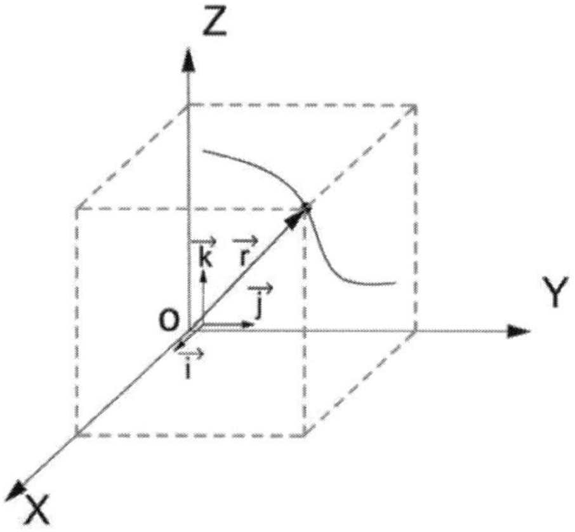

Las componentes del vector posición en los ejes elegidos serán:

$$\overrightarrow{\mathrm{OP}} = \vec{r} = x\vec{\imath} + y\vec{\jmath} + z\vec{k}$$

3.2. DERIVADA DE UN VECTOR

Cuando una magnitud vectorial depende de los valores que adquieren otras magnitudes se dice que es función de ellas.

Por tanto, si un vector $\vec{a}$ es función de un parámetro escalar u:

$$\vec{\mathrm{a}} = \vec{\mathrm{a}}(u) = a_x(u)\vec{\imath} + a_y(u)\vec{\jmath} + a_z(u)\vec{k}$$

A efectos de cálculo:

$$\frac{d\vec{\mathrm{a}}}{du} = \frac{a_x}{du}\vec{\imath} + \frac{a_y}{du}\vec{\jmath} + \frac{a_z}{du}\vec{k}$$

Y por añadidura, en un intervalo definido del parámetro $u(u_1, u_2)$; análogamente se define el vector integral:

$$\int_{u_1}^{u_2} \vec{a}(u)du = \left[\int_{u_1}^{u_2} a_x(u)du\right]\vec{\imath} + \left[\int_{u_1}^{u_2} a_y(u)du\right]\vec{\jmath} + \left[\int_{u_1}^{u_2} a_z(u)du\right]\vec{k}$$

Por supuesto, también:

$$\frac{d}{du}[\overrightarrow{a_1}(u) + \overrightarrow{a_2}(u) + \cdots + \overrightarrow{a_i}(u) + \cdots + \overrightarrow{a_n}(u)]$$
$$= \frac{d\overrightarrow{a_1}(u)}{du} + \frac{d\overrightarrow{a_2}(u)}{du} + \cdots + \frac{d\overrightarrow{a_i}(u)}{du} + \cdots + \frac{d\overrightarrow{a_n}(u)}{du}$$

Teniendo en cuenta la regla de la derivada del producto, se puede calcular:

a) Derivada del producto de una función escalar por otra vectorial

Sean $\begin{cases} y = f(u) \rightarrow \text{Función escalar} \\ \vec{a} = \vec{a}(u) \rightarrow \text{Función vectorial} \end{cases}$

$$\frac{d[f(u)\cdot\vec{a}(u)]}{du} = f\cdot\frac{d\vec{a}}{du} + \vec{a}\cdot\frac{df(u)}{du}$$

b) Derivada del producto escalar de dos vectores función de un mismo parámetro

Sean $\begin{cases} \vec{a} = \vec{a}(u) \rightarrow \text{Función vectorial} \\ \vec{b} = \vec{b}(u) \rightarrow \text{Función vectorial} \end{cases}$

$$\frac{d[\vec{a}(u)\cdot\vec{b}(u)]}{du} = \frac{d\vec{a}}{du}\cdot\vec{b} + \frac{d\vec{b}}{du}\cdot\vec{a}$$

Y el diferencial:

$$d[\vec{a}(u)\cdot\vec{b}(u)] = d\vec{a}\cdot\vec{b} + d\vec{b}\cdot\vec{a}$$

c) Derivada del producto vectorial de dos vectores función de un mismo parámetro

Sean $\begin{cases} \vec{a} = \vec{a}(u) \rightarrow \text{Función vectorial} \\ \vec{b} = \vec{b}(u) \rightarrow \text{Función vectorial} \end{cases}$

$$\frac{d[\vec{a}(u)\wedge\vec{b}(u)]}{du} = \frac{d\vec{a}}{du}\wedge\vec{b} + \vec{a}\wedge\frac{d\vec{b}}{du}$$

Y el diferencial:

$$d[\vec{a}(u)\wedge\vec{b}(u)] = d\vec{a}\wedge\vec{b} + \vec{a}\wedge d\vec{b}$$

3.3. TRIEDO DE FRENET

Dada una línea L, (trayectoria del movimiento de un móvil para cualquier posición P en ella) podemos definir el denominado triedro intrínseco o de Frenet formado por:

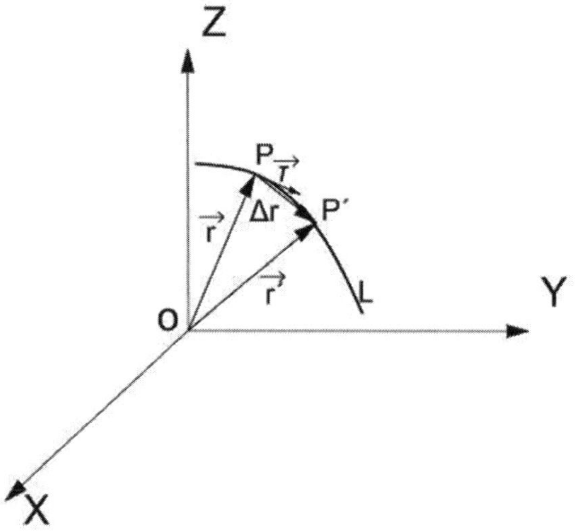

siendo,

$\vec{\tau}$: versor tangente, dirección la de la tangente a la línea y sentido el del avance.

$\vec{n}$: versor normal, dirección la de la normal principal y sentido hacia la concavidad (centro de curvatura).

$\vec{b}$: versor binormal y dirección y sentido $(\vec{b} = \vec{\tau} \wedge \vec{n})$ la del avance del sacacorchos al girar desde $\vec{\tau}$ a $\vec{n}$.

Los tres versores $\vec{b}, \vec{\tau}, \vec{n}$ forman planos dos a dos:

- $\vec{\tau}$ y $\vec{n}$ forman el plano osculador.
- $\vec{b}$ y $\vec{n}$ forman el plano normal.
- $\vec{b}$ y $\vec{\tau}$ forman el plano rectificante.

3.4. FORMULAS DE FRENET

Dada una línea L, cualquier punto P de la misma puede quedar definido de las siguientes maneras:

- Marcando en un triedro fijo ortogonal un origen O de vectores posición y por tanto P quedará definido por el vector posición $\vec{r}(t)$.
- Marcando un origen de abscisas curvilíneas (origen de arcos) O_1 en la propia línea L tal que $O_1P = s$, con lo que se define el arco de P(s).

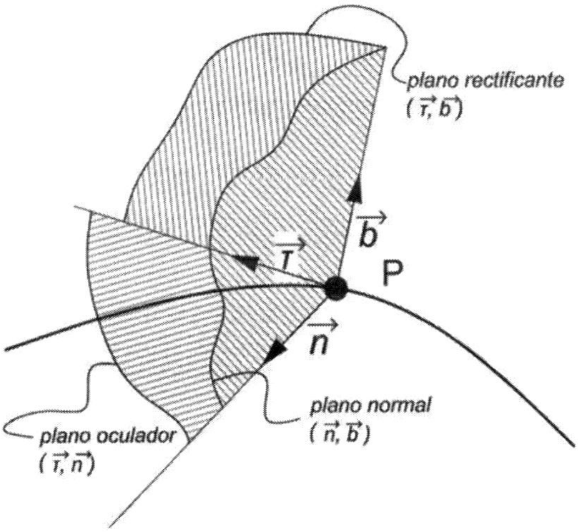

Si consideramos otro punto P´ la abscisa curvilínea o arco de ese punto será: $O_1P' = s + \Delta s$ y el vector posición de P´ será $\vec{r}'(t)$.

Se pueden enunciar las fórmulas de Frenet como:

1ª ecuación o fórmula de Frenet:

$$\frac{d\vec{\tau}}{ds} = \frac{1}{\rho} \cdot \vec{n}$$

donde ρ es el radio de curvatura de la trayectoria.

2ª ecuación o fórmula de Frenet:

$$\frac{d\vec{n}}{ds} = -\left(\frac{\vec{\tau}}{\rho} + \frac{\vec{b}}{r}\right)$$

3ª ecuación o fórmula de Frenet:

$$\frac{d\vec{b}}{ds} = \frac{\vec{n}}{r}$$

donde:

$\vec{b}$ es el versor binormal.

r es el radio de curvatura de torsión.

3.5. DERIVADA PARCIAL Y DIFERENCIAL DE UNA FUNCIÓN

Al trabajar con distintos campos escalares y vectoriales, y para poder utilizar los operadores diferenciales, deben quedar claros los conceptos de derivada parcial y diferencial de una función.

3.5.1. Derivada parcial

Matemáticamente: consiste en considerar constantes todas las variables excepto aquella respecto a la cual se deriva, por ejemplo:

$$\varphi = 3x^2 + 2x + y + 2z^2$$

$$\frac{\partial\varphi}{\partial x} = 6x + 2 \quad ; \quad \frac{\partial\varphi}{\partial y} = 1 \quad ; \quad \frac{\partial\varphi}{\partial z} = 4z$$

Físicamente: es la variación unitaria de la función escalar según una dirección

3.5.2. Diferencial

Matemáticamente: consiste en derivar la función respecto a la variable correspondiente y multiplicar por el diferencial de esa variable.

$$\varphi = 3x^2 + 2x + y + 2z^2$$

$$d\varphi_x = (6x + 2)dx$$

$$d\varphi_y = 1 \cdot dy$$

$$d\varphi_z = (4z)dz$$

Físicamente: es una variación que tiende a cero.

$$d\varphi_x = \frac{d\varphi}{dx} \cdot \Delta x$$

$$d\varphi_y = \frac{d\varphi}{dy} \cdot \Delta y$$

$$d\varphi_z = \frac{d\varphi}{dz} \cdot \Delta z$$

3.6. CAMPO ESCALAR

Un campo escalar es una región del espacio en la que la magnitud física representada V escalar, toma en cada punto del espacio un valor único; en función de las coordenadas del punto $[V = V(x, y, z)]$.

3.6.1. Superficie de nivel o equiescalar

Es el lugar geométrico de los puntos del espacio en los que la magnitud escalar V toma el mismo valor $V(x, y, z) = V_0$.

Cada punto del espacio sólo puede tener un único valor de la función escalar V; de lo contrario, las superficies equiescalares se podrían cortar o ser tangentes y de ninguna manera esto puede ocurrir.

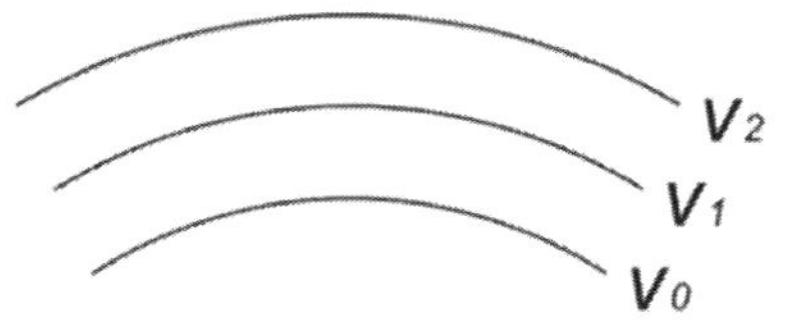

Ejemplos:

El caso más general de un campo escalar que nos encontraremos es el potencial eléctrico. No obstante, existen muchísimos más:

- las de igual presión (Isobaras);
- las de igual temperatura (Isotermas), etc.

3.7. CAMPO VECTORIAL

Un campo vectorial es una región del espacio en la que a cada punto del espacio se le hace corresponder un vector como valor que toma la magnitud vectorial estudiada.

$$\vec{E} = E_x(x,y,z)\vec{\imath} + E_y(x,y,z)\vec{\jmath} + E_z(x,y,z)\vec{k}$$

Ejemplos:

Existen campos vectoriales importantísimos en Física:

- campo de velocidades,
- campo de aceleraciones,
- campo eléctrico,
- campo magnético, etc.

3.7.1. Líneas vectoriales o líneas del campo

Mediante ellas se realiza la representación geométrica del campo.

Las líneas del campo son tangentes en cada punto a un campo vectorial dado.

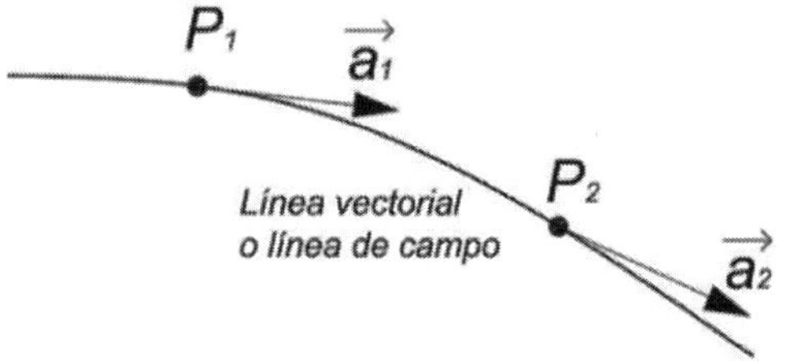

Dado un campo vectorial $\vec{a}$:

$$\vec{a} = a_x(x,y,z)\vec{\imath} + a_y(x,y,z)\vec{\jmath} + a_z(x,y,z)\vec{k}$$

La ecuación diferencial de las líneas del campo viene dada por:

$$\frac{dx}{a_x} = \frac{dy}{a_y} = \frac{dz}{a_z}$$

3.8. GRADIENTE DE UNA MAGNITUD ESCALAR

Sea una magnitud escalar V = V(x, y, z), ésta experimentará una variación dV al pasar de un punto P(x, y, z) a otro infinitamente próximo P´(x + dx, y + dy, z + dz) y la variación dV:

$$dV = \frac{\partial V}{\partial x} \cdot dx + \frac{\partial V}{\partial y} \cdot dy + \frac{\partial V}{\partial z} \cdot dz$$

que no es más que el producto escalar de:

$$\overrightarrow{PP'} = d\vec{l} = dx\vec{\imath} + dy\vec{\jmath} + dz\vec{k}$$

y el *vector gradiente* de la magnitud escalar V:

$$\overrightarrow{gradV} = \frac{\partial V}{\partial x} \cdot dx + \frac{\partial V}{\partial y} \cdot dy + \frac{\partial V}{\partial z} \cdot dz$$

Conclusiones:

a)

$$dV = \overrightarrow{gradV} \cdot d\vec{l}$$

$$dV = \left|\overrightarrow{gradV}\right| \cdot \left|d\vec{l}\right| \cdot cos\theta$$

El $\overrightarrow{gradV}$ da la dirección de la máxima variación del campo escalar V.

dV es máxima si $\theta = 0^o$.

$$dV = \left|\overrightarrow{gradV}\right| \cdot \left|d\vec{l}\right| \cdot cos\theta = \left|\overrightarrow{gradV}\right| \cdot \left|d\vec{l}\right|$$

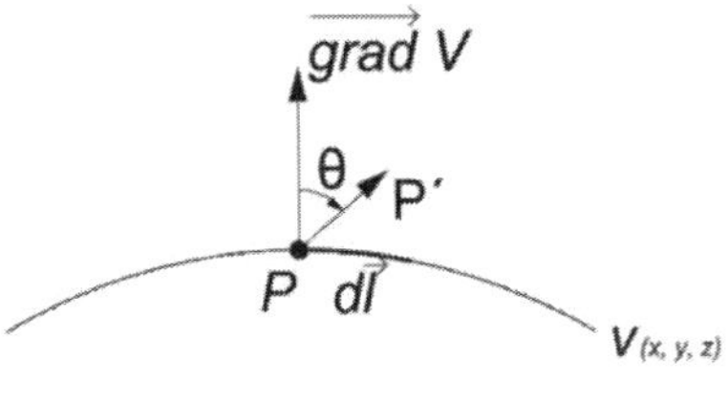

b) Si tomamos P y P′ infinitamente próximos sobre la misma superficie equiescalar:

$$dV = |\overrightarrow{gradV}| \cdot |d\vec{l}| = 0.$$

Pues nos encontramos en la misma superficie equiescalar, por lo tanto:

$$dV = |\overrightarrow{gradV}| \cdot |d\vec{l}| = 0 = |\overrightarrow{gradV}| \cdot |d\vec{l}| \cdot cos\theta$$

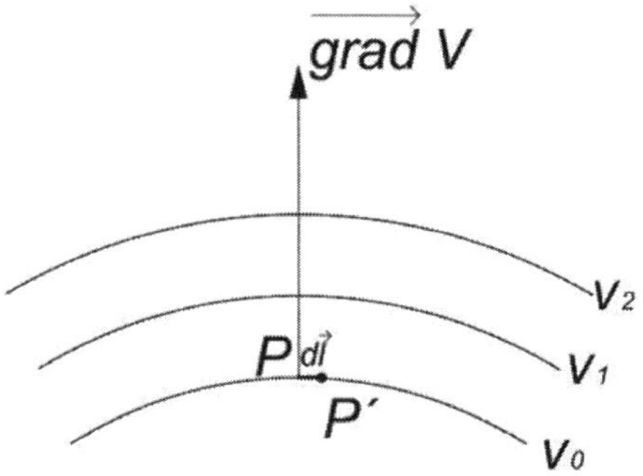

El vector $\overrightarrow{gradV}$ en P tendrá la dirección normal a la superficie equiescalar que contiene a P:

$$\left\{ \begin{array}{c} |\overrightarrow{gradV}| \neq 0 \\ |d\vec{l}| \neq 0 \\ cos\theta = 0 \quad \rightarrow \quad \theta = 90^{o} \end{array} \right\}$$

c) Si tomamos P en la superficie equiescalar V0 y P′ infinitamente próximo en la superficie equiescalar V1 según la normal en P.

$$dV = \overrightarrow{gradV} \cdot d\vec{l} > 0$$

En este caso:

$$\theta = 0^{o} \quad \rightarrow \quad cos\theta = 1$$

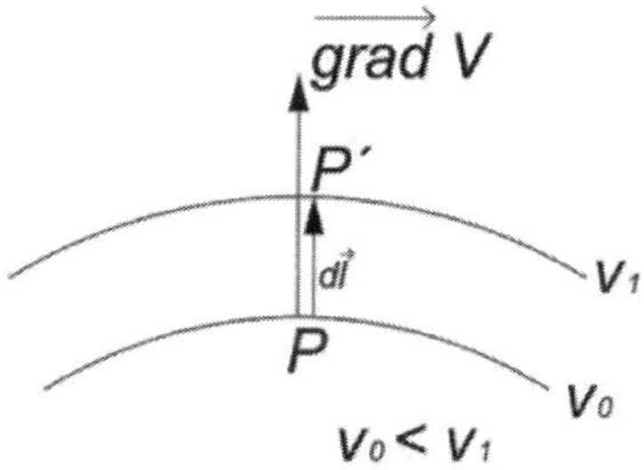

Quiere esto decir que el vector $\overrightarrow{gradV}$ sigue el sentido creciente de los valores de la función escalar V.

3.9. OPERADORES DIFERENCIALES

Son los operadores utilizados para trabajar en geometría diferencial con campos escalares y vectoriales.

3.9.1. Vector nabla

Las componentes del vector Nabla son:

$$\vec{\nabla}=\frac{\partial}{\partial x}\cdot\vec{\imath}+\frac{\partial}{\partial y}\cdot\vec{\jmath}+\frac{\partial}{\partial z}\cdot\vec{k}$$

Con el vector nabla se pueden realizar las operaciones siguientes:

3.9.2. Gradiente

Dado un campo escalar V:

$$\overrightarrow{gradV}=\vec{\nabla}V=\frac{\partial V}{\partial x}\cdot\vec{\imath}+\frac{\partial V}{\partial y}\cdot\vec{\jmath}+\frac{\partial V}{\partial z}\cdot\vec{k}$$

El gradiente de un campo escalar V es un **vector**.

3.9.3. Divergencia

Dado un campo vectorial:

$$\vec{a} = a_x\vec{\imath} + a_y\vec{\jmath} + a_z\vec{k}$$

$$div\vec{a} = \vec{\nabla} \cdot \vec{a} = \frac{\partial a_x}{\partial x} \cdot \vec{\imath} + \frac{\partial a_y}{\partial y} \cdot \vec{\jmath} + \frac{\partial a_z}{\partial z} \cdot \vec{k}$$

La divergencia de un campo vectorial $\vec{a}$ es un escalar que representa el número de líneas de campo que atraviesa una superficie cerrada elemental por unidad de volumen.

3.9.4. Rotacional

Dado un campo vectorial:

$$\vec{a} = a_x\vec{\imath} + a_y\vec{\jmath} + a_z\vec{k}$$

$$rot\,\vec{a} = \vec{\nabla} \Lambda \vec{a} = \begin{vmatrix} \vec{\imath} & \vec{\jmath} & \vec{k} \\ \dfrac{\partial}{\partial x} & \dfrac{\partial}{\partial y} & \dfrac{\partial}{\partial z} \\ a_x & a_y & a_z \end{vmatrix}$$

$$= \left(\frac{\partial a_z}{\partial y} - \frac{\partial a_y}{\partial z}\right)\vec{\imath} + \left(\frac{\partial a_x}{\partial z} - \frac{\partial a_z}{\partial x}\right)\vec{\jmath} + \left(\frac{\partial a_y}{\partial x} - \frac{\partial a_x}{\partial y}\right)\vec{k}$$

El rotacional de un campo vectorial $\vec{a}$ es un vector.

3.9.5. Laplaciano

Dado un campo escalar V, se denomina Laplaciano de la función V:

Divergencia del gradiente de V:

$$\Delta V = \nabla^2 V = \vec{\nabla} \cdot \left(\vec{\nabla} V\right) = \frac{\partial^2 V}{\partial x^2} + \frac{\partial^2 V}{\partial y^2} + \frac{\partial^2 V}{\partial z^2}$$

El Laplaciano de un campo escalar V es un escalar, que representa la divergencia del gradiente de V.

3.9.6. Propiedades

a) $\nabla(A+B) = \nabla A + \nabla B$; $[\overrightarrow{grad}(A+B) = \overrightarrow{grad}A + \overrightarrow{grad}B]$

b) $\nabla \cdot (\vec{a}+\vec{b}) = \nabla \cdot \vec{a} + \nabla \cdot \vec{b}$; $[div(\vec{a}+\vec{b}) = \text{div}\,\vec{a} + \text{div}\,\vec{b}]$

c) $\nabla \Lambda(\vec{a}+\vec{b}) = \nabla\Lambda\vec{a} + \nabla\Lambda\vec{b}$; $[rot(\vec{a}+\vec{b}) = \text{rot}\,\vec{a} + \text{rot}\,\vec{b}]$

d) $\nabla \cdot (\nabla \Lambda \vec{a}) = 0$; $[div(\text{rot}\,\vec{a}) = 0]$

e) $\nabla\Lambda\,(\Delta V) = 0$; $[rot(\overrightarrow{grad}V) = \vec{0}]$

f) $\nabla \cdot (\vec{a} \Lambda \vec{b}) = (\nabla \Lambda \vec{a}) \cdot \vec{b} - \vec{a} \cdot (\nabla \Lambda \vec{b})$; $[div(\vec{a}\Lambda\vec{b}) = \text{rot}\vec{a} \cdot \vec{b} - \vec{a} \cdot rot\vec{b}]$

g) $\nabla \cdot (V\vec{a}) - \vec{a} \cdot \nabla V + V \cdot \nabla \cdot \vec{a}$; $[div(V \cdot \vec{a}) = \vec{a} \cdot \overrightarrow{grad}V + V \cdot div\vec{a}]$

h) $\nabla \Lambda\,(V\vec{a}) = V \cdot (\nabla \Lambda \vec{a}) - \vec{a} \Lambda \nabla V$

3.10. CIRCULACIÓN DE UN VECTOR A LO LARGO DE UNA LÍNEA

Sea una línea L, definida por el vector posición $\vec{r}$:

$$\vec{r}(u) = x(u)\vec{i} + y(u)\vec{j} + z(u)\vec{k}$$

siendo $\vec{r}(u)$ un vector con derivada continua.

Sean A y B dos puntos de la línea L.

Sea $\vec{a}$ un vector continuo en los puntos de la línea L:

$$\vec{a}(x,y,z) = a_x(x,y,z)\vec{i} + a_y(x,y,z)\vec{j} + a_z(x,y,z)\vec{k}$$

La circulación C del vector $\vec{a}$ a lo largo de la línea L entre los puntos A y B de esta línea se calcula:

$$C_{A\to B} = \int_A^B \vec{a} \cdot d\vec{r} = \int_A^B (a_x \cdot dx + a_y \cdot dy + a_z \cdot dz)$$

La circulación no depende del camino recorrido.

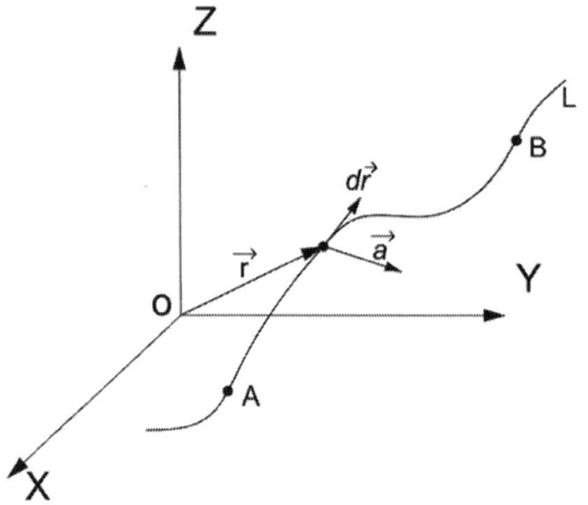

Ejemplo

El trabajo de una fuerza entre dos puntos es una circulación.

Si la línea es cerrada la circulación será:

$$\oint_L \vec{a} \cdot d\vec{r}$$

Y en este caso debemos establecer previo al cálculo de la circulación un sentido para recorrer la línea.

3.11. FLUJO DE UN VECTOR A TRAVÉS DE UNA SUPERFICIE

Sea el vector $\vec{a}$:

$$\vec{a}(x,y,z) = a_x(x,y,z)\vec{i} + a_y(x,y,z)\vec{j} + a_z(x,y,z)\vec{k}$$

El vector $d\vec{s}$ es un vector.cuyo módulo, dirección y sentido son:

Módulo: ds.

Dirección: perpendicular a la superficie S.

Sentido: si la superficie es cerrada: hacia el exterior.
si la superficie es abierta: como nos digan o como queramos.

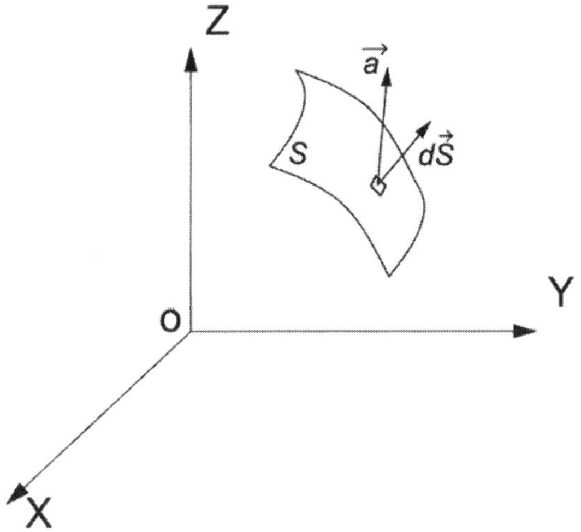

El flujo del vector $\vec{a}$ a través de una superficie S es la suma de los flujos elementales y, por tanto, su expresión es:

$$\Phi = \int_S \vec{a} \cdot d\vec{s}$$

3.12. TEOREMA DE STOKES

El torema de Stokes se enuncia como sigue:

> "*La circulación de un vector a lo largo de una línea cerrada es igual al flujo del rotacional del vector a través de la superficie cualquiera limitada por la líne*a".

$$\oint_L \vec{a} \cdot d\vec{l} = \int_S rot\vec{a} \cdot d\vec{s}$$

Veamos el sentido que hemos de elegir en la línea L:

$$\oint_L \vec{a} \cdot d\vec{l} = \int_S rot\vec{a} \cdot d\vec{s}$$

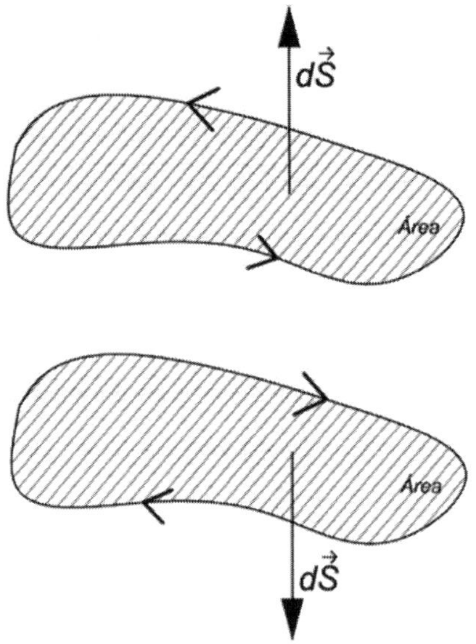

siendo S el área en la que se apoya L.

3.13. TEOREMA DE GAUSS

"En un campo vectorial, el flujo del vector del campo a través de una superficie cerrada S, es igual a la integral de la divergencia del vector extendida al volumen V delimitado por la superficie S".

$$\int_S \vec{a} \cdot d\vec{s} = \int_V div\vec{a} \cdot dV$$

3.14. CLASES DE CAMPOS VECTORIALES

Los campos vectoriales según los operadores diferenciales estudiados se pueden clasificar en:

- Potenciales, irrotacionales o conservativos.
- Solenoidales o adivergentes
- Armónicos.

3.14.1. Campos potenciales o irrotacionales (o conservativos)

Un campo vectorial es potencial o conservativo si:

$$rot\vec{a} = \vec{0} \qquad (\vec{\nabla} \wedge \vec{a} = \vec{0})$$

Propiedades:

1. Si $\vec{a}$ es potencial o conservativo; existe una función escalar V tal que:

   $$\vec{a} = -\overrightarrow{grad}V$$

   donde V se denomina **potencial escalar**.

2. Si $\vec{a}$ es un campo potencial o conservativo, la circulación del campo $\vec{a}$ a lo largo de una línea cerrada es **nula**.

3.14.2. Campos solenoidales (o adivergentes)

Un campo vectorial $\vec{a}$ es solenoidal o adivergente si:

$$div\vec{a} = 0 \qquad (\vec{\nabla} \circ \vec{a} = 0)$$

Propiedad:

Si $\vec{a}$ es solenoidal o adivergente, existe una función vectorial $\vec{B}$ tal que:

$$\vec{a} = rot\vec{B}$$

donde $\vec{B}$ se denomina **potencial vectorial**.

3.14.3. Campos armónicos

Un campo vectorial que sea a la vez potencial (conservativo) y solenoidal (adivergente) se llama **armónico**.

PROBLEMAS RESUELTOS

Ejercicio 3.1.

a) Sea el campo vectorial $\vec{a} = y\vec{\imath} + z\vec{k}$. Se pide calcular la circulación a lo largo de la circunferencia L de radio R, centro en el origen y plano XOY (sentido horario visto desde OZ positivo).

b) Se el campo vectorial $\vec{b} = y\vec{\jmath} + z\vec{k}$. Se pide:

- Calcular la circulación de $\vec{b}$ a lo largo de L.
- Comprobar si $\vec{b}$ deriva de un potencial escalar, (es decir, si $\vec{b}$ es un campo potencial) y en ese caso calcularlo.

a)
Primera forma: por la definición de la circulación.

$$\vec{a} = y\vec{\imath} + z\vec{k}$$

$$\begin{cases} x = R \cdot sen\theta \\ y = R \cdot cos\theta \\ z = 0 \end{cases}$$

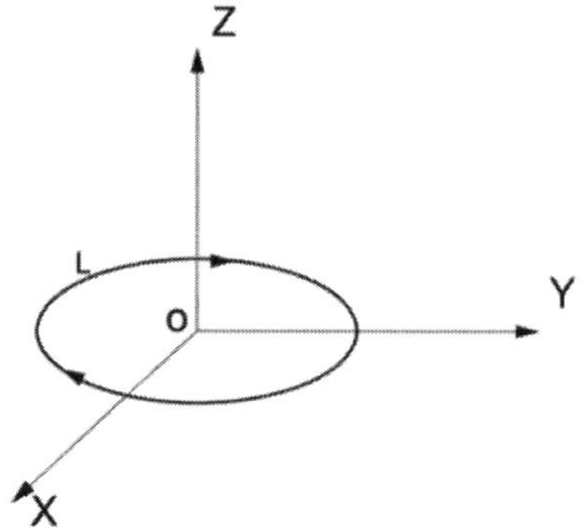

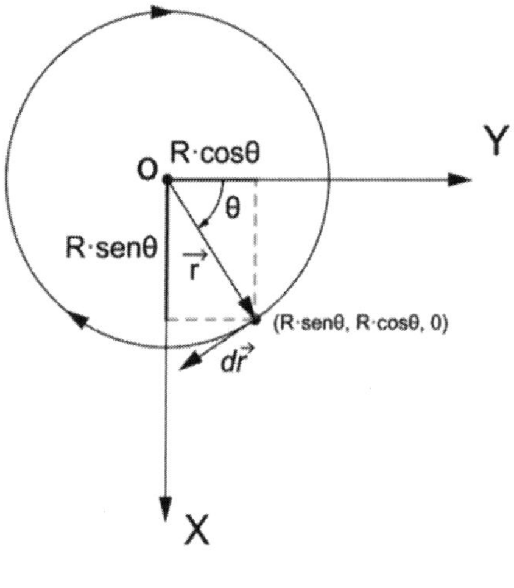

$$\vec{r} = R \cdot sen\theta\vec{\imath} + R \cdot cos\theta\vec{\jmath}$$

$$d\vec{r} = R \cdot cos\theta \cdot d\theta\vec{\imath} - R \cdot sen\theta \cdot d\theta\vec{\jmath}$$

$$\oint_L \vec{a} \cdot d\vec{r} = \vec{a} \cdot d\vec{r} = y \cdot R \cdot cos\theta \cdot d\theta = R^2 \cdot cos^2\theta \cdot d\theta$$

$$\oint_L R^2 \cdot cos^2\theta \cdot d\theta = R^2 \cdot \int_{\theta=0}^{\theta=2\pi} cos^2\theta \cdot d\theta$$

$$\int cos^2\theta \cdot d\theta = \int \left(\frac{1 + cos2\theta}{2}\right) \cdot d\theta = \int \frac{1}{2} \cdot d\theta + \int \frac{cos2\theta}{2} \cdot d\theta$$

$$\int cos^2\theta \cdot d\theta = \frac{1}{2} \cdot \theta + \frac{1}{4} \cdot sen2\theta + C$$

$$\oint_L R^2 \cdot cos^2\theta \cdot d\theta = R^2 \cdot \int_{\theta=0}^{\theta=2\pi} cos^2\theta \cdot d\theta = R^2 \cdot \left[\frac{1}{2} \cdot \theta + \frac{1}{4} \cdot sen2\theta\right]_0^{2\pi} =$$

$$R^2 \cdot \left[\left(\frac{2\pi}{2} + \frac{1}{4} \cdot sen4\pi\right) - \left(\frac{1}{2} \cdot 0 + \frac{1}{4} \cdot sen0\right)\right] = R^2 \cdot \pi$$

$$\oint_L \boldsymbol{\vec{a} \cdot d\vec{r} = \pi R^2}$$

Segunda forma: teorema de Stokes.

$$d\vec{s} = -ds \cdot \vec{k}$$

$$\vec{a} = y\vec{\imath} + z\vec{k}$$

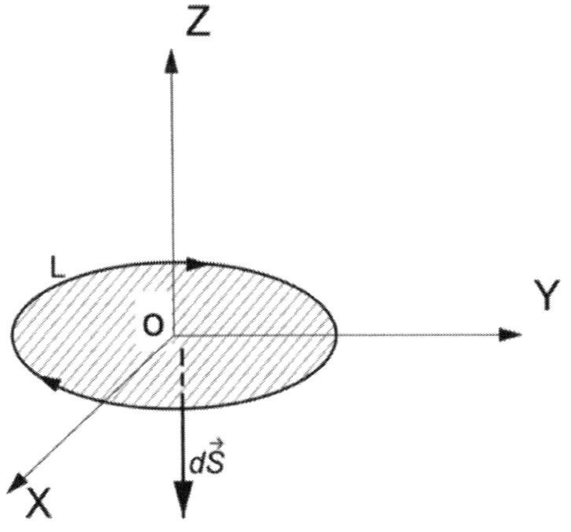

$$\oint_L \vec{a}\cdot d\vec{r} = \int_s rot\vec{a}\cdot d\vec{s}$$

$$rot\vec{a} = \begin{vmatrix} \vec{\imath} & \vec{\jmath} & \vec{k} \\ \dfrac{\partial}{\partial x} & \dfrac{\partial}{\partial y} & \dfrac{\partial}{\partial z} \\ a_x & a_y & a_z \end{vmatrix} = \left[\frac{\partial a_z}{\partial y} - \frac{\partial a_y}{\partial z}\right]\vec{\imath} + \left[\frac{\partial a_x}{\partial z} - \frac{\partial a_z}{\partial x}\right]\vec{\jmath} = \left[\frac{\partial a_y}{\partial x} - \frac{\partial a_x}{\partial y}\right]\vec{k} = -\vec{k}$$

$$\oint_L \boldsymbol{\vec{a}\cdot d\vec{r}} = \int_s \left(-\boldsymbol{\vec{k}}\right)\cdot\left(-\boldsymbol{ds}\cdot\boldsymbol{\vec{k}}\right) = \int_s \boldsymbol{ds} = \boldsymbol{\pi R^2}$$

b) Dado el campo vectorial:

$$\vec{b} = y\vec{\jmath} + z\vec{k}$$

1. Circulación a lo largo de la línea L antes definida

$$rot\vec{b} = \begin{vmatrix} \vec{\imath} & \vec{\jmath} & \vec{k} \\ \dfrac{\partial}{\partial x} & \dfrac{\partial}{\partial y} & \dfrac{\partial}{\partial z} \\ b_x & b_y & b_z \end{vmatrix} = \left(\frac{\partial b_z}{\partial y} - \frac{\partial b_y}{\partial z}\right)\vec{\imath} + \left(\frac{\partial b_x}{\partial z} - \frac{\partial b_z}{\partial x}\right)\vec{\jmath} + \left(\frac{\partial b_y}{\partial x} - \frac{\partial b_x}{\partial y}\right)\vec{k}$$

$$rot\vec{b} = \vec{0}$$

$$\oint_L \boldsymbol{\vec{b}\cdot d\vec{r}} = \int_s \boldsymbol{rot\vec{b}\cdot d\vec{s}} = \boldsymbol{0}$$

por lo tanto, $\vec{b}$ es un **campo potencial.**

2. Comprobar si $\vec{b}$ deriva de un potencial escalar V y en ese caso calcularlo.

$\vec{b}$ es **potencial** $\rightarrow$ $rot\vec{b} = \vec{0}$ $\rightarrow$ deriva de una función potencial V.

$$\vec{b} = -\overrightarrow{grad}V$$

$$\overrightarrow{grad}V = -\vec{b} \quad \rightarrow \quad \frac{\partial V}{\partial x}\vec{\imath} + \frac{\partial V}{\partial y}\vec{\jmath} + \frac{\partial V}{\partial z}\vec{k} = -y\vec{\jmath} - z\vec{k}$$

$$\frac{\partial V}{\partial x} = 0 \quad \rightarrow \quad V = f(y,z)$$

$$\frac{\partial V}{\partial y} = -y \quad \rightarrow \quad \frac{\partial V}{\partial y} = \frac{\partial f(y,z)}{\partial y} = -y$$

$$\int df(y,z) = \int -y \cdot dy = -\frac{y^2}{2} + g(z)$$

$$V = -\frac{y^2}{2} + g(z)$$

$$\frac{\partial V}{\partial Z} = -z \quad \rightarrow \quad \frac{\partial V}{\partial z} = \frac{\partial g(z)}{\partial z} = -z$$

$$\int dg(z) = \int -z \cdot dz = -\frac{z^2}{2} + C$$

$$\boldsymbol{V = -\frac{y^2}{2} - \frac{z^2}{2} + C}$$

Si nos dieran datos, podríamos calcular la constante C.

Ejercicio 3.2. Calcular el flujo del vector $\vec{a} = x\vec{i} + y\vec{j} + z\vec{k}$ a través del plano x + y + z – 1 = 0, siendo $x \geq 0$, $y \geq 0$ y $z \geq 0$.

Primera forma: por la definición de flujo.

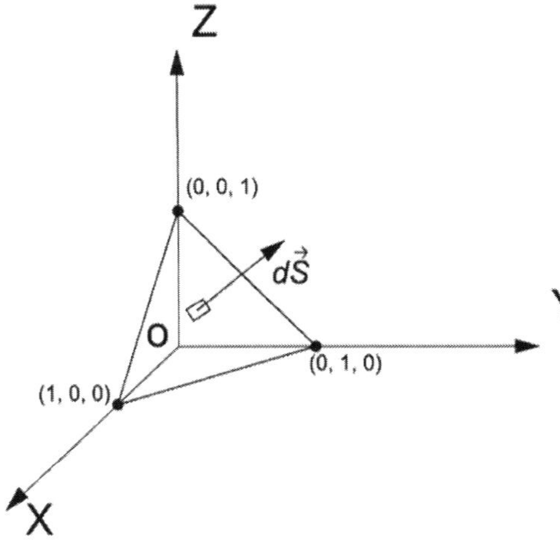

$$\pi \equiv x + y + z - 1 = 0$$

$$d\vec{s} \equiv \begin{cases} \text{Módulo: ds} \\ \text{Dirección: } \perp \text{ a la superficie} \\ \text{Sentido: Cerrada} \rightarrow \text{Int} - \text{ext} \\ \text{Abierta} \rightarrow \text{X} \end{cases}$$

$$\phi = \int_s \vec{a} \cdot d\vec{s}$$

$$f(x, y, z) = x + y + z - 1$$

Un vector perpendicular a la superficie es $\overrightarrow{grad} f$

$$\overrightarrow{grad} f = \frac{\partial f}{\partial x}\vec{\imath} + \frac{\partial f}{\partial y}\vec{\jmath} + \frac{\partial f}{\partial z}\vec{k} = \vec{\imath} + \vec{\jmath} + \vec{k}$$

$$\vec{n} = \frac{\vec{\imath} + \vec{\jmath} + \vec{k}}{\sqrt{1^2 + 1^2 + 1^2}} = \frac{\vec{\imath} + \vec{\jmath} + \vec{k}}{\sqrt{3}}$$

$$d\vec{s} = ds \cdot \vec{n} = \left(\frac{\vec{\imath} + \vec{\jmath} + \vec{k}}{\sqrt{3}}\right) \cdot ds$$

$$\vec{a} = x\vec{\imath} + y\vec{\jmath} + z\vec{k}$$

$$\vec{a} \cdot d\vec{s} = \left(\frac{x}{\sqrt{3}} + \frac{y}{\sqrt{3}} + \frac{z}{\sqrt{3}}\right) \cdot ds$$

$$\boldsymbol{\phi} = \int_s \left(\frac{\boldsymbol{x}}{\sqrt{\mathbf{3}}} + \frac{\boldsymbol{y}}{\sqrt{\mathbf{3}}} + \frac{\boldsymbol{z}}{\sqrt{\mathbf{3}}}\right) \cdot \boldsymbol{ds}$$

Segunda forma: por el teorema de Green.

$$\phi = \int_{S_{cerrada}} \vec{a} \cdot d\vec{s} = \int_V div\vec{a} \cdot dV$$

$$div\vec{a} = \frac{\partial a_x}{\partial x} + \frac{\partial a_y}{\partial y} + \frac{\partial a_z}{\partial z} = 1 + 1 + 1 = 3$$

$$\phi = \int_{S_{cerrada}} \vec{a} \cdot d\vec{s} = \int_V div\vec{a} \cdot dV = \int_V 3 \cdot dV = 3 \cdot \int_V dV = 3 \cdot V$$

Para cada superficie se particulariza el vector $\vec{a}$:

En s_1, $x = 0$

$$\vec{a}_{s_1} = y\vec{j} + z\vec{k} \rightarrow \vec{a}_{s_1} \cdot d\vec{s_1} = 0$$

En s_2, $y = 0$

$$\vec{a}_{s_2} = x\vec{i} + z\vec{k} \rightarrow \vec{a}_{s_2} \cdot d\vec{s_2} = 0$$

En s_3, $z = 0$

$$\vec{a}_{s_3} = x\vec{i} + y\vec{j} \rightarrow \vec{a}_{s_3} \cdot d\vec{s_3} = 0$$

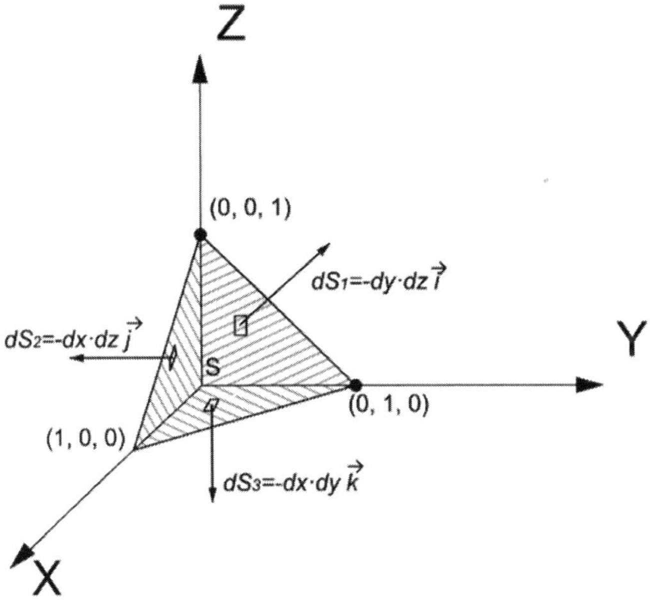

$$\phi = \int_{S_{cerrada}} \vec{a} \cdot d\vec{s} =$$

$$\int_{S_1} \vec{a}_{S_1} \cdot \overrightarrow{dS_1} + \int_{S_2} \vec{a}_{S_2} \cdot \overrightarrow{dS_2} + \int_{S_3} \vec{a}_{S_3} \cdot \overrightarrow{dS_3} + \int_{S} \vec{a} \cdot d\vec{s} = 3 \cdot V$$

$$\int_{S} \vec{a} \cdot d\vec{s} = 3 \cdot V$$

Para calcular el volumen encerrado por la superficie (tetraedro), recordar el álgebra vectorial, donde el producto mixto de tres vectores representa el volumen del paralelepípedo que forman los tres vectores y también 6 veces el volumen del tetraedro que forman sus extremos.

$\overrightarrow{OA} = \vec{i}$

$\overrightarrow{OB} = \vec{j}$

$\overrightarrow{OC} = \vec{k}$

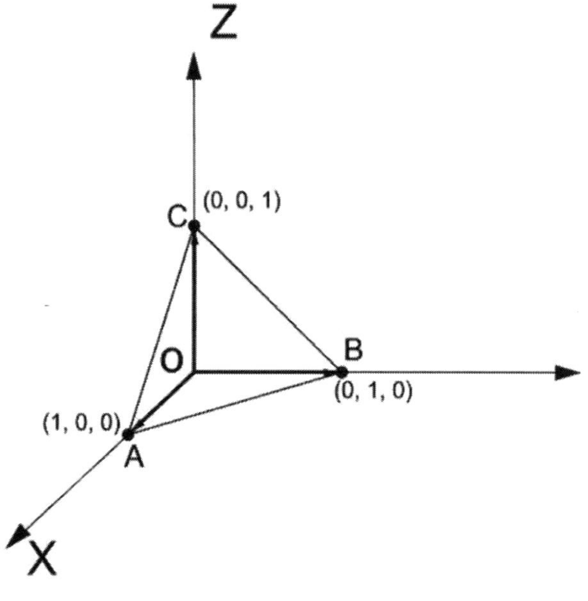

$$\overrightarrow{OA} \cdot \left(\overrightarrow{OB} \wedge \overrightarrow{OC}\right) = \begin{vmatrix} 1 & 0 & 0 \\ 0 & 1 & 0 \\ 0 & 0 & 1 \end{vmatrix} = 1 = 6 \cdot V_{OABC}$$

$$V_{OABC} = \frac{1}{6}$$

Luego:

$$\int_{s} \vec{\boldsymbol{a}} \cdot \boldsymbol{d}\vec{\boldsymbol{s}} = \mathbf{3} \cdot \boldsymbol{V}_{\boldsymbol{OABC}} = \mathbf{3} \cdot \frac{\mathbf{1}}{\mathbf{6}} = \frac{\mathbf{1}}{\mathbf{2}}$$

Ejercicio 3.3. Dado el campo vectorial $\vec{a} = y\vec{\imath} - x\vec{\jmath} + zy\vec{k}$ y el campo escalar

$$f = xyz - x^2 - y^2.$$

Se pide:

a) Calcular $\nabla \circ \vec{a};\ \nabla \wedge \vec{a};\ \nabla f;\ \nabla^2 f.$

b) Calcular el flujo de $\nabla \wedge \vec{a}$ a través de la superficie del paraboloide:

$$x^2 + y^2 = z$$

limitado por el plano z = 1.

a)

$\vec{a} = y\vec{\imath} - x\vec{\jmath} + zy\vec{k}$

$f = xyz - x^2 - y^2$

$$\boldsymbol{\nabla \circ \vec{a} = div\vec{a} = \frac{\partial a_x}{\partial x} + \frac{\partial a_y}{\partial y} + \frac{\partial a_z}{\partial z} = 0 + 0 + y = y}$$

$$\nabla \wedge \vec{a} = rot\vec{a} = \begin{vmatrix} \vec{\imath} & \vec{\jmath} & \vec{k} \\ \dfrac{\partial}{\partial x} & \dfrac{\partial}{\partial y} & \dfrac{\partial}{\partial z} \\ a_x & a_y & a_z \end{vmatrix} = \left(\frac{\partial a_z}{\partial y} - \frac{\partial a_y}{\partial z}\right)\vec{\imath} + \left(\frac{\partial a_x}{\partial z} - \frac{\partial a_z}{\partial x}\right)\vec{\jmath} + \left(\frac{\partial a_y}{\partial x} - \frac{\partial a_x}{\partial y}\right)\vec{k}$$

$$\boldsymbol{\nabla \wedge \vec{a} = z\vec{\imath} - 2\vec{k}}$$

$$\boldsymbol{\nabla f = \overrightarrow{grad} f = \frac{\partial f}{\partial x}\vec{\imath} + \frac{\partial f}{\partial y}\vec{\jmath} + \frac{\partial f}{\partial z}\vec{k} = (y \cdot z - 2x)\vec{\imath} + (x \cdot z - 2y)\vec{\jmath} + (x \cdot y)\vec{k}}$$

$$\boldsymbol{\nabla^2 f = \Delta f = \frac{\partial f^2}{\partial x^2} + \frac{\partial f^2}{\partial y^2} + \frac{\partial f^2}{\partial z^2} = (-2) + (-2) + (0) = -4}$$

b)

$$rot\vec{a}(\nabla \wedge \vec{a}) = \vec{b} = z\vec{i} - 2\vec{k}$$

Primera forma: por la definición de flujo:

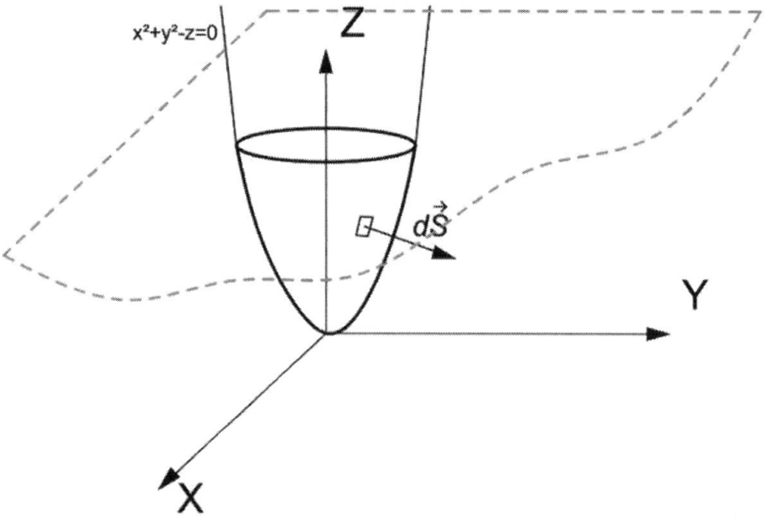

$$x^2 + y^2 - z = 0$$

$$f = x^2 + y^2 - z$$

$$\overrightarrow{grad}f = \frac{\partial f}{\partial x}\vec{i} + \frac{\partial f}{\partial y}\vec{j} + \frac{\partial f}{\partial z}\vec{k} = 2x\vec{i} + 2y\vec{j} - \vec{k}$$

$$d\vec{s} = ds \cdot \vec{n}$$

$$\vec{n} = \frac{\overrightarrow{grad}f}{|\overrightarrow{grad}f|} = \frac{2x\vec{i} + 2y\vec{j} - \vec{k}}{\sqrt{(2x)^2 + (2y)^2 + (-1)^2}} = \frac{2x\vec{i} + 2y\vec{j} - \vec{k}}{\sqrt{4x^2 + 4y^2 + 1}}$$

$$d\vec{s} = ds \cdot \left(\frac{2x\vec{i} + 2y\vec{j} - \vec{k}}{\sqrt{4x^2 + 4y^2 + 1}}\right)$$

$$\phi = \int_s \vec{b} \cdot d\vec{s} = \int_s \left(\frac{2x\vec{i} + 2y\vec{j} - \vec{k}}{\sqrt{4x^2 + 4y^2 + 1}}\right) \cdot ds$$

Segunda forma: por el teorema de Gauss:

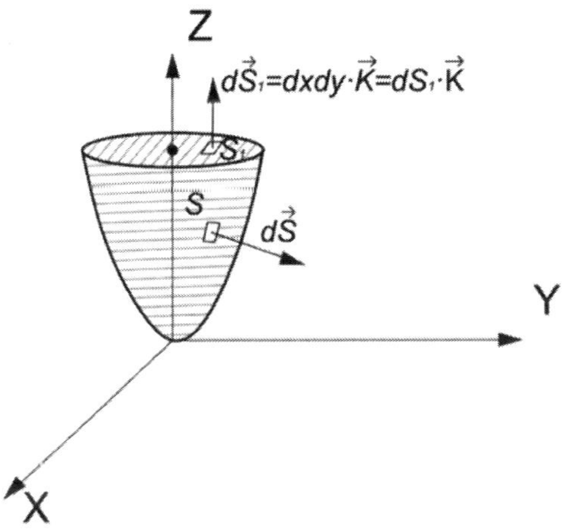

$$\int_{S_{cerrada}} \vec{b}\cdot d\vec{s} = \int_V div\vec{b}\cdot d\text{V}$$

$$div\vec{b} = \frac{\partial b_x}{\partial x} + \frac{\partial b_y}{\partial y} + \frac{\partial b_z}{\partial z} = 0$$

$\vec{b}$ es adivergente o solenoidal.

$$\int_{S_{cerrada}} \vec{b}\cdot d\vec{s} = 0$$

$$\int_{S_{cerrada}} \vec{b}\cdot d\vec{s} = \int_{S_1} \overrightarrow{b_{s_1}}\cdot d\overrightarrow{s_1} + \int_S \overrightarrow{b_s}\cdot d\vec{s} = 0$$

$$d\overrightarrow{s_1} = dx\cdot dy\cdot\vec{k}$$

$$\overrightarrow{b_{s_1}} = 1\vec{\imath} - 2\vec{k} = \vec{\imath} - 2\vec{k}$$

$$\overrightarrow{b_{s_1}}\cdot d\overrightarrow{s_1} = -2\cdot dx\cdot dy = -2\cdot d\overrightarrow{s_1}$$

$s_1 = \pi \cdot R^2 = \pi \cdot 1^2 = \pi$

$$\int_{S_{cerrada}} \vec{b} \cdot d\vec{s} = \int_{S_1} -2 \cdot d\vec{s_1} + \int_{S} \vec{b_s} \cdot d\vec{s} = -2 \cdot \int_{S_1} d\vec{s_1} + \int_{S} \vec{b_s} \cdot d\vec{s}$$

$$= -2 \cdot s_1 + \int_{S} \vec{b_s} \cdot d\vec{s}$$

$$\boldsymbol{\int_{S} \vec{b_s} \cdot d\vec{s} = 2 \cdot s_1 = 2\pi}$$

Ejercicio 3.4. Averiguar si el campo vectorial:

$$\vec{a} = a_x(x)\vec{\imath} + a_y(y)\vec{\jmath} + a_z(z)\vec{k}$$

es un campo potencial.

¿Qué se debe cumplir para que el campo sea senoidal?

$$\vec{a} = a_x(x)\vec{\imath} + a_y(y)\vec{\jmath} + a_z(z)\vec{k}$$

Para saber si el campo es potencial:

$rot\overrightarrow{campo} = \vec{0}.$

$$rot\vec{a} = \begin{vmatrix} \vec{\imath} & \vec{\jmath} & \vec{k} \\ \dfrac{\partial}{\partial x} & \dfrac{\partial}{\partial y} & \dfrac{\partial}{\partial z} \\ a_x & a_y & a_z \end{vmatrix} = \left[\frac{\partial a_z}{\partial y} - \frac{\partial a_y}{\partial z}\right]\vec{\imath} + \left[\frac{\partial a_x}{\partial z} - \frac{\partial a_z}{\partial x}\right]\vec{\jmath} + \left[\frac{\partial a_y}{\partial x} - \frac{\partial a_x}{\partial y}\right]\vec{k}$$

$rot\vec{a} = \vec{0}$

Por tanto, $\vec{a}$ es un **campo potencial**.

Para que el campo sea solenoidal:

$div\vec{a} = 0$

$$\boldsymbol{div\vec{a} = \frac{\partial a_x}{\partial x} + \frac{\partial a_y}{\partial y} + \frac{\partial a_x}{\partial z} = \frac{da_x}{dx} + \frac{da_y}{dy} + \frac{da_x}{dz} = 0}$$

Ejercicio 3.5. Se considera el campo vectorial $\vec{a}$:

$$\vec{a} = \left(\frac{3x^2 - y^2}{x^2}\right)\vec{\imath} + \left(\frac{2y}{x}\right)\vec{\jmath} + C_1 \cdot \vec{k}$$

a) Averiguar si el campo $\vec{a}$ es un campo potencial.

b) En caso afirmativo, hallar la ecuación potencial.

c) Hallar las ecuaciones diferenciales de las líneas vectoriales del campo.

$$\vec{a} = \left(\frac{3x^2 - y^2}{x^2}\right)\vec{\imath} + \left(\frac{2y}{x}\right)\vec{\jmath} + C_1 \cdot \vec{k}$$

a)

$$rot\vec{a} = \nabla \wedge \vec{a} = \begin{vmatrix} \vec{\imath} & \vec{\jmath} & \vec{k} \\ \dfrac{\partial}{\partial x} & \dfrac{\partial}{\partial y} & \dfrac{\partial}{\partial z} \\ a_x & a_y & a_z \end{vmatrix} = \left[\frac{\partial a_z}{\partial y} - \frac{\partial a_y}{\partial z}\right]\vec{\imath} + \left[\frac{\partial a_x}{\partial z} - \frac{\partial a_z}{\partial x}\right]\vec{\jmath} + \left[\frac{\partial a_y}{\partial x} - \frac{\partial a_x}{\partial y}\right]\vec{k}$$

$$rot\vec{a} = \vec{0}$$

$$\frac{\partial a_z}{\partial y} - \frac{\partial a_y}{\partial z} = 0 \quad \rightarrow \quad \frac{\partial a_z}{\partial y} = \frac{\partial a_y}{\partial z} \quad \rightarrow \quad 0 = 0$$

$$\frac{\partial a_x}{\partial z} - \frac{\partial a_z}{\partial x} = 0 \quad \rightarrow \quad \frac{\partial a_x}{\partial z} = \frac{\partial a_z}{\partial x} \quad \rightarrow \quad 0 = 0$$

$$\frac{\partial a_y}{\partial x} - \frac{\partial a_x}{\partial y} = 0 \quad \rightarrow \quad \frac{\partial a_y}{\partial x} = \frac{\partial a_x}{\partial y} \quad \rightarrow \quad 2y \cdot \left(-\frac{1}{x^2}\right) = -\frac{2y}{x^2}$$

Luego $\vec{a}$ es un campo potencial pues $rot\vec{a} = \nabla \wedge \vec{a} = \vec{0}$

b) Hallamos la función potencial V:

$$\vec{a} = -\overrightarrow{grad}V = -\frac{\partial V}{\partial x}\vec{\imath} - \frac{\partial V}{\partial y}\vec{\jmath} - \frac{\partial V}{\partial z}\vec{k}$$

$$-\left(\frac{3x^2-y^2}{x^2}\right)\vec{\imath}-\left(\frac{2y}{x}\right)\vec{\jmath}-C_1\cdot\vec{k}=\frac{\partial V}{\partial x}\vec{\imath}+\frac{\partial V}{\partial y}\vec{\jmath}+\frac{\partial V}{\partial z}\vec{k}$$

$$\frac{\partial V}{\partial x}=-\frac{3x^2}{x^2}+\frac{y^2}{x^2}$$

$$V(x,y,z)=\int\left(-\frac{3x^2}{x^2}+\frac{y^2}{x^2}\right)dx=-\int 3dx+y^2\int\frac{1}{x^2}dx$$

$$V(x,y,z)=-3x+y^2\left(\frac{x^{-2+1}}{-2+1}\right)+f(y,z)$$

$$V(x,y,z)=-3x+y^2\left(-\frac{1}{x}\right)+f(y,z)=-3x-\frac{y^2}{x}+f(y,z)$$

$$\frac{\partial V}{\partial y}=-\frac{2y}{x}+\frac{\partial f(y,z)}{dy}=-\frac{2y}{x}\quad\rightarrow\quad\frac{\partial f(y,z)}{dy}=0\quad\rightarrow\quad f(y,z)=g(z)$$

$$V(x,y,z)=-3x-\frac{y^2}{x}+g(z)$$

$$\frac{\partial V}{\partial z}=\frac{\partial g(x)}{\partial z}=\frac{dg(x)}{dz}-C_1\rightarrow dg(x)=-C_1dz\quad\rightarrow\quad g(x)=-C_1z+C_2$$

$$\boldsymbol{V(x,y,z)=-3x-\frac{y^2}{x}-C_1z+C_2}$$

c) Ecuaciones diferenciales de las líneas vectoriales del campo:

$$\frac{dx}{a_x}=\frac{dy}{a_y}=\frac{dz}{a_z}$$

$$\frac{dx}{\left(\frac{3x^2-y^2}{x^2}\right)}=\frac{dy}{\left(\frac{2y}{x}\right)}=\frac{dz}{C_1}\quad\rightarrow\quad\frac{x^2}{(3x^2-y^2)}\cdot dx=\frac{x}{2y}\cdot dy=\frac{1}{C_1}\cdot dz$$

$$\boldsymbol{\frac{x^2}{(3x^2-y^2)}\cdot dx=\frac{1}{C_1}\cdot dz}$$

$$\boldsymbol{\frac{x}{2y}\cdot dy=\frac{1}{C_1}\cdot dz}$$

Ejercicio 3.6. Dado el campo vectorial $\vec{F} = y \cdot z \cdot \vec{\imath} + x \cdot z \cdot \vec{\jmath} + x \cdot y \cdot \vec{k}$, determinar su circulación a lo largo de la curva C intersección de las superficies:

$$x^2 + y^2 = z$$

$$x = y$$

desde el punto A (0, 0, 0) hasta el punto B (2, 2, 8).

La curva es el resultado de intersecar el paraboloide $x^2 + y^2 = z$ con el plano $x = y$ y da como resultado la parábola $z = 2x^2$, que tiene por ecuaciones paramétricas:

$$C \begin{cases} x = t \\ y = t \\ z = 2t^2 \end{cases}$$

Luego, su vector posición:

$$\vec{r} = x\vec{\imath} + y\vec{\jmath} + z\vec{k}$$

$$\vec{r} = t\vec{\imath} + t\vec{\jmath} + 2t^2\vec{k}$$

$$d\vec{r} = dt\vec{\imath} + dt\vec{\jmath} + 4t \cdot dt\vec{k}$$

Hay que particularizar el campo vectorial en esa curva:

$$\vec{F} = y \cdot z \cdot \vec{\imath} + x \cdot z \cdot \vec{\jmath} + x \cdot y \cdot \vec{k} \quad \rightarrow \quad \overrightarrow{F_C} = (t \cdot 2t^2)\vec{\imath} + (t \cdot 2t^2)\vec{\jmath} + t^2\vec{k}$$

$$\overrightarrow{F_C} = 2t^3\vec{\imath} + 2t^3\vec{\jmath} + t^2\vec{k}$$

A continuación, por la definición de circulación:

$$C = \int \overrightarrow{F_C} \cdot d\vec{r} = \int \left(2t^3\vec{\imath} + 2t^3\vec{\jmath} + t^2\vec{k}\right) \cdot \left(dt\vec{\imath} + dt\vec{\jmath} + 4t \cdot dt\vec{k}\right)$$

$$C = \int 2t^3\mathrm{dt} + 2t^3\mathrm{dt} + 4t^3\mathrm{dt} = \int 8t^3\mathrm{dt} = \int_{t(A)}^{t(B)} 8t^3\mathrm{dt}$$

En el punto A(0, 0, 0):

$$t = 0\begin{cases} x = 0 = t \\ y = 0 = t \\ z = 0 = 2t^2 \end{cases}$$

En el punto B(2, 2, 8):

$$t = 2\begin{cases} x = 2 = t \\ y = 2 = t \\ z = 8 = 2t^2 \end{cases}$$

$$\boldsymbol{C} = \int_{t=0}^{t=2} \mathbf{8}\boldsymbol{t}^{\mathbf{3}}\mathbf{dt} = \mathbf{8} \cdot \left[\frac{\boldsymbol{t}^{\mathbf{4}}}{\mathbf{4}}\right]_{t=0}^{t=2} = \mathbf{8} \cdot \left[\frac{\mathbf{2^4}}{\mathbf{4}} - \frac{\mathbf{0^4}}{\mathbf{4}}\right] = \mathbf{8} \cdot \frac{\mathbf{16}}{\mathbf{4}} = \mathbf{32}$$

Ejercicio 3.7. Se considera una superficie plana de área A y un campo vectorial constante $\vec{F}$ de módulo F.

Calcular con generalidad (en función de la orientación de la superficie con respecto al campo) el flujo del campo vectorial a través de la superficie.

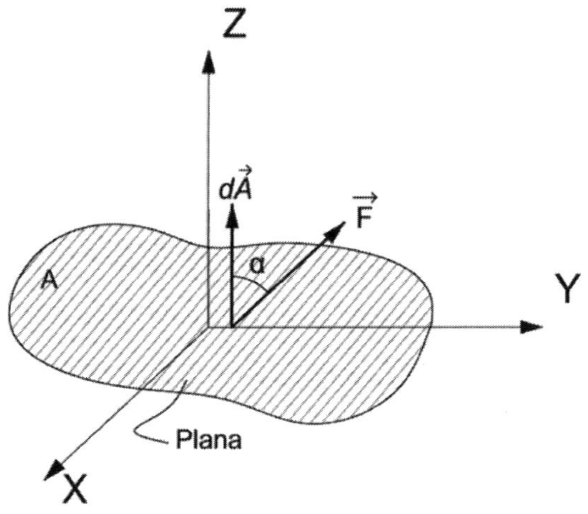

$$\phi = \int \vec{F} \cdot d\vec{A} = \int F \cdot dA \cdot cos\alpha = F \cdot cos\alpha \int dA$$

En general:

$$\boldsymbol{\phi = F \cdot A \cdot cos\alpha}$$

- Si $\alpha = 0$ ($\vec{F}\ y\ \ d\vec{A}$ son colineales y del mismo sentido):

$$\phi = F \cdot A \cdot cos\alpha = F \cdot A$$

- Si $\alpha = 180^o$ ($\vec{F}\ y\ \ d\vec{A}$ son colineales y de sentido contrario):

$$\phi = F \cdot A \cdot cos\alpha = -F \cdot A$$

- Si $\alpha = 90^o$ ($\vec{F}\ y\ \ d\vec{A}$ son perpendiculares):

$$\phi = F \cdot A \cdot cos\alpha = 0$$

- Si α es cualquiera distinto de los anteriores:

$$\phi = F \cdot A \cdot cos\alpha = 0$$

Ejercicio 3.8. Calcular la circulación del campo vectorial

$$\vec{F} = \mathrm{x}\vec{\imath} + \mathrm{x}\vec{\jmath} + \mathrm{z}\vec{k}$$

a lo largo de la circunferencia de radio R centrada en el origen y contenida en el plano XY.

Como la curva es cerrada se puede aplicar el teorema de Stokes.

Se puede calcular de las dos formas:

1. Primera forma: por la definición:

   La curva es una circunferencia de ecuación implícita $x^2 + y^2 = R^2$ y de ecuaciones paramétricas:

$$\begin{cases} x = R \cdot sen\theta \\ y = R \cdot cos\theta \\ z = 0 \end{cases}$$

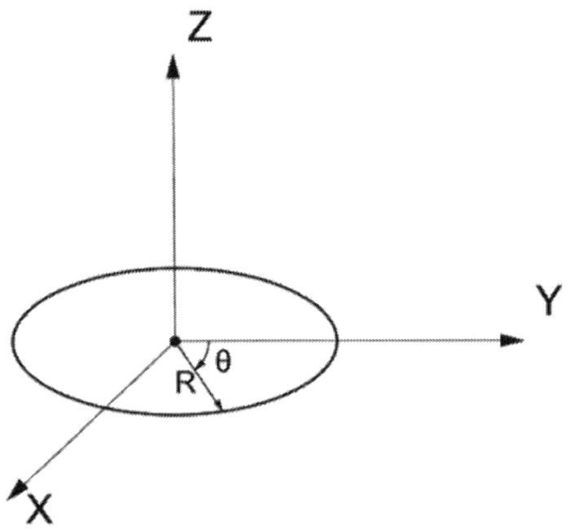

Luego, el vector posición:

$$\vec{r} = R \cdot sen\theta\vec{\imath} + R \cdot cos\theta\vec{\jmath}$$

y

$$d\vec{r} = (R \cdot cos\theta \cdot d\theta)\vec{\imath} - (R \cdot sen\theta \cdot d\theta)\vec{\jmath}$$

El campo de fuerzas es:

$$\vec{F} = \mathrm{x}\vec{\imath} + \mathrm{x}\vec{\jmath} + \mathrm{z}\vec{k}$$

La circulación se calculará, particularizando $\vec{F}$ en la curva:

$$\vec{F_c} = \mathrm{R} \cdot \mathrm{sen}\theta\vec{\imath} + R \cdot sen\theta\vec{\jmath}$$

$$C = \int \vec{F_c} \cdot d\vec{r} = \int (\mathrm{R} \cdot \mathrm{sen}\theta\vec{\imath} + R \cdot sen\theta\vec{\jmath}) \cdot [(R \cdot cos\theta \cdot d\theta)\vec{\imath} - R \cdot sen\theta \cdot d\theta\vec{\jmath}]$$

$$C = \int (R^2 \cdot sen\theta \cdot cos\theta \cdot d\theta - R^2 \cdot sen^2\theta \cdot d\theta)$$

$$C = \int R^2 \cdot sen\theta \cdot cos\theta \cdot d\theta - \int R^2 \cdot sen^2\theta \cdot d\theta$$

$$C = R^2 \cdot \left[\int \frac{sen2\theta}{2} d\theta - \int sen^2\theta \cdot d\theta\right] = R^2 \cdot \left[\frac{1}{2}\int sen2\theta \cdot d\theta - \int sen^2\theta \cdot d\theta\right]$$

$$C = R^2 \cdot \left[\frac{1}{2}\int sen2\theta \cdot d\theta - \int \left(\frac{1 - cos2\theta}{2}\right) \cdot d\theta\right]$$

$$C = R^2 \cdot \left[\frac{1}{2}\int_{\theta=0}^{\theta=2\pi} sen2\theta \cdot d\theta - \int_{\theta=0}^{\theta=2\pi} \frac{1}{2} \cdot d\theta + \frac{1}{2}\int_{\theta=0}^{\theta=2\pi} cos2\theta \cdot d\theta\right]$$

$$C = R^2 \cdot \left[\frac{1}{2} \cdot \left[\frac{-cos2\theta}{2}\right]_{\theta=0}^{\theta=2\pi} - \frac{1}{2} \cdot [\theta]_{\theta=0}^{\theta=2\pi} + \frac{1}{2} \cdot \left[\frac{sen2\theta}{2}\right]_{\theta=0}^{\theta=2\pi}\right]$$

$$C = R^2 \cdot \left[\frac{1}{2} \cdot \left[\frac{-cos4\pi}{2} + \frac{cos0}{2}\right] - \frac{1}{2} \cdot [2\pi - 0] + \frac{1}{2} \cdot \left[\frac{sen4\pi}{2} - \frac{sen0}{2}\right]\right]$$

$$C = R^2 \cdot \left[\frac{1}{2} \cdot \left[\frac{-1}{2} + \frac{1}{2}\right] - \frac{1}{2} \cdot 2\pi + \frac{1}{2} \cdot 0\right]$$

$$\boldsymbol{C = -\pi R^2}$$

2. Segunda forma: por el teorema de Stokes:

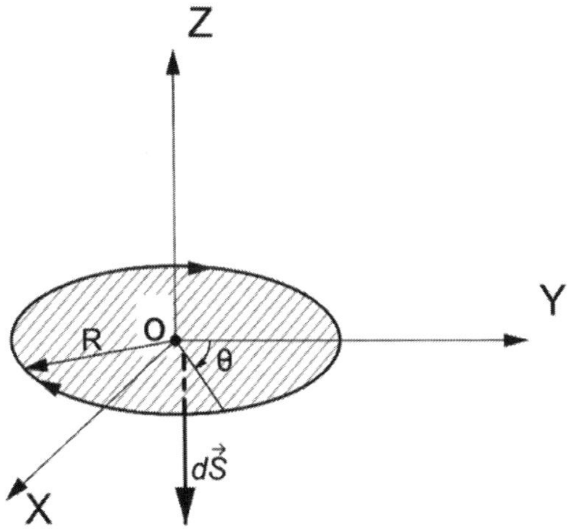

$$\oint \vec{F} \cdot d\vec{r} = \oint rot\vec{F} \cdot dS$$

$$rot\vec{F} = \begin{vmatrix} \vec{i} & \vec{j} & \vec{k} \\ \dfrac{\partial}{\partial x} & \dfrac{\partial}{\partial y} & \dfrac{\partial}{\partial z} \\ F_x & F_y & F_z \end{vmatrix}$$

$$rot\vec{F} = \left(\frac{\partial F_z}{\partial y} - \frac{\partial F_y}{\partial z}\right)\vec{i} + \left(\frac{\partial F_x}{\partial z} - \frac{\partial F_z}{\partial x}\right)\vec{j} + \left(\frac{\partial F_y}{\partial x} - \frac{\partial F_x}{\partial y}\right)\vec{k}$$

$$\left.\begin{matrix} F_x = x \\ F_y = x \\ F_z = z \end{matrix}\right\} rot\vec{F} = (0-0)\vec{i} + (0-0)\vec{j} + (1-0)\vec{k}$$

$$rot\vec{F} = \vec{k}$$

$$d\vec{S} = -dS\vec{k}$$

$$\oint \vec{\boldsymbol{F}} \cdot \boldsymbol{d}\vec{\boldsymbol{r}} = \int (\vec{\boldsymbol{k}}) \cdot (-\boldsymbol{dS}\vec{\boldsymbol{k}}) = -\int \boldsymbol{dS} = -\boldsymbol{S} = -\boldsymbol{\pi R^2}$$

Ejercicio 3.9. Si $\vec{A}$ es un vector constante, calcular las siguientes operaciones:

a) div$\vec{r}$

b) rot$\vec{r}$

c) div$(\vec{A} \wedge \vec{r})$

d) rot$(\vec{A} \wedge \vec{r})$

Siendo a, b y c constantes, tenemos:

$$\vec{A} = (a\vec{i} + b\vec{j} + c\vec{k}) = \overrightarrow{cte}$$

$$\vec{r} = x\vec{i} + y\vec{j} + z\vec{k}$$

a) div$\vec{r}$

$$div\vec{r} = \frac{\partial r_x}{\partial x} + \frac{\partial r_y}{\partial y} + \frac{\partial r_z}{\partial z} = 1 + 1 + 1$$

$$\boldsymbol{div\vec{r} = 3}$$

b) rot$\vec{r}$

$$rot\vec{r} = \begin{vmatrix} \vec{\imath} & \vec{\jmath} & \vec{k} \\ \dfrac{\partial}{\partial x} & \dfrac{\partial}{\partial y} & \dfrac{\partial}{\partial z} \\ r_x & r_y & r_z \end{vmatrix} = \left(\frac{\partial r_z}{\partial y} - \frac{\partial r_y}{\partial z}\right)\vec{\imath} + \left(\frac{\partial r_x}{\partial z} - \frac{\partial r_z}{\partial x}\right)\vec{\jmath} + \left(\frac{\partial r_y}{\partial x} - \frac{\partial r_x}{\partial y}\right)\vec{k}$$

$$rot\vec{r} = (0 - 0)\vec{\imath} + (0 - 0)\vec{\jmath} + (0 - 0)\vec{k}$$

$$\boldsymbol{rot\vec{r} = \vec{0}}$$

c) div$\left(\vec{A} \wedge \vec{r}\right)$

$$div\left(\vec{A} \wedge \vec{r}\right) = \begin{vmatrix} \vec{\imath} & \vec{\jmath} & \vec{k} \\ A_x & A_y & A_z \\ r_x & r_y & r_z \end{vmatrix} = \begin{vmatrix} \vec{\imath} & \vec{\jmath} & \vec{k} \\ a & b & c \\ x & y & z \end{vmatrix}$$

$$div\left(\vec{A} \wedge \vec{r}\right) = (bz - cy)\vec{\imath} + (cx - az)\vec{\jmath} + (ay - bx)\vec{k}$$

$$div\left(\vec{A} \wedge \vec{r}\right) = \frac{\partial(bz - cy)}{\partial x} + \frac{\partial(cx - az)}{\partial y} + \frac{\partial(ay - bx)}{\partial z} = 0 + 0 + 0$$

$$\boldsymbol{div\left(\vec{A} \wedge \vec{r}\right) = 0}$$

d) rot$\left(\vec{A} \wedge \vec{r}\right)$

$$rot\left(\vec{A} \wedge \vec{r}\right) = rot\vec{p} = \begin{vmatrix} \vec{\imath} & \vec{\jmath} & \vec{k} \\ \dfrac{\partial}{\partial x} & \dfrac{\partial}{\partial y} & \dfrac{\partial}{\partial z} \\ p_x & p_y & p_z \end{vmatrix}$$

$$\left.\begin{aligned} p_x &= (bz - cy) \\ p_y &= (cx - az) \\ p_z &= (ay - bx) \end{aligned}\right\} rot\vec{p} = \left(\frac{\partial p_z}{\partial y} - \frac{\partial p_y}{\partial z}\right)\vec{\imath} + \left(\frac{\partial p_x}{\partial z} - \frac{\partial p_z}{\partial x}\right)\vec{\jmath} + \left(\frac{\partial p_y}{\partial x} - \frac{\partial p_x}{\partial y}\right)\vec{k}$$

$$rot\vec{p} = [a - (-a)]\vec{\imath} + [b - (-b)]\vec{\jmath} + [c - (-c)]\vec{k}$$

$$\boldsymbol{rot(\vec{A} \wedge \vec{r}) = 2a\vec{\imath} + 2b\vec{\jmath} + 2c\vec{k} = 2 \cdot \vec{A}}$$

Ejercicio 3.10. Estudiar el campo conservativo del campo vectorial:

$$\vec{F} = y\vec{\imath} + x^2\vec{\jmath} + z\vec{k}$$

Dado

$$\vec{F} = y\vec{\imath} + x^2\vec{\jmath} + z\vec{k},$$

para ver si es un campo conservativo hay que calcular $rot\vec{F}$.

Si $\vec{F}$ es conservativo:

$$rot\vec{F} = \vec{0}$$

$$\vec{F} = -\overrightarrow{grad}V$$

$$\left.\begin{aligned} F_x &= y \\ F_y &= x^2 \\ F_z &= z \end{aligned}\right\} rot\vec{F} = \begin{vmatrix} \vec{\imath} & \vec{\jmath} & \vec{k} \\ \dfrac{\partial}{\partial x} & \dfrac{\partial}{\partial y} & \dfrac{\partial}{\partial z} \\ F_x & F_y & F_z \end{vmatrix} = \left(\frac{\partial F_z}{\partial y} - \frac{\partial F_y}{\partial z}\right)\vec{\imath} + \left(\frac{\partial F_x}{\partial z} - \frac{\partial F_z}{\partial x}\right)\vec{\jmath} + \left(\frac{\partial F_y}{\partial x} - \frac{\partial F_x}{\partial y}\right)\vec{k}$$

$$rot\vec{F} = (0 - 0)\vec{\imath} + (0 - 0)\vec{\jmath} + (2x - 1)\vec{k}$$

$$\boldsymbol{rot\vec{F} = (2x - 1)\vec{k} \neq \vec{0}}$$

Luego $\vec{F}$ no es conservativo

PROBLEMAS PROPUESTOS

Ejercicio 3.11. Se considera la curva definida por $\vec{r} = x\vec{\imath} + y\vec{\jmath}$ y el vector

$$\vec{a} = -y\vec{\imath} + x\vec{\jmath} .$$

Demostrar que $\oint \vec{a} \cdot d\vec{r}$ representa el doble del área limitada por la curva.

Solución:

$$\oint_L \vec{a} \cdot d\vec{r} - \int_S (2\vec{k}) \cdot (ds \cdot \vec{k}) = \int_S 2 \cdot ds = 2 \cdot \int_S ds = 2 \cdot s$$

Ejercicio 3.12. Calcular el flujo del vector $\vec{a} = x\vec{\imath} + y\vec{\jmath} + z\vec{k}$ a través de la superficie

$$x^2 + y^2 + z^2 - R^2 = 0:$$

a) Directamente.

b) Aplicando el teorema de Green.

c) Por consideraciones geométricas.

Solución:

a) Directamente:

Por la definición de flujo.

$$\phi = \int_S R \cdot ds = R \cdot \int_S ds = R \cdot s = R \cdot 4\pi R^2$$

$$\boldsymbol{\phi = 4\pi R^3}$$

b) Por el teorema de Gauss:

$$\phi = \int_{S_{cerrada}} \vec{a} \cdot d\vec{s} = \int_V 3 \cdot dV = 3 \cdot \int_V dV = 3 \cdot V = 3 \cdot \frac{4}{3} \cdot \pi R^3$$

$$\boldsymbol{\phi = 4\pi R^3}$$

c) Por consideraciones geométricas:

$$\int_s \vec{\boldsymbol{a}} \cdot d\vec{\boldsymbol{s}} = \int_s \boldsymbol{a \cdot ds} = \int_s \boldsymbol{R \cdot ds} = \boldsymbol{R} \cdot \int_s \boldsymbol{ds} = \boldsymbol{R \cdot s} = \boldsymbol{4\pi R^3}$$

Ejercicio 3.13. Si $\vec{a} = x\vec{\imath} + y\vec{\jmath} + z\vec{k}$ y $\vec{b} = y \cdot z\vec{\imath} + x \cdot z\vec{\jmath} + x \cdot y\vec{k}$, clasificar el campo vectorial $\vec{a} \wedge \vec{b}$.

Solución:

El campo $\vec{a} \wedge \vec{b}$ es adivergente y por tanto, $div(\vec{a} \wedge \vec{b}) = 0$

$\vec{\boldsymbol{a}} \wedge \vec{\boldsymbol{b}}$ **solenoidal**

Ejercicio 3.14.

a) Se considera el campo vectorial $\vec{a} = (xyz)^3 \cdot (x^n\vec{\imath} + y^n\vec{\jmath} + z^n\vec{z})$. Determinar n para que el campo sea un campo potencial.

b) Se considera el campo vectorial definido por el vector:

$$\vec{b} = (x + z)\vec{\imath} + (3x + y - z)\vec{\jmath} + (x - m \cdot z)\vec{k}.$$

Determinar el parámetro m para que el campo sea un campo solenoidal

Solución:

a) $\boldsymbol{n = 1}$

b) $\boldsymbol{m = 2}$

Ejercicio 3.15. En la región del espacio de la figura, en la que las direcciones x e y son las direcciones horizontal y vertical, respectivamente. Se representan las curvas de nivel del potencial:

$$V = x \cdot lny$$

a) Calcular la expresión del campo vectorial $\vec{F}$ asociado a dicho potencial y obtener sus valores en los puntos de coordenadas A(1, 2) y B(2, 1).

b) ¿Cómo serán las líneas del campo $\vec{F}$?

c) Comprobar que el campo $\vec{F}$ es irrotacional.

d) Calcular la circulación de $\vec{F}$ entre los puntos A y B.

e) Estudiar si el campo $\vec{F}$ es solenoidal.

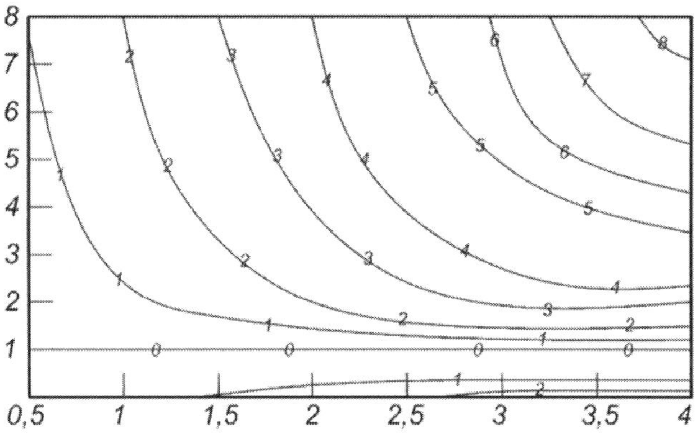

Solución:

a)

$$\vec{F} = -lny\vec{i} - \frac{x}{y}\vec{j}$$

$$F_A = 0,8545$$

$$F_B = 2$$

b) Las líneas del campo $\vec{F}$ serán siempre perpendiculares en cada punto a las curvas de nivel.

c)

$$\boldsymbol{rot\vec{F} = \vec{0}}$$

$\vec{F}$ es irrotacional

d)

$$\boldsymbol{C = \int \left[-ln(2-t) \cdot dt + \frac{(t+1)}{(2-t)} \cdot dt\right]}$$

e)

$$\boldsymbol{div\vec{F} \neq 0}$$

$\vec{F}$ no es solenoidal

Ejercicio 3.16. Comprobar el teorema de Stokes siendo:

$$\vec{F} = (2x - y)\vec{\imath} + yz^2\vec{\jmath} + y^2z\vec{k}$$

y la superficie S semiesférica que determina el plano XY al cortar a la esfera de la ecuación:

$$x^2 + y^2 + z^2 = 1$$

y la curva cerrada C, la circunferencia en que se apoya.

Solución:

$$\oint_C \vec{F} \cdot d\vec{l} = \pi$$

Ejercicio 3.17. Si la función vectorial A es:

$$\vec{A} = (4xy - 3x^2z^2)\vec{\imath} - 2x^2\vec{\jmath} - 2x^3z\vec{k}$$

Demostrar que la integral $\int_C \vec{A} \cdot d\vec{r}$ es independiente de la trayectoria C que va de P a Q (siendo P y Q fijos).

Demostrar que existe una función derivable, Φ, que verifica que $A = -\nabla\Phi$ y hallar su expresión.

Solución:

Esto implica que la integral es independiente del camino elegido.

$$\int_{C_1 P}^{Q} \vec{A} \cdot d\vec{r} = \int_{C_2 P}^{Q} \vec{A} \cdot d\vec{r}$$

$$\boldsymbol{\Phi = -2x^2y + x^3z^2 + cte}$$

Ejercicio 3.18. Hallar las constantes a, b y c de forma que el vector V dado por:

$$\vec{V} = (x + 2y + az)\vec{\imath} + (bx + 3y - z)\vec{\jmath} + (4x + cy + 2z)\vec{k}$$

sea irrotacional.

Demostrar que V puede expresarse como gradiente de una función escalar y hallar esta función.

Solución:

Para que será irrotacional debe cumplir que $\overrightarrow{rot}\, V = \vec{0}$.

$$\boldsymbol{c = -1; a = 4; b = 2}$$

V expresado como gradiente será:

$$\boldsymbol{\vec{V} = -\vec{\nabla}\phi = \frac{\partial\phi}{\partial x}\vec{\imath} + \frac{\partial\phi}{\partial y}\vec{\jmath} + \frac{\partial\phi}{\partial z}\vec{k}}$$

La función pedida es la siguiente:

$$\boldsymbol{\phi = -\frac{1}{2}\cdot x^2 + \frac{3}{2}\cdot y^2 - z^2 - 2xy - 4xz + yz + cte}$$

> **Ejercicio 3.19.** Demostrar que:
>
> $$\vec{B} = (4xy + 3x^2z^2)\vec{\imath} + 2x^2\vec{\jmath} - 2x^3z\vec{k}$$
>
> es un campo vectorial conservativo y obtener el trabajo entregado por el campo en un desplazamiento del punto P al punto Q, de coordenadas respectivas (1,–2,1) y (3,1,4).

Solución:

El campo es rotacional porque:

$$\boldsymbol{rot\vec{B} = 0}$$

El trabajo entregado por el campo es:

$$\boldsymbol{W = \Phi(Q) - \Phi(P) = 409}$$

> **Ejercicio 3.20.** Demostrar que:
>
> $$\vec{F} = (y^2\cdot cosx + z^3)\vec{\imath} + (2y\cdot senx - y)\vec{\jmath} - 3xz^2\vec{k}$$
>
> es un campo vectorial conservativo y obtener el trabajo entregado por el campo en un desplazamiento del punto P al punto Q, de coordenadas respectivas (1,–2,1) y (3,1,4).

Solución:

El campo es rotacional porque:

$$\boldsymbol{rot\vec{B} = 0}$$

El trabajo entregado por el campo es:

$$\boldsymbol{W = \Phi(Q) - \Phi(P) = 187,25}$$

Capítulo 4

CAMPOS DE FUERZA

Índice del capítulo

4.1. Punto material. Sistemas de puntos materiales
4.2. Noción de fuerza
4.3. Rozamiento
4.4. Postulados de la mecánica clásica
4.5. Campos de fuerzas
4.6. Trabajo elemental de una fuerza
4.7. Trabajo a lo largo de una curva
4.8. Campos conservativos. Energía potencial (U). Potencial (V)
4.9. Acciones Newtonianas
4.10. Ley de gravitación universal. Masa gravitatoria. Peso de un cuerpo
4.11. Postulado de la igualdad de la masa inerte y la masa gravitatoria
Problemas resueltos
Problemas propuestos

4.1. PUNTO MATERIAL Y SISTEMAS DE PUNTOS MATERIALES

4.1.1. Punto material

Se llama **punto material** a todo cuerpo cuyas dimensiones son tan pequeñas que su posición puede ser definida como la de un punto geométrico. Está caracterizado por su masa.

4.1.2. Sistemas de puntos materiales

Es un conjunto de puntos materiales. El sistema puede ser:

- *Deformable*. Si la forma del sistema no permanece invariable (de lo contrario es indeformable).
- *Discontinuo*. Cuando la distancia entre los puntos de un sistema no es inferior a un valor (de lo contrario es continuo).

Cuando un sistema de puntos es indeformable y continuo se llama **sólido rígido**.

4.2. NOCIÓN DE FUERZA

Los cuerpos reales se ejercen entre si acciones que modifican su estado de reposo o movimiento. Estas acciones mecánicas las denominamos **fuerzas**. Se manifiestan por sus efectos:

- *Efectos dinámicos*. Las fuerzas son acciones sobre el movimiento de los cuerpos.
- *Efectos estáticos*. Las acciones sobre un cuerpo se equilibran, permaneciendo éste en reposo.

4.2.1. Tipos de fuerzas

- Fuerzas gravitacionales.
- Fuerzas electromagnéticas.
- Fuerzas nucleares.
- Fuerzas de contacto (rozamiento, viscosidad, tensión superficial, etc.) Son fuerzas en esencia electromagnéticas y corresponden a la acción total de un gran número de interacciones entre moléculas muy próximas entre sí.

4.3. ROZAMIENTO

Se define μ o f al coeficiente de rozamiento.

$$\mu \in [0, \infty]$$

- Si el contacto es liso: $\mu = 0$
- Si el contacto es rugoso: $\mu \neq 0$

En caso de tener rozamiento distinguimos entre:

- *Estática*: la partícula no se mueve respecto de la superficie en que apoya $|\overrightarrow{F_R}| \leq \mu \cdot N$. En esta situación $|\overrightarrow{F_{R\,Máx}}| = \mu \cdot N$ y el sentido de la fuerza de rozamiento será el necesario para garantizar el equilibrio.
- *Dinámica*: la partícula se mueve respecto de la superficie en que se apoya $|\overrightarrow{F_R}| = \mu \cdot N$ y el sentido de la fuerza de rozamiento es el contrario al deslizamiento.

4.4. POSTULADOS DE LA MECÁNICA CLÁSICA

Constituyen las leyes fundamentales que gobiernan la mecánica clásica.

1. Principio de inercia (Galileo)

En ausencia de fuerzas, un punto material de masa m permanece en reposo, si inicialmente lo estaba o en movimiento rectilíneo y uniforme, si inicialmente tenía velocidad.

Es decir, un punto material aislado (en ausencia de fuerzas) tiene aceleración nula.

2. Segunda ley fundamental de la dinámica (Newton)

- En cada instante la fuerza $\vec{F}$ que actúa sobre un punto material, tiene la dirección y el sentido de la aceleración $\vec{a}$ del punto.
- Existe proporcionalidad entre los módulos de $\vec{F}$ y $\vec{a}$. Es decir:

$$\boldsymbol{\vec{F} = m \cdot \vec{a}}$$

Tiene como constante de proporcionalidad la masa del punto m.

3. Principio de acción y reacción (Newton)

Si todo punto material P_1 ejerce sobre otro punto material P_2 una fuerza (acción) $\overrightarrow{F_{12}}$ esta fuerza tiene la dirección de la recta P_1P_2, siendo igual y opuesta a la fuerza (reacción) $\overrightarrow{F_{21}}$ que P_2 ejerce sobre P_1.

4.5. CAMPOS DE FUERZAS

Es la región del espacio en la que un punto material está sometido en cada una de sus posiciones a una fuerza cuyos módulos, dirección y sentido dependen únicamente de la posición del punto.

La línea de fuerza es tal, que el vector de campo en cada uno de sus puntos es tangente a la misma. El lugar geométrico de todas las líneas de fuerza que pasan por una curva cerrada se llama **tubo de fuerza**.

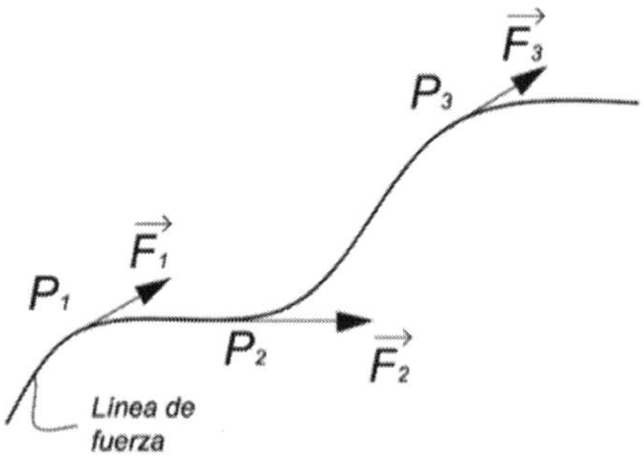

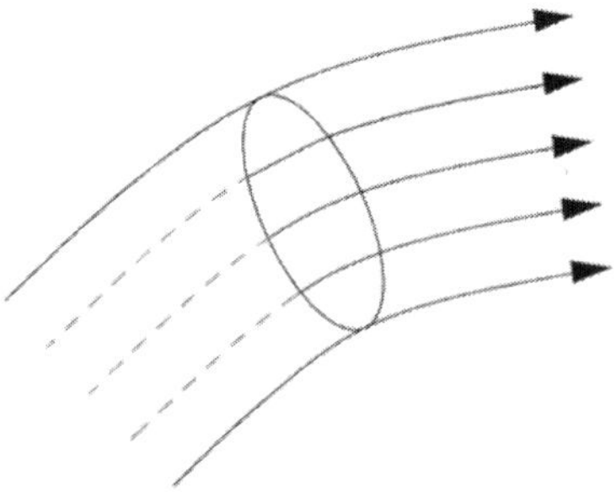

lo anterior se enuncia como:

$$\vec{F} = \lambda \cdot \vec{E}$$

siendo λ: magnitud escalar y $\vec{E}$: el vector del campo o intensidad del campo.

4.6. TRABAJO ELEMENTAL DE UNA FUERZA

El trabajo de una fuerza no es más que la circulación del campo vectorial de fuerzas a lo largo de un camino entre dos puntos P y P’ del mismo y así, el trabajo elemental se puede escribir como:

$$dT = \vec{F} \cdot d\vec{l} = F \cdot dl \cdot cos\alpha$$

$$T = \int_{P}^{P'} \vec{F} \cdot d\vec{l} = \int_{P}^{P'} F \cdot dl \cdot cos\alpha$$

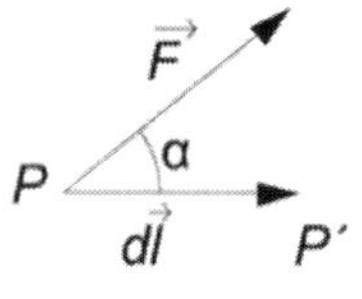

Teniendo esto en cuenta, se pueden planear una serie de particularidades:

a) El trabajo T > 0, si α es agudo:

$$0 \leq \alpha < \frac{\pi}{2}$$

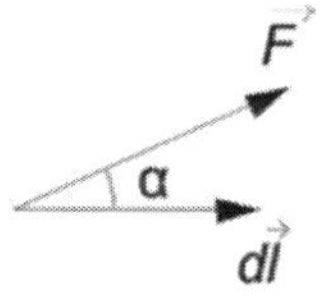

b) El trabajo T < 0, si α es obtuso:

$$\frac{\pi}{2} < \alpha \leq \pi$$

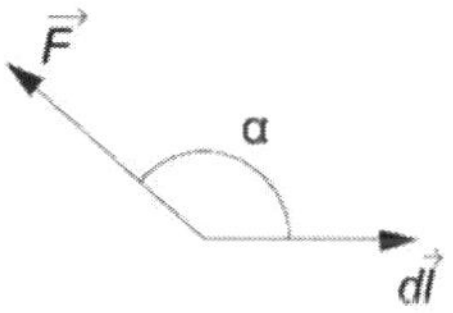

c) El trabajo T = 0, si α es recto:

$$\alpha = \frac{\pi}{2}$$

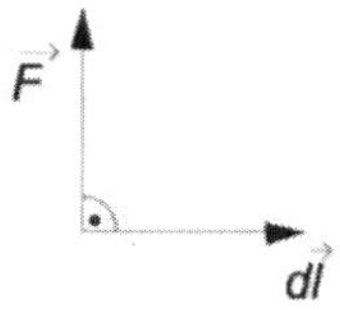

d) El trabajo de la resultante de varias fuerzas aplicadas al punto material, e igual a la suma algebraica de los trabajos de cada una de las fuerzas en el mismo desplazamiento.

$$dT = \vec{F_1} \cdot d\vec{l} + \vec{F_2} \cdot d\vec{l} + \vec{F_3} \cdot d\vec{l}$$

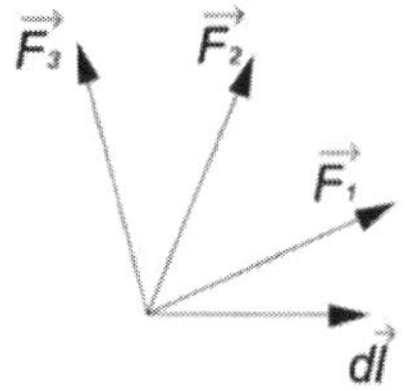

4.7. TRABAJO A LO LARGO DE UNA CURVA

El trabajo de una fuerza $\vec{F}$ cuando su punto de aplicación se desplaza a lo largo de la curva C entre los puntos P_1 y P_2 se define como:

$$T = \int_{P_1}^{P_2} \vec{F} \cdot d\vec{r} = \int_{P_1}^{P_2} \mathrm{X} \cdot \mathrm{dx} + \mathrm{Y} \cdot \mathrm{dy} + \mathrm{Z} \cdot \mathrm{dz}$$

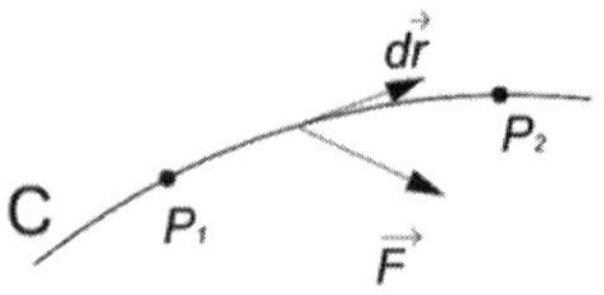

4.8. CAMPOS CONSERVATIVOS. ENERGÍA POTENCIAL (U). POTENCIAL (V)

Si una fuerza $\vec{F}$ deriva de una función potencial, este campo de fuerzas se llama **campo conservativo**.

Un campo conservativo lo es sí:

$$\vec{F} = -\overrightarrow{grad}U$$

4.8.1. Propiedades de los campos conservativos

a) El trabajo de un campo $\vec{F}$ no depende del camino recorrido.

$$W = T = \int_{P_1}^{P_2} \vec{F} \cdot d\vec{l} = \int_{P_1}^{P_2} -\overrightarrow{grad}U \cdot d\vec{l} = U(P_1) - U(P_2) = -\Delta U$$

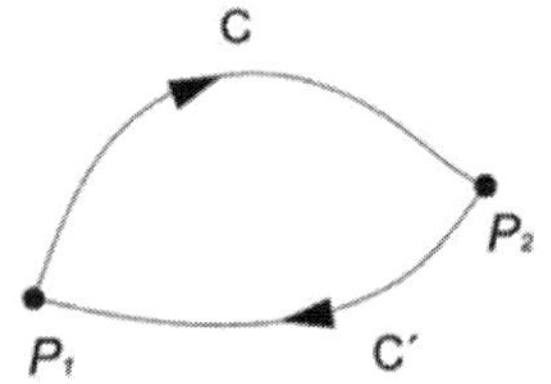

La función **U** recibe el nombre de **energía potencial**.

El trabajo T realizado por $\vec{F}$ es igual a la disminución de la energía potencial U.

Se define **potencial (V)** en cada punto de un campo conservativo como la energía potencial de la unidad de magnitud escalar.

$$V = \frac{U}{\lambda}$$

Luego:

$$\frac{\vec{F}}{\lambda} = \frac{-\overrightarrow{grad}U}{\lambda}$$

$$\vec{E} = -\overrightarrow{grad}V$$

b) El trabajo correspondiente en un circuito cerrado es nulo. Así en el circuito $P_1P_2P_1$:

$$T = \int_{C+C'} \vec{F}\cdot d\vec{l} = \int_{C} \vec{F}\cdot d\vec{l} + \int_{C'} \vec{F}\cdot d\vec{l} = \int_{P_1}^{P_2} \vec{F}\cdot d\vec{l} + \int_{P_2}^{P_1} \vec{F}\cdot d\vec{l} =$$

$$= U(P_1) - U(P_2) + U(P_2) - U(P_1) = 0$$

c) Siendo $\vec{F} = X\vec{i} + Y\vec{j} + Z\vec{k}$ se cumple:

$$\frac{\partial X}{\partial y} = \frac{\partial Y}{\partial x} \; ; \; \frac{\partial X}{\partial z} = \frac{\partial Z}{\partial x} \; ; \; \frac{\partial Y}{\partial z} = \frac{\partial Z}{\partial y} \qquad (1)$$

Como $\vec{F} = -\overrightarrow{grad}U$:

$$X = -\frac{\partial U}{\partial x} \; ; \; Y = -\frac{\partial U}{\partial y} \; ; \; Z = -\frac{\partial U}{\partial z} \qquad (2)$$

Un campo conservativo como $\vec{F}$ es también irrotacional o potencial ($rot\vec{F} = \vec{0}$).

d) Si se cumple (1) el campo es conservativo y basta con calcular la energía potencial U a partir de las expresiones (2).

4.9. ACCIONES NEWTONIANAS

Se producen cuando hay fuerzas iguales y opuestas dirigidas en la recta que unen las partículas.

$$F = K\cdot\frac{\lambda\cdot\lambda'}{r^2}$$

siendo

K = constante que depende de las unidades de las otras componentes de la fórmula.

λ y λ'= características escalares asociadas a cada punto M y M´.

r = distancia entre M y M´.

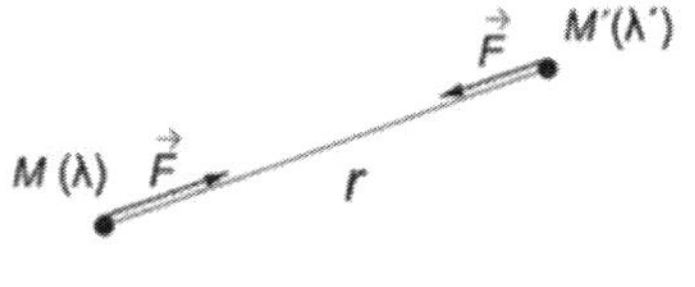

4.9.1. Campo newtoniano creado por una partícula O

Se denominan así los campos vectoriales conservativos en los que la energía potencial de una partícula solo depende de la distancia a un punto fijo, siempre son del tipo

$$\vec{a} = K \cdot \frac{\lambda}{r^2} \cdot \vec{u}$$

siendo $\vec{u}$ el unitario de OM.

$$\frac{\overrightarrow{OM}}{|\overrightarrow{OM}|} = \vec{u}$$

4.10. LEY DE GRAVITACIÓN UNIVERSAL. MASA GRAVITATORIA. PESO DE UN CUERPO

Las fuerzas gravitatorias cumplen la siguiente fórmula:

$$F = G \cdot \frac{m \cdot m'}{r^2}$$

sinedo G = constante de atracción universal.

$$G = 6{,}67 \cdot 10^{-11} N \cdot m^2 \cdot Kg^{-2}$$

El peso de un cuerpo es la fuerza de atracción que la Tierra ejerce sobre dicho cuerpo colocado en la superficie terrestre.

$$P = G \cdot \frac{\mu_P \cdot \mu_T}{d^2}$$

siendo

μ_P: masa gravitatoria del cuerpo P.

μ_T: masa gravitatoria de la Tierra.

d: distancia del cuerpo al centro de la Tierra.

A esta expresión se le denomina **intensidad del campo gravitatorio**.

$$g = G \cdot \frac{\mu_T}{d^2}$$

Como el peso es una fuerza, entonces:

$$\vec{P} = \mu_P \cdot \vec{g}$$

4.11. POSTULADO DE LA IGUALDAD DE LA MASA INERTE Y LA MASA GRAVITATORIA

La aceleración de caída libre de un cuerpo en el campo gravitatorio e independiente del cuerpo que cae.

El peso $\vec{P}$ como fuerza del campo gravitatorio es:

$$\vec{P} = \mu \cdot \vec{g}$$

siendo μ = masa gravitatoria.

Según el principio fundamental de la Dinámica:

$$\vec{F} = m \cdot \vec{a}$$

siendo m = masa inerte.

Entonces:

$$\mu \cdot \vec{g} = m \cdot \vec{a}$$

Como:

$$\vec{a} = \vec{g} \qquad \Rightarrow \qquad \mu = m$$

La relación entre la masa gravitatoria y la masa de inercia es una constante independiente del cuerpo.

PROBLEMAS RESUELTOS

Ejercicio 4.1. Hallar el trabajo del campo de fuerzas $\vec{F} = 2y\vec{i} + 3x^2\vec{j} + 3xz\vec{k}$ entre los puntos A (1, 1, 1) y B (2, 4, 1) a lo largo de la curva $y = x^2; z = 1$.

Se trata de una parábola, luego no se puede aplicar el teorema de Stokes, por lo tanto:

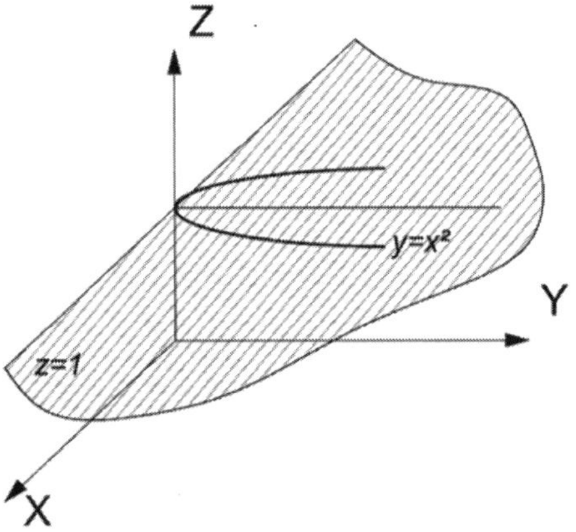

$$\left.\begin{aligned} x &= x \\ y &= x^2 \\ z &= 1 \end{aligned}\right\} \qquad \begin{aligned} dx &= dx \\ dy &= 2xdx \\ dz &= 0 \end{aligned} \qquad d\vec{r} = dx\vec{i} + 2xdx\vec{j}$$

Y el campo de fuerzas particularizado en la curva:

$$\overrightarrow{F_C} = 2 \cdot (x^2)\vec{i} + 3x^2\vec{j} + 3x \cdot (1)\vec{k}$$

$$\boldsymbol{\overrightarrow{F_C} = 2x^2\vec{i} + 3x^2\vec{j} + 3x\vec{k}}$$

Luego el trabajo será:

$$T = \int_A^B \overrightarrow{F_C} \cdot d\vec{r} = \int_A^B \left[\left(2x^2\vec{i} + 3x^2\vec{j} + 3x\vec{k}\right) \cdot \left(dx\vec{i} + 2xdx\vec{j}\right)\right] =$$

$$= \int_A^B (2x^2dx + 6x^3dx + 3x \cdot 0) = \int_{x=1}^{x=2} 2x^2dx + \int_{x=1}^{x=2} 6x^3dx$$

$$T = 2 \cdot \left[\frac{x^3}{3}\right]_{x=1}^{x=2} + 6 \cdot \left[\frac{x^4}{4}\right]_{x=1}^{x=2} = 2 \cdot \left[\frac{2^3}{3} - \frac{1^3}{3}\right] + 6 \cdot \left[\frac{2^4}{4} - \frac{1^4}{4}\right]$$

$$T = 2 \cdot \left(\frac{7}{3}\right) + 6 \cdot \left(\frac{15}{4}\right) = \frac{14}{3} + \frac{45}{2} = \frac{28 + 135}{6} = \frac{163}{6}$$

$$\boldsymbol{T = 27,167}$$

Ejercicio 4.2. En un campo de fuerzas conservativo, la energía potencial de una partícula viene dada por la expresión:

$$U = 3x + \frac{y^2}{x} + 3yz + 35$$

expresada en el Sistema Internacional de Unidades (S.I.).

Calcular:

a) La fuerza que actúa sobre la partícula situada en el punto A (1, 2, 1) m.

b) El trabajo realizado por el campo cuando la partícula se desplaza desde el punto A a B (–1, 3, 2) m.

a) $\vec{F}$ en A (1, 2, 1):

$\vec{F}$ es conservativo, por tanto:

$$\vec{F} = -\overrightarrow{grad}U$$

$$\vec{F} = -\frac{\partial U}{\partial x}\vec{\imath} + \left(-\frac{\partial U}{\partial y}\right)\vec{\jmath} + \left(-\frac{\partial U}{\partial z}\right)\vec{k}$$

$$\left.\begin{aligned} \frac{\partial U}{\partial x} &= 3 - \frac{y^2}{x^2} \\ \frac{\partial U}{\partial y} &= \frac{2y}{x} - 3z \\ \frac{\partial U}{\partial z} &= -3y \end{aligned}\right\} \quad \boldsymbol{\vec{F} = \left(\frac{y^2}{x^2} - 3\right)\vec{\imath} + \left(3z - \frac{2y}{x}\right)\vec{\jmath} + (3y)\vec{k} \quad (N)}$$

En el punto A (1, 2, 1):

$$\overrightarrow{F_A} = \left(\frac{2^2}{1} - 3\right)\vec{\imath} + \left(3 \cdot 1 - \frac{2 \cdot 2}{1}\right)\vec{\jmath} + (3 \cdot 2)\vec{k}$$

$$\boldsymbol{\overrightarrow{F_A} = \vec{\imath} - \vec{\jmath} + 6\vec{k} \quad (N)}$$

b) El trabajo (W) realizado por $\vec{F}$ para llevar la partícula de A (1, 2, 1) a B (–1, 3, 2):

Como el campo de fuerzas es conservativo se puede calcular W siguiendo cualquier camino, por ejemplo, la línea recta que une A y B. Pero no es necesario puesto que, cuando un campo de fuerzas es conservativo, el trabajo:

$$W = \int_A^B \vec{F} \cdot d\vec{r} = U(A) - U(B)$$

$$U(A) = 3 \cdot 1 + \frac{2^2}{1} - 3 \cdot 2 \cdot 1 + 35 = 36\, Julios$$

$$U(B) = 3 \cdot (-1) + \frac{3^2}{(-1)} - 3 \cdot 2 \cdot 1 + 35 = 5\, Julios$$

$$\boldsymbol{W = 36 - 5 = 31\, Julios}$$

Ejercicio 4.3. Un punto P de masa M cuya posición inicial es A y cuya velocidad inicial es cero, es atraído por un punto O con una fuerza F = K · r, siendo K una constante.

a) Calcular el trabajo (W) desarrollado por la fuerza variable F mientras que el punto se desplaza hasta O. Considerar que:

$$v = \sqrt{\frac{K}{M}} \cdot (a^2 - r^2)^{1/2}$$

b) Calcular la expresión de la potencia P.

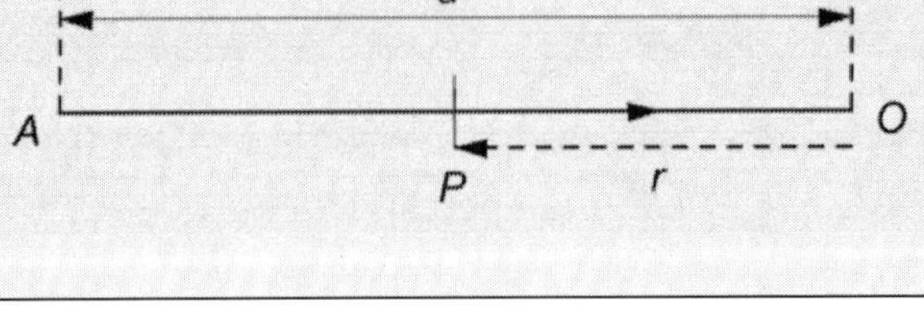

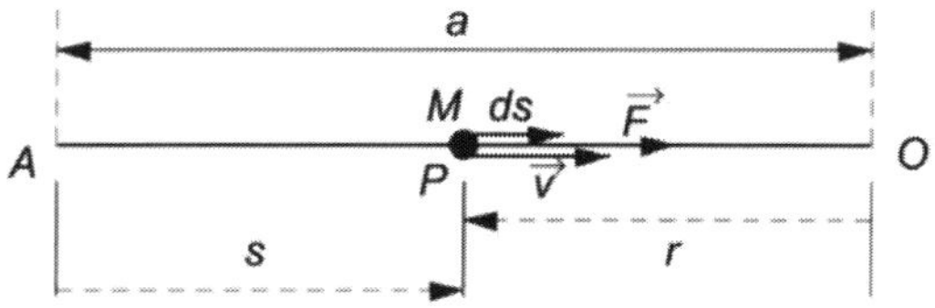

a)

$$W = \int \vec{F} \cdot d\vec{s} = \int F \cdot ds$$

$$\left.\begin{array}{l} F = K \cdot r \\ s = a - r \\ ds = -dr \end{array}\right\} \quad W = \int_A^0 K \cdot r \cdot (-dr)$$

$$W = -K \int_{r=a}^{r=0} r \cdot dr = -K \cdot \left[\frac{r^2}{2}\right]_a^0 = -K\left[\frac{0}{2} - \frac{a^2}{2}\right]$$

$$\boldsymbol{W = \frac{K \cdot a^2}{2}}$$

b)

$$P = \vec{F} \cdot \vec{v} = F \cdot v = (K \cdot r) \cdot \sqrt{\frac{K}{M}} \cdot (a^2 - r^2)^{1/2}$$

$$P = K \cdot r \cdot \sqrt{\frac{K \cdot (a^2 - r^2)}{M}} = \sqrt{\frac{K^2 \cdot K \cdot r^2 \cdot (a^2 - r^2)}{M}}$$

$$\boldsymbol{P = \sqrt{\frac{K^3(a^2 \cdot r^2 - r^4)}{M}}}$$

Ejercicio 4.4. Un punto material de peso P es capaz de deslizar sobre la hipérbola x · y = 4. Se pide:

a) Hallar las coordenadas del punto de equilibrio cuando se aplica la siguiente fuerza horizontal de sentido contrario al eje de abscisas positivo:

$$F = \frac{P}{4}$$

b) Calcular la reacción de dicho punto.

En principio, se puede pensar que no nos proporcionan la curva como intersección de dos superficies, pero:

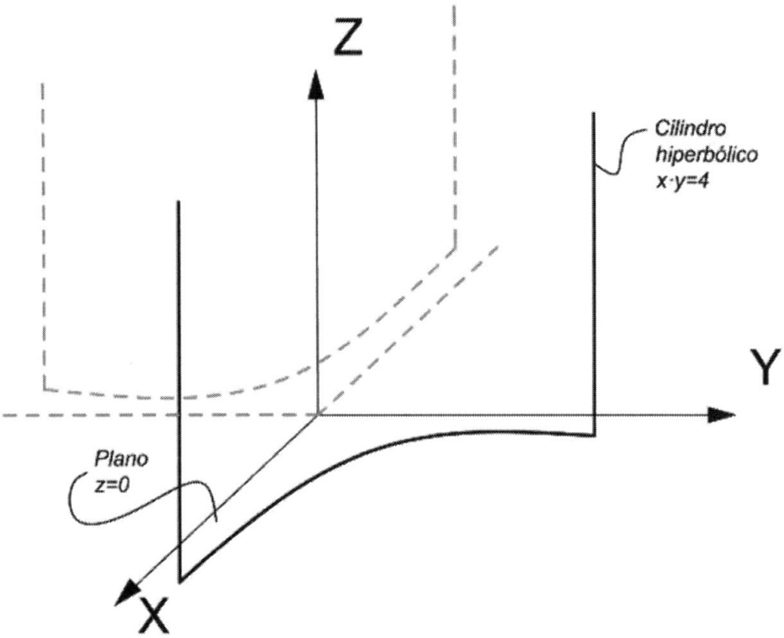

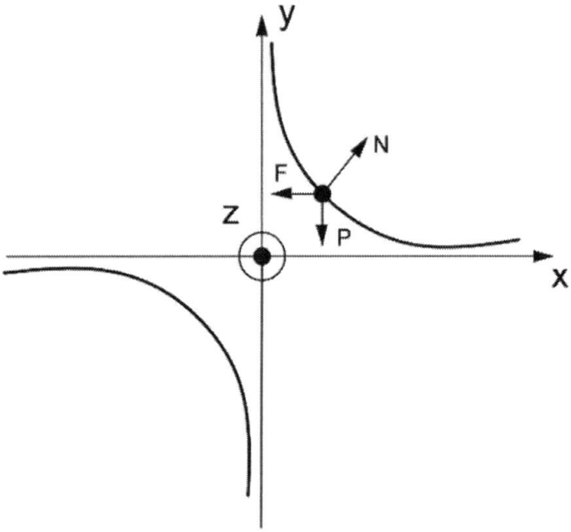

$$\vec{N} = \lambda_1 \cdot \overrightarrow{grad} f_1 + \lambda_2 \cdot \overrightarrow{grad} f_2$$

$$f_1(x, y, z) = x \cdot y - 4 = 0$$

$$f_2(x, y, z) = z = 0$$

$$\overrightarrow{grad} f_1 = \frac{\partial f_1}{\partial x}\vec{i} + \frac{\partial f_1}{\partial y}\vec{j} + \frac{\partial f_1}{\partial z}\vec{k}$$

$$\overrightarrow{grad} f_1 = y\vec{i} + x\vec{j}$$

$$\overrightarrow{grad} f_2 = \frac{\partial f_2}{\partial x}\vec{i} + \frac{\partial f_2}{\partial y}\vec{j} + \frac{\partial f_2}{\partial z}\vec{k}$$

$$\overrightarrow{grad} f_2 = 1 \cdot \vec{k} = \vec{k}$$

$$\vec{N} = \lambda_1 \cdot (y\vec{i} + x\vec{j}) + \lambda_2 \cdot (\vec{k})$$

$$\vec{N} = \lambda_1 y\vec{i} + \lambda_1 x\vec{j} + \lambda_2 \cdot \vec{k}$$

a) Calculamos el punto de equilibrio:

$$\sum F_x = 0 \qquad \Rightarrow \qquad \lambda_1 \cdot y - \frac{P}{4} = 0 \qquad (1)$$

$$\sum F_y = 0 \qquad \Rightarrow \qquad \lambda_1 \cdot x - P = 0 \qquad (2)$$

$$\sum F_z = 0 \qquad \Rightarrow \qquad \lambda_2 = 0 \qquad (3)$$

Añadimos las ecuaciones de f_1 y f_2:

$$x \cdot y - 4 = 0 \qquad (4)$$

$$z = 0 \qquad (5)$$

Nos quedamos con (1), (2) y (4):

De (1):

$$y = \frac{P}{4 \cdot \lambda_1}$$

De (2):

$$x = \frac{P}{\lambda_1}$$

Sustituyendo en (4):

$$\frac{P}{\lambda_1} \cdot \frac{P}{4 \cdot \lambda_1} = 4 \quad \rightarrow \quad \frac{P^2}{4 \cdot {\lambda_1}^2} = 4 \quad \rightarrow \quad {\lambda_1}^2 = \frac{P^2}{16}$$

$$\boldsymbol{\lambda_1 = \frac{P}{4}}$$

Y, por tanto, el punto de equilibrio es:

$$P_{eq} \begin{cases} x = \dfrac{P}{\lambda_1} = \dfrac{P}{\frac{P}{4}} & \rightarrow \quad x = 4 \\ y = \dfrac{P}{4 \cdot \lambda_1} = \dfrac{P}{4 \cdot \frac{P}{4}} & \rightarrow \quad y = 1 \end{cases}$$

$$\boldsymbol{P_{eq}(4, 1, 0)}$$

b) Reacción del punto de equilibrio:

El punto de equilibrio se consigue para

$$\lambda_1 = \frac{P}{4} \quad \text{y} \quad \lambda_2 = 0$$

luego:

$$\vec{N} = \lambda_1 y \vec{\imath} + \lambda_1 x \vec{\jmath} + \lambda_2 \cdot \vec{k}$$

$$\overrightarrow{N_{eq}} = \frac{P}{4} \cdot 1\, \vec{\imath} + \frac{P}{4} \cdot 4\, \vec{\jmath} + 0 \cdot \vec{k}$$

$$\boldsymbol{\overrightarrow{N_{eq}} = \frac{P}{4}\, \vec{\imath} + P\, \vec{\jmath}}$$

$$N_{eq} = \sqrt{\left(\frac{P}{4}\right)^2 + P^2} = \sqrt{\frac{P^2}{16} + P^2} = \sqrt{\frac{17 \cdot P^2}{16}}$$

$$\boldsymbol{N_{eq} = \frac{P}{4}\sqrt{17}}$$

Ejercicio 4.5. Una partícula está sometida a un campo de fuerzas mediante la expresión, en unidades S.I:

$$\vec{F} = 6xy\vec{\imath} + (3x^2 - 3y^2)\vec{\jmath}$$

Calcular:

a) rot$\vec{F}$.

b) ¿Es conservativo el campo de fuerzas? Justificar la respuesta.

c) El trabajo realizado por tal fuerza al desplazar la partícula del punto O (0, 0) al A (1, 1) a lo largo de la recta y = x.

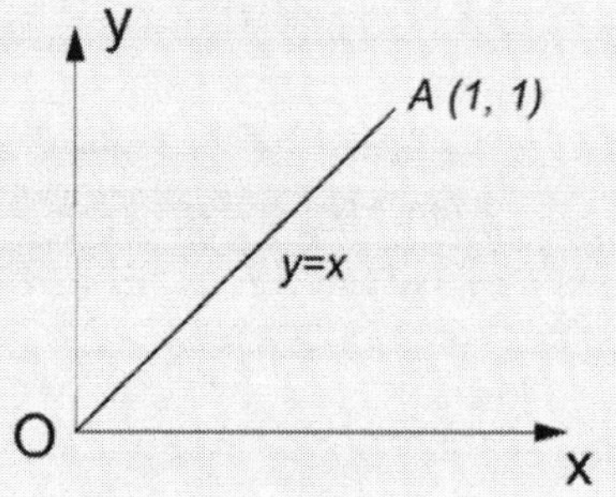

$$\vec{F} = 6xy\vec{\imath} + (3x^2 - 3y^2)\vec{\jmath} \begin{cases} F_x = 6xy \\ F_y = (3x^2 - 3y^2) \\ F_z = 0 \end{cases}$$

a) rot$\vec{F}$

$$rot\vec{F} = \begin{vmatrix} \vec{\imath} & \vec{\jmath} & \vec{k} \\ \dfrac{\partial}{\partial x} & \dfrac{\partial}{\partial y} & \dfrac{\partial}{\partial z} \\ F_x & F_y & F_z \end{vmatrix} = \left(\frac{\partial F_z}{\partial y} - \frac{\partial F_y}{\partial z}\right)\vec{\imath} + \left(\frac{\partial F_x}{\partial z} - \frac{\partial F_z}{\partial x}\right)\vec{\jmath} + \left(\frac{\partial F_y}{\partial x} - \frac{\partial F_x}{\partial y}\right)\vec{k}$$

$$\left.\begin{array}{ll} \frac{\partial F_z}{\partial y} = 0 \quad ; & \frac{\partial F_y}{\partial z} = 0 \\ \frac{\partial F_x}{\partial z} = 0 \quad ; & \frac{\partial F_z}{\partial x} = 0 \\ \frac{\partial F_y}{\partial x} = 6x \quad ; & \frac{\partial F_x}{\partial y} = 6x \end{array}\right\} rot\vec{F} = (0-0)\vec{\imath} + (0-0)\vec{\jmath} + (6x-6x)\vec{k}$$

$$\boldsymbol{rot\vec{F} = \vec{0}}$$

b) Si, el campo de fuerzas $\vec{F}$ es conservativo porque $rot\ \vec{F} = \vec{0}$.

c) $\vec{F} = 6xy\vec{\imath} + (3x^2 - 3y^2)\vec{\jmath}$

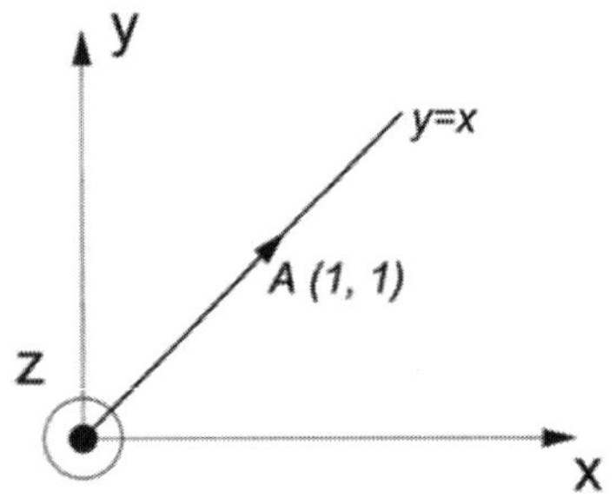

$$C \left\{ \begin{array}{l} x = x \\ y = x \\ z = 0 \end{array} \right\} \qquad \begin{array}{l} dx = dx \\ dy = dx \\ dz = 0 \end{array}$$

$$d\vec{r} = dx\vec{\imath} + dx\vec{\jmath}$$

La fuerza particularizada para la curva (y = x).

$$\vec{F} = 6x \cdot x\vec{\imath} + (3x^2 - 3x^2)\vec{\jmath} \quad \Rightarrow \quad \boldsymbol{\vec{F} = 6x^2\vec{\imath}}$$

$$T = \int_A \vec{F} \cdot d\vec{r} = \int_0^A (6x^2\vec{\imath}) \cdot (dx\vec{\imath} + dx\vec{\jmath}) = \int_{x=0}^{x=1} 6x^2 dx$$

$$\boldsymbol{T = 6 \cdot \left[\frac{x^3}{3}\right]_{x=0}^{x=1} = 6 \cdot \left[\frac{1^3}{3} - \frac{0^3}{3}\right] = 6 \cdot \frac{1}{3} = 2\,Julios}$$

Ejercicio 4.6. Hallar el trabajo realizado por la fuerza:

$$\vec{F} = x^2\vec{\imath} + y^2\vec{\jmath} + xy\vec{k}$$

cuando su punto de aplicación recorre una línea cerrada de ecuaciones:

$$f(x,y) = 0$$

$$z - 2 = 0$$

Calculamos el trabajo realizado por $\vec{F}$ recorriendo la curva cerrada (se puede aplicar el teorema de Stokes):

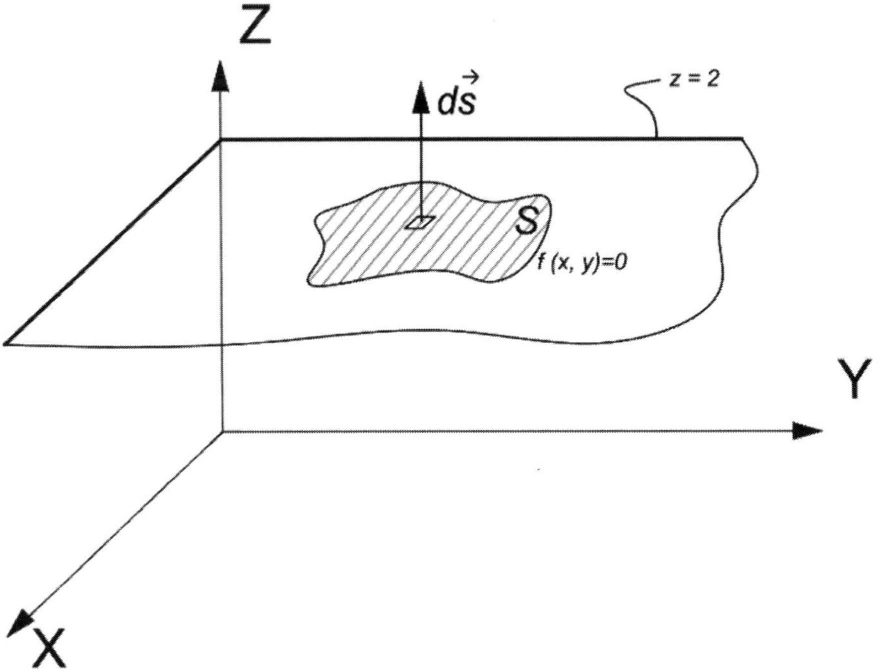

$$\oint_C \vec{F} \cdot d\vec{l} = \int_S rot\vec{F} \cdot d\vec{S}$$

$$\vec{F} = x^2\vec{\imath} + y^2\vec{\jmath} + xy\vec{k}$$

$$rot\vec{F} = \begin{vmatrix} \vec{\imath} & \vec{\jmath} & \vec{k} \\ \dfrac{\partial}{\partial x} & \dfrac{\partial}{\partial y} & \dfrac{\partial}{\partial z} \\ F_x & F_y & F_z \end{vmatrix} = \left(\frac{\partial F_z}{\partial y} - \frac{\partial F_y}{\partial z}\right)\vec{\imath} + \left(\frac{\partial F_x}{\partial z} - \frac{\partial F_z}{\partial x}\right)\vec{\jmath} + \left(\frac{\partial F_y}{\partial x} - \frac{\partial F_x}{\partial y}\right)\vec{k}$$

$$rot\vec{F} = \vec{\nabla} \wedge \vec{F} = (x-0)\vec{\imath} + (0-y)\vec{\jmath} + (0-0)\vec{k}$$

$$rot\vec{F} = \vec{\nabla} \wedge \vec{F} = x\vec{\imath} - y\vec{\jmath}$$

$$d\vec{S} = dS\vec{k}$$

$$\boldsymbol{T} = \oint_C \vec{\boldsymbol{F}} \cdot \boldsymbol{d}\vec{\boldsymbol{l}} = \int_S \boldsymbol{rot}\vec{\boldsymbol{F}} \cdot \boldsymbol{d}\vec{\boldsymbol{S}} = \int_S (\boldsymbol{x}\vec{\boldsymbol{\imath}} - \boldsymbol{y}\vec{\boldsymbol{\jmath}}) \cdot \left(\boldsymbol{dS}\vec{\boldsymbol{k}}\right) = \boldsymbol{0}$$

Ejercicio 4.7. La función potencial de un campo vectorial viene dada por:

$$U = xy + 3z^2 - 2yz \quad (J)$$

Calcular el vector que define dicho campo y el trabajo para llevar una partícula de masa unidad del punto A (0, 0, 1) al B (0, 0, 3).

El vector que define dicho campo será:

$$\vec{F} = -\overrightarrow{grad}U$$

$$\overrightarrow{grad}U = \frac{\partial U}{\partial x}\vec{\imath} + \frac{\partial U}{\partial y}\vec{\jmath} + \frac{\partial U}{\partial z}\vec{k}$$

$$\vec{\boldsymbol{F}} = (-\boldsymbol{y})\vec{\boldsymbol{\imath}} + (-\boldsymbol{x} + \boldsymbol{2z})\vec{\boldsymbol{\jmath}} + (-\boldsymbol{6z} + \boldsymbol{2y})\vec{\boldsymbol{k}} \quad (\boldsymbol{N})$$

Trabajo para llevar una partícula de masa unidad de A (0, 0, 1) a B (0, 0, 3):

1. Primera forma: como el campo de fuerzas es conservativo.

$$U = xy + 3z^2 - 2yz$$

$$W_A^B = \int_A^B \vec{F} \cdot d\vec{r} = \int_A^B -\overrightarrow{grad}U \cdot d\vec{r} = U(A) - U(B)$$

$$\left.\begin{array}{l} U(A) = 0 \cdot 0 + 3 \cdot 1^2 - 2 \cdot 0 \cdot 1 = 3 \\ U(B) = 0 \cdot 0 + 3 \cdot 3^2 - 2 \cdot 0 \cdot 3 = 27 \end{array}\right\} \boldsymbol{W_A^B = 3 - 27 = -24\,Julios}$$

2. Segunda forma: como el campo de fuerzas es conservativo, el trabajo no depende del camino recorrido. Para ir de A (0, 0, 1) a B (0, 0, 3) el camino más sencillo es la recta AB que es el eje z.

   Las ecuaciones paramétricas del eje z son:

$$\left\{\begin{array}{l} x = 0 \\ y = 0 \\ z = z \end{array}\right\} \quad \begin{array}{l} dx = 0 \\ dy = 0 \\ dz = dz \end{array}$$

$$d\vec{r} = dz\vec{k}$$

$$\vec{F} = (-y)\vec{\imath} + (-x + 2z)\vec{\jmath} + (-6z + 2y)\vec{k}$$

   Particularizada en la recta:

$$\overrightarrow{F_c} = 0\vec{\imath} + (0 + 2z)\vec{\jmath} + (-6z + 2 \cdot 0)\vec{k}$$

$$\boldsymbol{\overrightarrow{F_c} = 2z\vec{\jmath} - 6z\vec{k}}$$

$$W_A^B = \int_A^B \overrightarrow{F_c} \cdot d\vec{r} = \int_A^B \left(2z\vec{\jmath} - 6z\vec{k}\right) \cdot \left(dz\vec{k}\right) = \int_A^B -6z \cdot dz$$

$$W_A^B = -\int_{z=1}^{z=3} 6z \cdot dz = -6 \cdot \left[\frac{z^2}{2}\right]_{z=1}^{z=3} = -[3z^2]_{z=1}^{z=3} = -[3 \cdot (3)^2 - 3 \cdot (1)^2]$$

$$\boldsymbol{W_A^B = -24\,Julios}$$

PROBLEMAS PROPUESTOS

Ejercicio 4.8. Una partícula se mueve sobre una trayectoria dada por su ecuación vectorial horaria en unidades del S.I:

$$\vec{r} = (2t+1)\vec{i} + (t^2+1)\vec{j} + t^3\vec{k}$$

La fuerza de resistencia que se opone al movimiento viene dada, también en S.I. por la ecuación:

$$\vec{R} = -K \cdot \vec{v}$$

con K = 1 N·J/m.

Calcular el trabajo de dicha fuerza resistente en el intervalo de tiempo de t = 1s a t = 3s.

Solución:

$$\boldsymbol{T = -478,267\, Julios}$$

Ejercicio 4.9. Sobre una partícula actúa la siguiente fuerza:

$$\vec{F} = 2x^2\vec{i} + 3y^2\vec{j}\ (N)$$

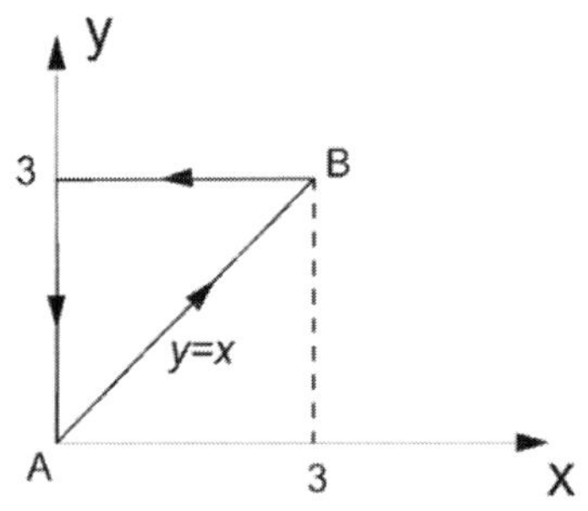

Hallar el trabajo realizado por dicha fuerza a lo largo del camino ABCA, sabiendo que AB: y = x.

Solución:

El trabajo de $\vec{F}$ al recorrer ABCD es nulo.

Ejercicio 4.10. Hallar el trabajo realizado por la fuerza $\vec{F} = x\vec{i} + y\vec{j} + z\vec{k}$, cuando su punto de aplicación recorre la curva C, cuyas ecuaciones paramétricas son:

$$C \begin{cases} x = R \cdot cos\theta \\ y = R \cdot sen\theta \\ z = 0 \end{cases}$$

Solución:

El trabajo de $\vec{F}$ es nulo.

Ejercicio 4.11. Dado el campo de fuerzas $\vec{F} = yz\vec{i} + xz\vec{j} + xy\vec{k}$:

a) Averiguar si es conservativo.

b) En caso afirmativo, hallar la función potencial V.

Solución:

a) El campo $\vec{F}$ es conservativo ya que se cumple lo siguiente:

$$rot\vec{F} = \vec{0}$$

b) Como el campo es conservativo calculamos el potencial V:

$$\boldsymbol{V = -xyz + C}$$

Ejercicio 4.12. Determinar el vector gradiente del campo escalar $V = 2xz + 4y - 5$ y la divergencia del citado vector. ¿Es conservativo este campo? ¿Cuál será el trabajo realizado por la fuerza a través de la circunferencia $x^2 + y^2 = r^2$?

Solución:

$$\boldsymbol{\overrightarrow{gradV} = 2z\vec{i} + 4\vec{j} + 2x\vec{k}}$$

$$\boldsymbol{div(\overrightarrow{gradV}) = 0}$$

$\vec{F}$ es conservativo o irrotacional.

El trabajo es nulo.

Ejercicio 4.13. Un punto material M, móvil sobre el eje OX, está solicitado para una fuerza atractiva que emana del punto O fijo de intensidad F = K · m · OM (m de masa M).

Hallar el trabajo de esta fuerza, cuando la abscisa OM varía de x_0 a x.

Solución:

$$\boldsymbol{T} = \frac{\boldsymbol{K} \cdot \boldsymbol{m}}{\mathbf{2}}(\boldsymbol{x_o}^2 - \boldsymbol{x}^2)$$

Ejercicio 4.14. Un punto de peso G, puede deslizarse a lo largo de un arco parabólico y está sometido a una repulsión F = K · x, por parte del eje.

Hallar la posición de equilibrio del punto y la presión que ejerce sobre su guía.

Solución:

$$\boldsymbol{P_{eq}} = (\mathbf{0}, \mathbf{0}, \mathbf{0})$$

$$\overrightarrow{\boldsymbol{N_{eq}}} = \boldsymbol{G}\vec{\boldsymbol{j}}$$

Capítulo 5

DINÁMICA

Índice del capítulo

5.1. Ecuación fundamental de la dinámica del punto material
5.2. Principio de D´Alembert
5.3. Teorema de la Energía Cinética
5.4. Teorema de la conservación de la energía
5.5. Cantidad de movimiento
5.6. Teorema de la cantidad de movimiento
5.7. Momento Cinético
5.8. Teorema del Momento Cinético
5.9. Conservación del Momento Cinético
5.10. Momento Cinético de un sólido en rotación alrededor de un eje fijo
5.11. Energía Cinética de un sólido en rotación alrededor de un eje fijo
5.12. Teoremas del movimiento del centro de gravedad
5.13. Momento Cinético de un sistema de partículas con relación a un punto fijo
5.14. Energía Cinética de un sistema de partículas referida a su centro de gravedad
Problemas resueltos
Problemas propuestos

5.1. ECUACIÓN FUNDAMENTAL DE LA DINÁMICA DEL PUNTO MATERIAL

La **dinámica** es la parte de la mecánica que se ocupa del movimiento de los cuerpos y las causas que lo producen.

La ecuación fundamental de la dinámica de un punto material sometido a una fuerza $\vec{F}$ es:

$$\vec{F} = m \cdot \vec{a}$$

siendo $\vec{a}$ la aceleración del punto.

Esta ecuación la podemos proyectar, según nos convenga, en los distintos sistemas de referencia.

5.1.1. Cartesianas (x, y, z)

El sistema de referencia más conocido es el triedro cartesiano (x,y,z) cuyos vectores unitarios son $\vec{\imath},\vec{\jmath},,\vec{k}$. Proyectando la ecuación fundamental en él, tenemos:

$$F_x = m \cdot \frac{d^2 \cdot x}{dt^2}$$

$$F_y = m \cdot \frac{d^2 \cdot y}{dt^2}$$

$$F_z = m \cdot \frac{d^2 \cdot z}{dt^2}$$

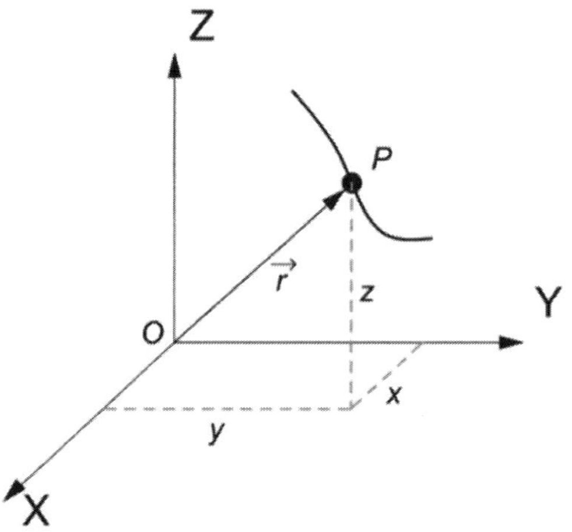

Nos proporciona un sistema de ecuaciones diferenciales, que al resolver presenta las ecuaciones del movimiento.

5.1.2. Triedro intrínseco o de Frenet $(\vec{\tau}, \vec{n}, \vec{b})$

El sistema de referencia intrínseco está definido por los vectores unitarios $(\vec{\tau}, \vec{n}, \vec{b})$. Proyectando la ecuación fundamental de la dinámica en ellos, queda:

$$F_t = m \cdot \frac{dv}{dt}$$

$$F_n = m \cdot \frac{v^2}{\rho}$$

$$F_b = 0$$

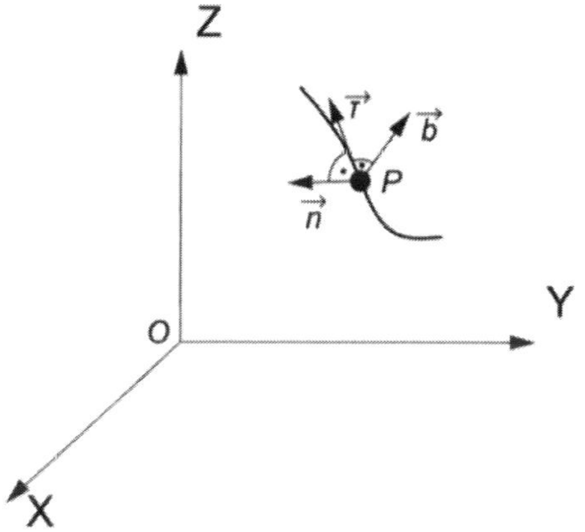

Estas ecuaciones, así obtenidas se denominan **ecuaciones intrínsecas** del movimiento.

5.1.3. Sistema cilíndrico (ρ, θ, z)

El sistema de referencia cilíndrico se obtiene sumando la coordenada z a las coordenadas polares (ρ, θ), por tanto, se trata de unos ejes ya conocidos. Proyectando la ecuación fundamental de la dinámica en ellos, queda:

$$F_\rho = m \cdot \left[\frac{d^2 \cdot \rho}{dt^2} - \rho \left(\frac{d\theta}{dt}\right)^2\right]$$

$$F_\theta = m \cdot \frac{1}{\rho} \cdot \frac{d \cdot \left(\rho^2 \cdot \frac{d\theta}{dt}\right)}{dt}$$

$$F_z = m \cdot \frac{d^2 \cdot z}{dt^2}$$

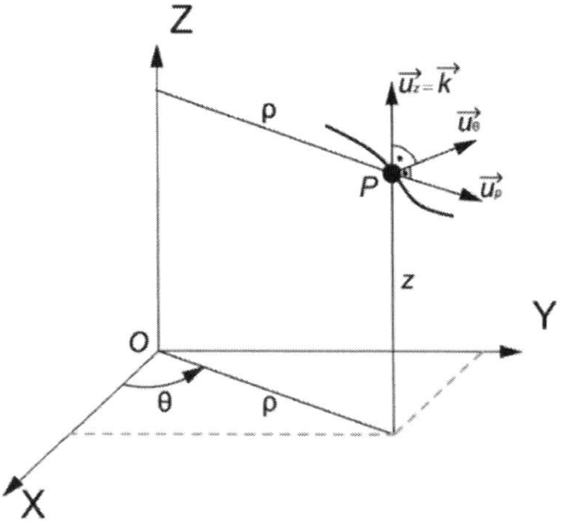

5.2. PRINCIPIO DE D´ALEMBERT

Se va a plantear el principio de D´Alembert para una partícula o punto material y para un sistema de partículas o puntos materiales.

5.2.1. Punto material

Partiendo de la ecuación fundamental de la dinámica:

$$\vec{F} = m \cdot \vec{a}$$

donde $\vec{F}$ es la resultante de las fuerzas aplicadas al punto material de masa m y $\vec{a}$ la aceleración.

Podemos escribir:

$$\vec{F} + (-m \cdot \vec{a}) = 0$$

El vector $(-m \cdot \vec{a})$ se denomina **fuerza de inercia** y el Principio de D'Alembert dice que:

En cada instante existe equilibrio entre las fuerzas aplicadas al punto material, incluida la fuerza de inercia.

5.2.2. Sistema de puntos materiales

Para un sistema de puntos materiales el Principio de D'Alembert dice:

En un sistema de puntos materiales en movimiento en cada instante hay equilibrio entre las fuerzas exteriores, las fuerzas interiores y las fuerzas de inercia de los diferentes materiales.

También, en base a que las fuerzas interiores forman un sistema nulo, el principio de D'Alembert se puede enunciar así:

En un sistema material en movimiento, el sistema formado por las fuerzas exteriores y las fuerzas de inercia es en cada instante un sistema nulo.

5.3. TEOREMA DE LA ENERGÍA CINÉTICA

Se va a plantear el teorema de la Energía Cinética para una partícula o punto material y, a continuación, para un sistema de partículas o puntos materiales.

5.3.1. Punto material

El trabajo realizado por la fuerza $\vec{F}$ en el recorrido $\overrightarrow{PP'} = d\vec{r}$ será:

$$dT = \vec{F} \cdot d\vec{r} = \vec{F} \cdot \overrightarrow{PP'} = \vec{F} \cdot \vec{v} \cdot dt \qquad (1)$$

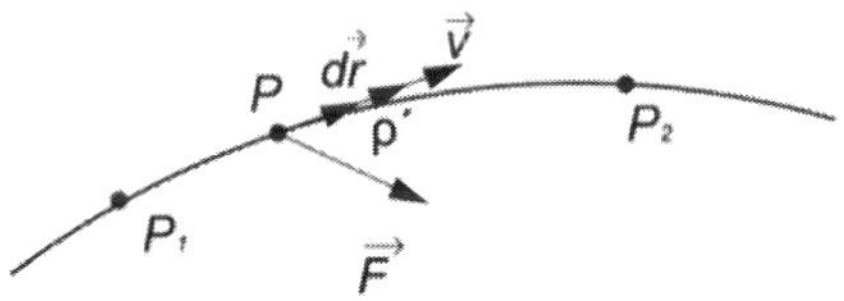

Como $\vec{F} = m \cdot \vec{a}$:

$$\vec{F} = m \cdot \frac{d\vec{v}}{dt}$$

Sustituyendo en (1):

$$dT = m \cdot \frac{d\vec{v}}{dt} \cdot \vec{v} \cdot dt = m \cdot d\vec{v} \cdot \vec{v} = \frac{1}{2} \cdot m \cdot d \cdot (\vec{v} \cdot \vec{v})$$

$$dT = d \cdot \left(\frac{1}{2} \cdot m \cdot v^2\right)$$

$$\boldsymbol{dT = dE_c}$$

La energía cinética del punto es:

$$E_c = \frac{1}{2} \cdot m \cdot v^2$$

y al término $m \cdot v^2$, se le denomina **fuerza viva**.

Integrando:

$$\int_{P_1}^{P_2} dE_c = \int_{P_1}^{P_2} dT$$

$$\frac{1}{2} \cdot m \cdot v_2^2 - \frac{1}{2} \cdot m \cdot v_1^2 = \int_{P_1}^{P_2} dT$$

El teorema de la Energía Cinética se puede enunciar como sigue:

> *El incremento experimentado por la energía cinética de un punto material en un intervalo de tiempo infinitesimal o finito es igual al trabajo realizado por la fuerza que actúa sobre el punto en dicho intervalo de tiempo.*

5.3.2. Sistema de puntos materiales

Para un sistema de puntos materiales:

$$E_c = \sum_{i=1}^{n} \left(\frac{1}{2} \cdot m \cdot v_i^2 \right)$$

$$\sum_{i=1}^{n} T_i = \sum T_{i_{ext}} + \sum T_{i_{int}}$$

Y el teorema queda:

$$dE_c = \sum_{i=1}^{n} dT_i = \left(\sum dT_i \right)_{ext} + \left(\sum dT_i \right)_{int}$$

Nótese que tratándose de un sistema de puntos materiales las fuerzas interiores, aunque iguales y opuestas dos a dos, producen trabajo y hay que tenerlo en cuenta.

Integrando:

$$E_{c_2} - E_{c_1} = \left(\sum dT_i \right)_{ext} + \left(\sum dT_i \right)_{int}$$

Y enunciándolo sería:

> *La variación de la energía cinética de un sistema de puntos materiales en un intervalo de tiempo infinitesimal o finito es igual a la suma de los trabajos realizados en dicho intervalo de tiempo, tanto por las fuerzas exteriores como las interiores.*

5.4. TEOREMA DE LA CONSERVACIÓN DE LA ENERGÍA

Como caso particular del teorema de la Energía Cinética se va a plantear en qué condiciones se conserva la energía para una partícula o punto material y, a continuación, para un sistema de partículas o puntos materiales.

5.4.1. Punto material

Cuando la fuerza $\vec{F}$ que actúa sobre el punto es conservativa $\left(\vec{F} = -\overrightarrow{grad}V\right)$, entonces:

$$\frac{1}{2}\cdot m\cdot v_2^2 - \frac{1}{2}\cdot m\cdot v_1^2 = \int_{P_1}^{P_2} \vec{F}\cdot d\vec{r} = -\int_{P_1}^{P_2} -\overrightarrow{grad}V\cdot d\vec{r} = -(V_2 - V_1)$$

$$\boldsymbol{\frac{1}{2}\cdot m\cdot v_1^2 + V_1 = \frac{1}{2}\cdot m\cdot v_2^2 + V_2}$$

$$\boldsymbol{E_{mec_1} = E_{mec_2}}$$

El teorema de conservación de la energía dice:

La suma de la energía cinética y de la energía potencial de un punto material es constante.

Si la fuerza $\vec{F}$ no es conservativa, la energía mecánica no se conserva, va disminuyendo pues una parte de ella se transforma en calor, en energía sonora o en energía luminosa.

5.4.2. Sistema de puntos materiales

Suponiendo que las fuerzas interiores derivan de un potencial:

$$E_{c_2} = E_{c_1}\left(\sum dT_i\right)_{ext} + \left(\sum dT_i\right)_{int}$$

$$E_{c_2} = E_{c_1} = \left(\sum dT_i\right)_{ext} + V_{1_{int}} - V_{2_{int}}$$

$$\boldsymbol{\left(E_{c_2} + V_{2_{int}}\right) - \left(E_{c_1} + V_{1_{int}}\right) = \left(\sum dT_i\right)_{ext}}$$

La variación de la energía del sistema es igual al trabajo exterior.

→ Si el sistema está aislado del exterior:

$$\left(\sum dT_i\right)_{ext} = 0$$

→ Si las fuerzas exteriores no producen trabajo

$$\left(\sum dT_i\right)_{ext} = 0$$

Por tanto,

$$\boldsymbol{E_{c_2} + V_{2_{int}} = E_{c_1} + V_{1_{int}}}$$

5.5. CANTIDAD DE MOVIMIENTO

Se denomina **cantidad de movimiento** o **momento lineal** a la magnitud vectorial que caracteriza el movimiento de los cuerpos, puntos materiales o sistema de puntos materiales.

5.5.1. Punto material

Al vector $\vec{p} = m \cdot \vec{v}$, se le llama **cantidad de movimiento** o **momento lineal**. Siendo m la masa del punto material y $\vec{v}$ la velocidad del punto en ese instante.

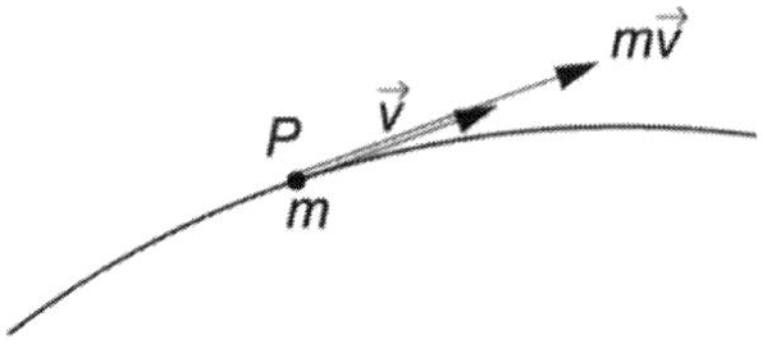

5.5.2. Sistema de puntos materiales

Para un sistema de puntos materiales, la cantidad de movimiento del sistema

$$\overrightarrow{p_{sist}} = \left(\sum_{i=1}^{n} m_i \cdot \overrightarrow{v_i}\right)$$

es el vector suma de las cantidades de movimiento correspondiente a cada punto del sistema.

5.6. TEOREMA DE LA CANTIDAD DE MOVIMIENTO

Al evaluar la variación de la cantidad de movimiento se puede enunciar el teorema del momento lineal o cantidad movimiento para un punto material o para un sistema de puntos materiales.

5.6.1. Punto material

Partiendo de la ecuación fundamental de la dinámica,

$$\vec{F} = m \cdot \vec{a}$$

entonces:

$$\vec{F} = m \cdot \frac{d\vec{v}}{dt}$$

La derivada respecto del tiempo de la cantidad de movimiento del punto, es igual a la resultante de las fuerzas que actúen sobre él.

Otra forma de exponerlo sería:

$$\vec{F} \cdot dt = d(m\vec{v})$$

siendo $\vec{F} \cdot dt$ el llamado **impulso elemental** de la fuerza $\vec{F}$ en un intervalo de tiempo dt.

El diferencial de la cantidad de movimiento es igual al impulso elemental.

Integrando entre dos instantes t_1 y t_2:

$$\boldsymbol{m\overrightarrow{v_2} - m\overrightarrow{v_1} = \int_{t_1}^{t_2} \vec{F} \cdot dt}$$

Caso particular

Si la fuerza actuante o la resultante de fuerzas actuantes sobre la partícula es nula, entonces:

$$\vec{F} = \vec{0} \quad \Rightarrow \quad \frac{d}{dt}(m\vec{v}) = \vec{F} = \vec{0} \quad \Rightarrow \quad \vec{p} = m \cdot \vec{v} = \overrightarrow{cte} \quad \Rightarrow \quad \vec{v} = \overrightarrow{cte}$$

La partícula se mueve según un movimiento rectilíneo y uniforme, además de conservarse la cantidad de movimiento de la partícula.

5.6.2. Sistema de puntos materiales

Si derivamos la cantidad de movimiento de un sistema de puntos materiales

$$\left(\sum_{i=1}^{n} m_i \cdot \vec{v_i}\right):$$

entonces:

$$\frac{d}{dt}\left(\sum_{i=1}^{n} m_i \cdot \vec{v_i}\right) = \sum_{i=1}^{n} \frac{d}{dt}(m_i \cdot \vec{v_i}) = \sum_{i=1}^{n} m_i \frac{d\vec{v_i}}{dt} = \sum_{i=1}^{n} m_i \cdot \vec{a_i} = \sum_{i=1}^{n} \vec{F_i}$$

$$\sum_{i=1}^{n} \vec{F_i} = \left(\sum_{i=1}^{n} \vec{F_i}\right)_{ext} + \left(\sum_{i=1}^{n} \vec{F_i}\right)_{int}$$

Por el principio de acción y reacción

$$\left(\sum_{i=1}^{n} \vec{F_i}\right)_{int} = \vec{0}$$

Por tanto

$$\boldsymbol{\frac{d}{dt}\left(\sum_{i=1}^{n} m_i \cdot \vec{v_i}\right) = \left(\sum_{i=1}^{n} \vec{F_i}\right)_{ext}} \quad \Rightarrow \quad \sum_{i=1}^{n} m_i \frac{d\vec{v_i}}{dt} = \left(\sum_{i=1}^{n} \vec{F_i}\right)_{ext}$$

Teorema del centro de masas:

$$\boldsymbol{\left(\sum_{i=1}^{n} \vec{F_i}\right)_{ext} = M \cdot \vec{a_G}}$$

La derivada respecto del tiempo de la cantidad de movimiento del sistema, es igual en cada instante, a la resultante de las fuerzas exteriores.

Caso particular: cuando no hay fuerzas exteriores o se anulan al sumarlas:

Si:

$$\left(\sum_{i=1}^{n} \vec{F_i}\right)_{ext} = \vec{0} \quad \Rightarrow \quad \frac{d}{dt}\left(\sum_{i=1}^{n} m_i \cdot \vec{v_i}\right) = \vec{0} \quad \Rightarrow \quad \sum_{i=1}^{n} m_i \cdot \vec{v_i} = \overrightarrow{cte}$$

La cantidad de movimiento del sistema es igual a la cantidad de movimiento del centro de gravedad.

$$\sum_{i=1}^{n}(m_i \cdot \vec{v_i}) = M \cdot \vec{v_G} = \overrightarrow{cte} \quad \Rightarrow \quad \vec{v_G} = \frac{\sum_{i=1}^{n}(m_i \cdot \vec{v_i})}{\sum_{i=1}^{n} m_i} = \overrightarrow{cte}$$

Por tanto, si la resultante de las fuerzas exteriores que actúan sobre un sistema de puntos materiales es nula, la cantidad de movimiento del sistema permanecerá constante y el c.d.g. del sistema tendrá un movimiento rectilíneo y uniforme.

5.7. MOMENTO CINÉTICO

Se denomina **momento cinético** o **angular** a la magnitud física vectorial que caracteriza el movimiento de los cuerpos y que resulta de tomar momentos del vector cantidad de movimiento respecto de un punto o un eje.

5.7.1. Punto material

El momento cinético o momento angular $\vec{J_0} = \vec{L_0}$ de un punto material de masa m y velocidad $\vec{v}$ con relación a un punto O es el momento del vector cantidad de movimiento $m \cdot \vec{v}$ respecto al punto O. Este momento es, en este caso, un vector.

$$\vec{J_0} = \vec{L_0} = \overrightarrow{OP} \wedge m \cdot \vec{v}$$

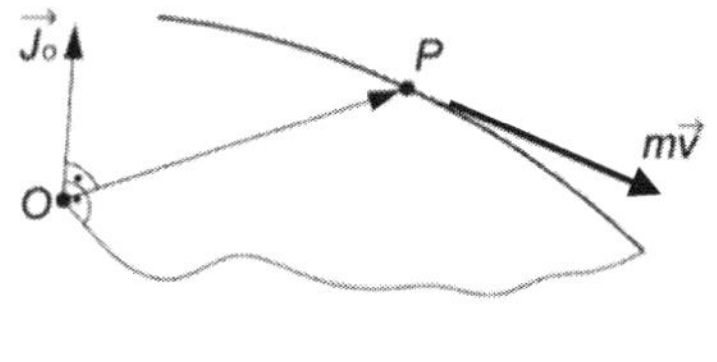

Por otro lado, el momento cinético L_e de un punto material de masa m y velocidad $\vec{v}$ con relación a un eje e es el momento respecto a dicho eje e del vector $m \cdot \vec{v}$. En este caso, es un escalar.

$$J_e = L_e = \vec{L_0} \cdot \vec{e_0} = \left(\overrightarrow{OP} \wedge m \cdot \vec{v}\right) \cdot \vec{e_0}$$

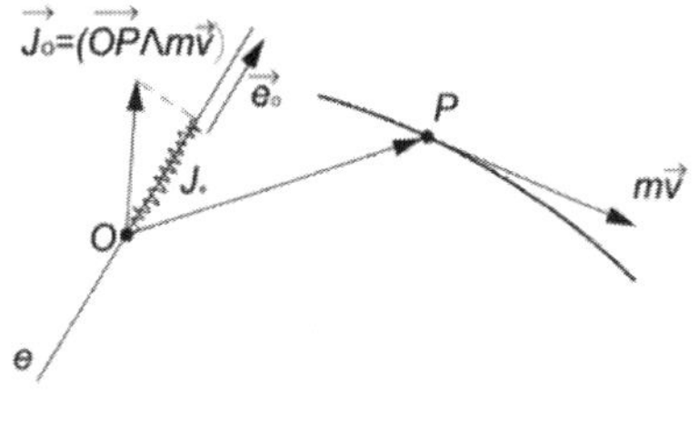

5.7.2. Sistema de puntos materiales

El momento cinético $\overrightarrow{L_0}$ de un sistema de puntos materiales con relación a un punto O es el momento resultante respecto a O de los vectores cantidad de movimiento del sistema. Es, en este caso, un vector.

$$\overrightarrow{J_0} = \overrightarrow{L_0} = \sum_{i=1}^{n} \left(\overrightarrow{OP_i} \wedge m_i \cdot \overrightarrow{v_i}\right)$$

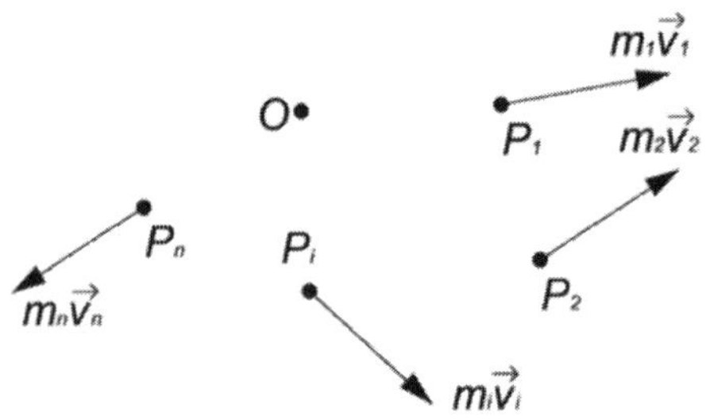

Por otro lado, el momento cinético L_e de un sistema de puntos materiales con relación a un eje e es el momento respecto a dicho eje e de los vectores cantidad de movimiento. Es, en este caso, un escalar.

$$J_e = L_e = \overrightarrow{L_0} \cdot \overrightarrow{e_0} = \sum_{i=1}^{n} \left(\overrightarrow{OP_i} \wedge m_i \cdot \overrightarrow{v_i}\right) \cdot \overrightarrow{e_0}$$

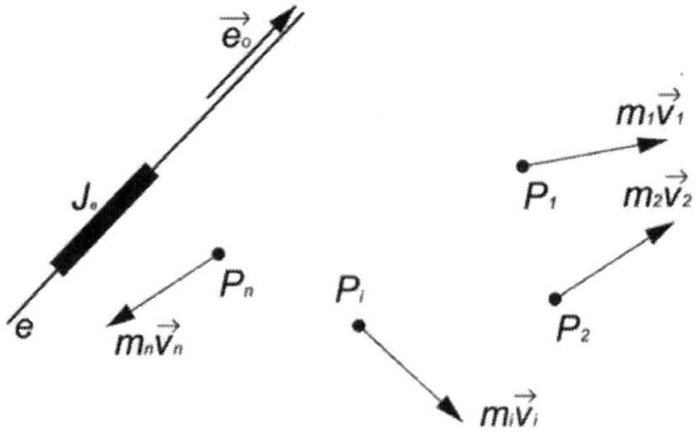

5.8. TEOREMA DEL MOMENTO CINÉTICO

Al evaluar la variación del momento cinético o angular, se puede enunciar el teorema del momento cinético o angular respecto de un punto o un eje para un punto o para un sistema de puntos materiales.

5.8.1. Punto material

Si consideramos el momento cinético respecto a un punto O:

$$\overrightarrow{J_0} = \overrightarrow{L_0} = \overrightarrow{OP} \wedge m \cdot \vec{v}$$

Derivamos respecto del tiempo:

$$\frac{d}{dt}\left(\overrightarrow{OP} \wedge m \cdot \vec{v}\right) = \overrightarrow{OP} \wedge \vec{F} = \overrightarrow{M_o} \qquad (1)$$

Si consideramos el momento cinético respecto a un eje e:

$$J_e = L_e = \left(\overrightarrow{OP} \wedge m \cdot \vec{v}\right) \cdot \overrightarrow{e_0}$$

En la ecuación anterior postmultiplicamos por el versor $\overrightarrow{e_0}$:

$$\left[\frac{d}{dt}\left(\overrightarrow{OP} \wedge m \cdot \vec{v}\right)\right] \cdot \overrightarrow{e_0} = \left(\overrightarrow{OP} \wedge \vec{F}\right) \cdot \overrightarrow{e_0}$$

Como $\overrightarrow{e_0}$ es un versor constante en módulo, dirección y sentido, tenemos:

$$\left[\frac{d}{dt}\left(\overrightarrow{OP} \wedge m \cdot \vec{v}\right)\right] \cdot \overrightarrow{e_0} = \left(\overrightarrow{OP} \wedge \vec{F}\right) \cdot \overrightarrow{e_0} = \overrightarrow{M_{oeje}} \qquad (2)$$

Y el teorema se puede enunciar como sigue:

La derivada respecto del tiempo del momento cinético de un punto material con relación a un punto o a un eje, es igual al momento con relación a dicho punto o eje de la fuerza aplicada al punto material.

5.8.2. Sistema de puntos materiales

Si consideramos el momento cinético de un sistema respecto a un punto O y lo derivamos:

$$\frac{d}{dt}\left[\sum_{i=1}^{n}\left(\overrightarrow{OP_i} \wedge m_i \cdot \overrightarrow{v_i}\right)\right] = \sum_{i=1}^{n}\frac{d}{dt}\left(\overrightarrow{OP_i} \wedge m_i \cdot \overrightarrow{v_i}\right) = \sum_{i=1}^{n}\left(\overrightarrow{OP_i} \wedge \overrightarrow{F_i}\right)$$

siendo $\overrightarrow{F_i}$ la fuerza actuante sobre cada P_i.

El término $\sum_{i=1}^{n}\left(\overrightarrow{OP_i} \wedge \overrightarrow{F_i}\right)$ representa el momento respecto al punto O de todas las fuerzas exteriores e interiores. Como el momento de las fuerzas interiores es nulo por ser iguales y opuestas, estas fuerzas serán:

$$\frac{d}{dt}\left[\sum_{i=1}^{n}\left(\overrightarrow{OP_i} \wedge m_i \cdot \overrightarrow{v_i}\right)\right] = \overrightarrow{M_{oext}} \qquad (1)$$

Si consideramos el momento cinético de un sistema respecto a un eje e; multiplicando escalarmente por el versor $\overrightarrow{e_0}$, constante en módulo, dirección y sentido:

$$\frac{d}{dt}\left[\sum_{i=1}^{n}\left(\overrightarrow{OP_i} \wedge m_i \cdot \overrightarrow{v_i}\right) \cdot \overrightarrow{e_0}\right] = \overrightarrow{M_{oext}} \cdot \overrightarrow{e_0} \qquad (2)$$

Y el teorema se puede enunciar:

La derivada respecto del tiempo del momento cinético de un sistema de puntos materiales con relación a un punto o a un eje, es igual al momento con relación a dicho punto o eje de las fuerzas exteriores que actúan sobre el sistema.

5.9. CONSERVACIÓN DEL MOMENTO CINÉTICO

Se trata del caso particular en el que los momentos de las fuerzas respecto de un punto o de un eje para un punto material o para un sistema de puntos materiales son nulos.

5.9.1. Punto material

Si el momento con relación a un punto O de la fuerza $\vec{F}$ actuante es nulo, la fuerza pasa constantemente por el punto O y:

$$\overrightarrow{M_o} = 0 \quad \rightarrow \quad \frac{d}{dt}\left(\overrightarrow{OP} \wedge m \cdot \vec{v}\right) = 0 \quad \rightarrow \quad \overrightarrow{J_0} = \overrightarrow{L_0} = cte$$

Si el momento con relación a un eje e de la fuerza $\vec{F}$ actuante es nulo, la fuerza $\vec{F}$ es paralela o corta al eje y:

$$M_{o,eje} = 0 \quad \rightarrow \quad \frac{d}{dt}\left[\left(\overrightarrow{OP} \wedge m \cdot \vec{v}\right) \cdot \overrightarrow{e_0}\right] = 0 \quad \rightarrow \quad J_e = L_e = cte$$

5.9.2. Sistema de puntos materiales

El teorema concluye análogamente, y si los momentos de las fuerzas exteriores respecto de un punto o un eje se anulan, se conserva el momento cinético respecto del punto o del eje.

5.10. MOMENTO CINÉTICO DE UN SÓLIDO EN ROTACIÓN ALREDEDOR DE UN EJE FIJO

Sea un sólido S, tomamos un elemento de volumen y su velocidad será $\vec{v_i}$, su masa m_i y el vector cantidad de movimiento $m_i \cdot \vec{v_i}$ y tomando momentos del vector cantidad de movimiento respecto del eje OZ, obtenemos el momento cinético o momento angular respecto del eje OZ:

$$J_z = L_z = \sum_{i=1}^{n} m_i \cdot v_i \cdot r_i = \sum_{i=1}^{n} m_i \cdot {r_i}^2 \cdot \omega$$

$$J_z = I \cdot \omega = L_z$$

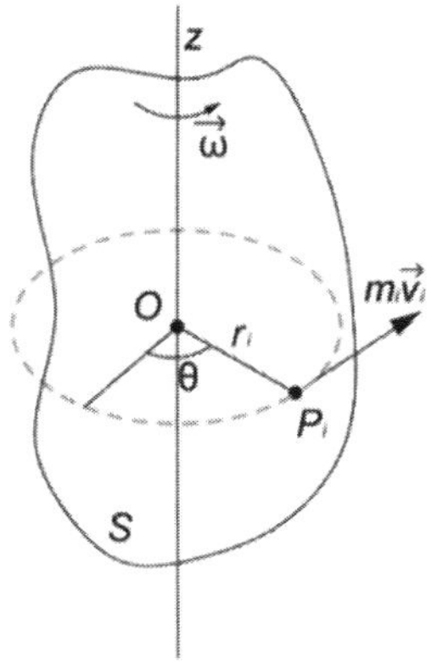

Recordemos que:

$$\omega = \frac{d\theta}{dt}$$

$$\alpha = \frac{d\omega}{dt} = \frac{d^2\theta}{dt^2}$$

Si ahora aplicamos el teorema del momento cinético:

$$\frac{dJ_z}{dt} = M$$

siendo M el momento de las fuerzas aplicadas respecto al eje OZ.

$$\frac{dJ_z}{dt} = I \cdot \frac{d\omega}{dt} = I \cdot \alpha = M \quad \rightarrow \quad M = I \cdot \alpha$$

Volviendo al momento cinético $J_z \cdot L_z = I \cdot \omega$ si el momento M de las fuerzas aplicadas respecto del eje OZ es nulo, entonces:

$$\frac{dJ_z}{dt} = M = 0 \quad \rightarrow \quad J_z = cte \quad \rightarrow \quad I \cdot \omega = cte \quad \rightarrow \quad I_1 \cdot \omega_1 = I_2 \cdot \omega_2$$

5.11. ENERGÍA CINÉTICA DE UN SÓLIDO EN ROTACIÓN ALREDEDOR DE UN EJE FIJO

Sea un sólido S, que gira con rotación alrededor del eje OZ. Tomando un elemento de volumen de masa m_i y de velocidad $v_i = r_i \cdot \omega_1$, siendo r_i la distancia al eje OZ.

La energía cinética del elemento de volumen será:

$$E_c = \sum_{i=1}^{n} \frac{1}{2} m_i \cdot v_i^2 = \frac{1}{2} \sum_{i=1}^{n} m_i \cdot r_i^2 \cdot \omega^2 \quad \rightarrow \quad E_c = \frac{1}{2} \cdot I \cdot \omega^2$$

Aplicamos el teorema de la energía:

$$dE_c = dT$$

$$dE_c = \frac{d}{dt}\left(\frac{1}{2} \cdot I \cdot \omega^2\right)$$

$$dT = M \cdot d\theta$$

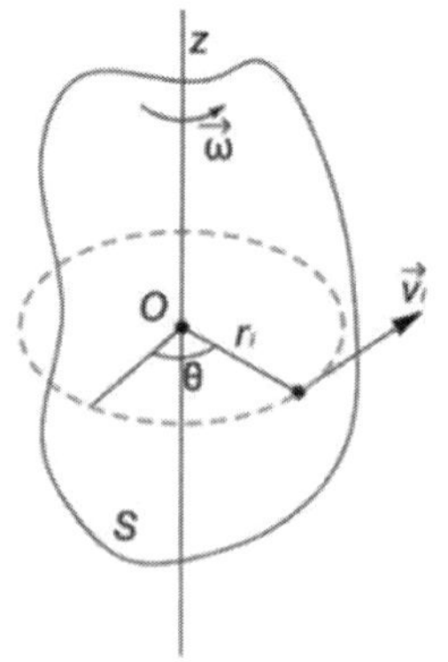

Como:

$$\omega = \frac{d\theta}{dt} \quad \rightarrow \quad d\theta = \omega \cdot dt$$

$$\left.\begin{aligned} dE_c &= \frac{1}{2} \cdot 2 \cdot I \cdot d\omega \cdot \omega \\ dT &= M \cdot \omega \cdot dt \end{aligned}\right\} \quad I \cdot d\omega \cdot \omega = M \cdot \omega \cdot dt$$

$$I \cdot \frac{d\omega}{dt} = M \quad \rightarrow \quad M = I \cdot \alpha$$

5.12. TEOREMAS DEL MOVIMIENTO DEL CENTRO DE GRAVEDAD

Partiendo del vector posición del centro de gravedad G de un sistema de puntos materiales:

$$\vec{r_G} = \overrightarrow{OG} = \frac{\sum_{i=1}^{n} m_i \cdot \overrightarrow{OP_i}}{\sum_{i=1}^{n} m_i}$$

Como:

$$\sum_{i=1}^{n} m_i = M \quad \rightarrow \quad M \cdot \overrightarrow{OG} = \sum_{i=1}^{n} m_i \cdot \overrightarrow{OP_i} \qquad (1)$$

Derivamos (1) respecto del tiempo:

$$M \cdot \frac{d\overrightarrow{OG}}{dt} = \sum_{i=1}^{n} m_i \cdot \frac{d\overrightarrow{OP_i}}{dt} \quad \rightarrow \quad M \cdot \vec{v_G} = \sum_{i=1}^{n} m_i \cdot \vec{v_i} \qquad (2)$$

La cantidad del movimiento del sistema es igual a la del centro de gravedad, suponiendo concentrada en él toda la masa del sistema.

Derivamos (2) respecto del tiempo:

$$M \cdot \frac{d\vec{v_G}}{dt} = \frac{d}{dt}\left(\sum_{i=1}^{n} m_i \cdot \vec{v_i}\right) = \sum_{i=1}^{n} \frac{d}{dt}(m_i \cdot \vec{v_i}) = \sum_{i=1}^{n} m_i \cdot \frac{d\vec{v_i}}{dt} = \sum_{i=1}^{n} m_i \cdot \vec{a_i} = \sum_{i=1}^{n} \vec{F_i} =$$

$$= \sum_{i=1}^{n} \overrightarrow{F_{ext}} + \sum_{i=1}^{n} \overrightarrow{F_{int}}$$

Como:

$$\sum_{i=1}^{n} \overrightarrow{F_{int}} = \vec{0}$$

Obtenemos:

$$M \cdot \overrightarrow{a_G} = \sum_{i=1}^{n} \overrightarrow{F_{ext}}$$

El c.d.g. de un sistema material, rígido o deformable, se mueve como un punto material en el que estuviera concentrada toda la masa del sistema y sobre el que actuasen fuerzas iguales a las fuerzas exteriores.

5.13. MOMENTO CINÉTICO DE UN SISTEMA DE PARTÍCULAS CON RELACIÓN A UN PUNTO FIJO

Sea un sistema de partículas deformable o rígido y G su centro de gravedad, el momento cinético del sistema de partículas con relación a un punto O es:

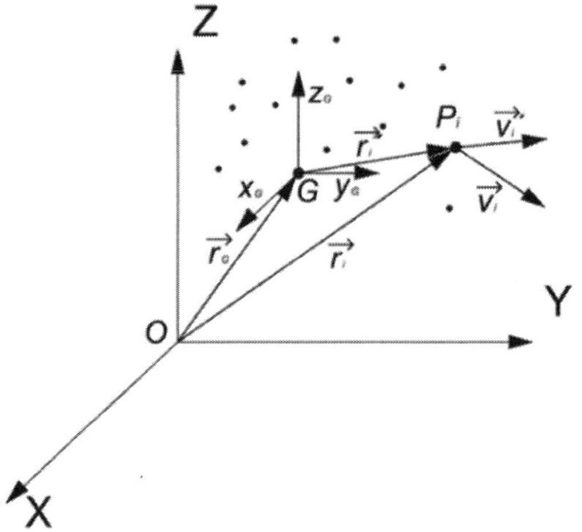

$$\vec{r_1} = \vec{r_G} + \overrightarrow{r'_1}$$

$$\vec{J_0} = \sum_{i=1}^{n} \vec{r_1} \wedge m_i \vec{v_1} = \sum_{i=1}^{n} \left[\left(\vec{r_G} + \overrightarrow{r'_1} \right) \wedge m_i \vec{v_1} \right] = \sum_{i=1}^{n} \vec{r_G} \wedge m_i \vec{v_1} + \sum_{i=1}^{n} \overrightarrow{r'_1} \wedge m_i \vec{v_1}$$

Los ejes Gx_G, y_G, z_G tienen direcciones fijas (sistemas de centro de masas), se mueven con velocidad

$$\overrightarrow{v_G} = \overrightarrow{v_{arrastre}}$$

pero no giran.

$$\overrightarrow{v_{abs}} = \overrightarrow{v_{rel}} + \overrightarrow{v_{arr}} \qquad \rightarrow \qquad \overrightarrow{v_\imath} = \overrightarrow{v'_\imath} + \overrightarrow{v_G}$$

Por tanto:

$$\overrightarrow{J_o} = \sum_{i=1}^{n} \overrightarrow{r_G} \wedge m_i \overrightarrow{v_\imath} = \vec{0}$$

Pues es el momento respecto de G de un s.v.d. paralelos:

$$\overrightarrow{J_o} = \overrightarrow{r_G} \wedge M \cdot \overrightarrow{v_G} + \sum_{i=1}^{n} \overrightarrow{r'_\imath} \wedge m_i \overrightarrow{v'_\imath} = \vec{L} + \left(\overrightarrow{J_o}\right)_{SCM} = \vec{L} + \vec{S}$$

El momento cinético de un sistema de puntos materiales, rígido o deformable, respecto a un punto O, es igual al momento cinético respecto de O de toda la masa del sistema supuesta concentrada en el c.d.g. $(\vec{L})$ más el momento cinético del sistema de partículas respecto del c.d.g. en su movimiento respecto de unos ejes de direcciones fijas que pasan por el c.d.g $(\vec{S})$.

5.14. ENERGÍA CINÉTICA DE UN SISTEMA DE PARTÍCULAS REFERIDA A SU CENTRO DE GRAVEDAD

Sea un sistema de partículas deformable o rígido y tomando unos ejes de direcciones fijas en el c.d.g., la energía cinética E_c, será:

$$\overrightarrow{v_\imath} \cdot \overrightarrow{v_\imath} = v_i^2 \quad ; \quad \overrightarrow{v_\imath} = \overrightarrow{v'_\imath} + \overrightarrow{v_G}$$

$$E_c = \sum_{i=1}^{n} \frac{1}{2} m_i \cdot v_i^2 = \sum_{i=1}^{n} \frac{1}{2} m_i \cdot \overrightarrow{v_\imath} \cdot \overrightarrow{v_\imath} = \sum_{i=1}^{n} \frac{1}{2} m_i \cdot \left(\overrightarrow{v'_\imath} + \overrightarrow{v_G}\right) \cdot \left(\overrightarrow{v'_\imath} + \overrightarrow{v_G}\right) =$$

$$= \sum_{i=1}^{n} \frac{1}{2} m_i \cdot \overrightarrow{v_G} \cdot \overrightarrow{v_G} + \sum_{i=1}^{n} \frac{1}{2} m_i \cdot \overrightarrow{v'_\imath} \cdot \overrightarrow{v'_\imath} + \sum_{i=1}^{n} \frac{1}{2} m_i \cdot \overrightarrow{v_G} \cdot \overrightarrow{v'_\imath}$$

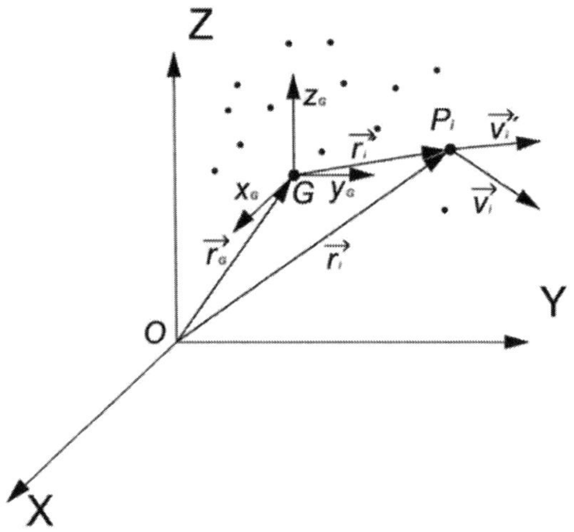

Como:

$$\sum_{i=1}^{n}\frac{1}{2}m_i\cdot\overrightarrow{v_G}\cdot\overrightarrow{v'_\imath}=\overrightarrow{v_G}\cdot\sum_{i=1}^{n}\frac{1}{2}m_i\cdot\overrightarrow{v'_\imath}=\overrightarrow{v_G}\cdot M(\overrightarrow{v_G})_{SCM}=0$$

Pues:

$$(\overrightarrow{v_G})_{SCM}=0$$

$$E_C=\sum_{i=1}^{n}\frac{1}{2}m_i\cdot\overrightarrow{v_G}^2+\sum_{i=1}^{n}\frac{1}{2}m_i\cdot\overrightarrow{v'_\imath}^2=\frac{1}{2}M\cdot v_G{}^2+\sum_{i=1}^{n}\frac{1}{2}m_i\cdot\overrightarrow{v'_\imath}^2=$$

$$=\frac{1}{2}M\cdot v_G{}^2+\left(E_{C_G}\right)_{SCM}$$

La energía cinética de un sistema de puntos materiales, rígido o deformable, es igual a la energía cinética de toda la masa del sistema supuesta concentrada en el c.d.g. del mismo, más la energía cinética del sistema de partículas en su movimiento respecto de unos ejes de direcciones fijas con origen en el c.d.g.

En el caso de Sólido Rígido con movimiento general (traslación y rotación), la energía cinética del mismo es:

$$\boldsymbol{E_C=\frac{1}{2}M\cdot v_G{}^2+\frac{1}{2}I_G\cdot\omega^2}$$

PROBLEMAS RESUELTOS

Ejercicio 5.1. La varilla OA gira en torno al eje vertical OB con la velocidad angular ω. El ángulo entre el eje y la varilla es α.

Por la varilla se desliza sin rozamiento un manguito con masa m, unido al punto O por medio de un muelle.

Determinar la posición del manguito durante la rotación.

Nota. La longitud del muelle no deformado es l_o y su rigidez K.

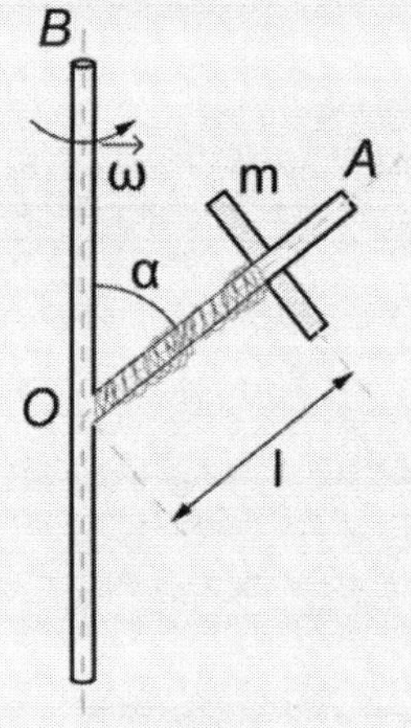

La idea es que debido al movimiento con velocidad angular ω constante, el manguito que podría deslizar por OA no lo hace y se queda realizando un movimiento circular a esa distancia l de O.

En primer lugar tomamos una referencia xyz. Después para conocer cuánto vale x hacemos:

$$l = l_o + x \quad \rightarrow \quad x = l - l_o$$

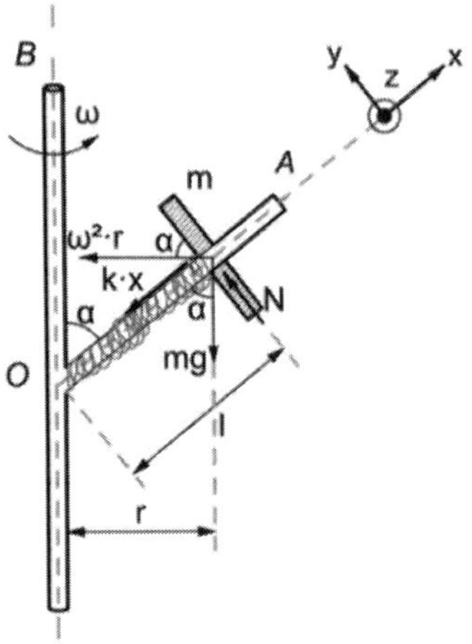

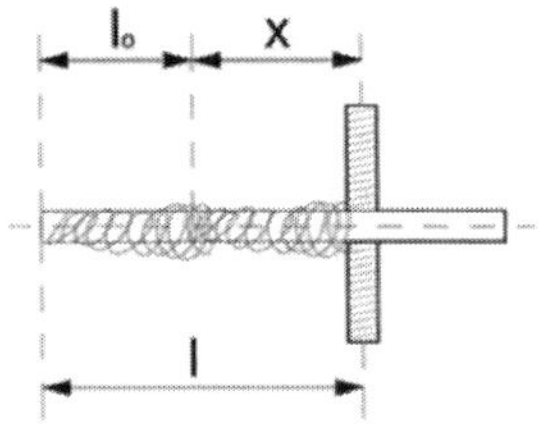

Si la ω no fuera constante, aparecería aceleración angular y por tanto, daría componente de aceleración en la perpendicular y, por tanto, tendría que aparecer una componente de reacción normal N que contrarrestará esa aceleración.

Si existiera desplazamiento relativo del maguito en OA aparecería $\overrightarrow{a_{rel}}$ en la perpendicular, teniendo que aparecer N para contrarrestar.

En el problema, aplicando:

$$\sum \vec{F} = m \cdot \vec{a}$$

$$\sum F_x = m \cdot a_x \quad \rightarrow \quad -K \cdot (l - l_o) - mgcos\alpha = m \cdot (-\omega^2 \cdot r \cdot sen\alpha)$$

$$K \cdot (l - l_o) + mgcos\alpha = m \cdot \omega^2 \cdot l \cdot sen^2\alpha \qquad (1)$$

$$\sum F_y = m \cdot a_y \quad \rightarrow \quad N - mgsen\alpha = m \cdot (\omega^2 \cdot r \cdot cos\alpha)$$

$$N - mgsen\alpha = m \cdot \omega^2 \cdot sen\alpha \cdot cos\alpha \qquad (2)$$

Sustituyendo (2) en (1)

$$K \cdot l - m \cdot \omega^2 \cdot l \cdot sen^2\alpha = K \cdot l_o - m \cdot g \cdot cos\alpha$$

$$l \cdot (K - m \cdot \omega^2 \cdot l \cdot sen^2\alpha) = K \cdot l_o - m \cdot g \cdot cos\alpha$$

$$\boldsymbol{l = \frac{K \cdot l_o - m \cdot g \cdot cos\alpha}{(K - m \cdot \omega^2 \cdot l \cdot sen^2\alpha)}}$$

Si se quiere calcular la reacción N, una vez tengamos l se sustituye en (2) y despejamos N.

Ejercicio 5.2. Un cuerpo cuya mas es de 1 Kg se desliza por un plano inclinado de 10 m de longitud, uno de cuyos extremos se encuentra a 1 m de altura y el otro en el suelo.

Hallar:

a) La energía cinética y la velocidad del cuerpo en la base del plano.

b) La distancia que recorrerá el cuerpo por la parte horizontal de su camino hasta que se pare.

Nota. Considerar que el coeficiente de rozamiento es constante durante todo el recorrido e igual a 0,05.

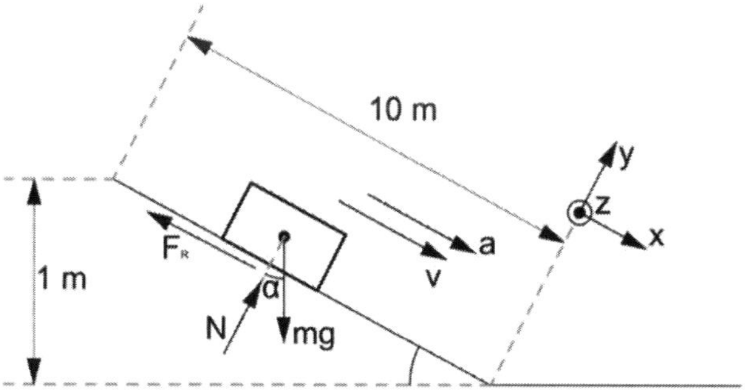

$$sen\alpha = \frac{1}{10} \quad \rightarrow \quad \alpha = 5{,}74^o$$

$$\begin{cases} sen\alpha = 0{,}1 \\ cos\alpha = 0{,}9949 \end{cases}$$

a)

Para calcular la E_c en la base del plano inclinado se debe intentar aplicar conservación de la energía, pero para ello se han de analizar las fuerzas existentes y sus trabajos:

— Peso (mg):

- Conservativa.
- Trabaja, pero su trabajo es la energía potencial con signo contrario.

— Normal (N):
  - No conservativa.
  - No trabaja puesto que N es perpendicular al desplazamiento.
  - $T_N = 0$.

— Rozamiento (F_R):
  - No conservativa.
  - Si trabaja.

Luego no se conserva la energía mecánica:

$$E_C + E_P \neq cte$$

Por lo tanto, se debe aplicar $\sum \vec{F} = m \cdot \vec{a}$ y elegir unos ejes adecuados.

En los ejes tomados:

$$\sum F_x = m \cdot a_x \quad \rightarrow \quad mgsen\alpha - F_R = m \cdot a \tag{1}$$

$$\sum F_y = m \cdot a_y \quad \rightarrow \quad N - mgcos\alpha = m \cdot 0 \quad \rightarrow \quad N = mgcos\alpha \tag{2}$$

$$F_R = \mu \cdot N \quad \rightarrow \quad F_R = \mu \cdot mgcos\alpha \tag{3}$$

Con (3) en (1):

$$mgsen\alpha - \mu \cdot mgcos\alpha = m \cdot a$$

$$a = g \cdot (sen\alpha - \mu \cdot cos\alpha) = cte$$

Se trata de un movimiento uniformemente acelerado.

$$a = 9{,}81 \cdot (0{,}1 - 0{,}05 \cdot 0{,}9949)$$

$$\boldsymbol{a = 0,493 \frac{m}{s^2}}$$

En el movimiento uniformemente acelerado:

$$a = \frac{dv}{dt} \quad \rightarrow \quad dv = a \cdot dt \quad \rightarrow \quad \int_{v=v_o}^{v} dv = \int_{t=0}^{t=t} a \cdot dt \quad \rightarrow \quad v - v_o = a \cdot t$$

$$v = v_o + a \cdot t$$

Se supone que se deja caer el bloque desde la cúspide del plano inclinado y, por tanto:

$$v_o = 0$$

$$S_o = 0$$

$$v = a \cdot t \tag{4}$$

Como:

$$v = \frac{ds}{dt} \quad \rightarrow \quad ds = v \cdot dt \quad \rightarrow \quad ds = a \cdot t \cdot dt \quad \rightarrow \quad \int_{S=S_o}^{S=S} dS = \int_{t=0}^{t=t} a \cdot t \cdot dt$$

$$S = S_o = \frac{a \cdot t^2}{2} \quad \rightarrow \quad S = \frac{a \cdot t^2}{2} \tag{5}$$

Como S = 10 m:

$$10 = \frac{0{,}493 \cdot t^2}{2} \quad \rightarrow \quad \boldsymbol{t = 6,37\ s}$$

$$v = a \cdot t = 0{,}493 \cdot 6{,}37 \quad \rightarrow \quad \boldsymbol{v = 3,14 \frac{m}{s}}$$

$$E_C = \frac{1}{2} \cdot m \cdot v^2 = \frac{1}{2} \cdot 1 \cdot 3{,}14^2$$

$$\boldsymbol{E_C = 4,93\ Julios}$$

b) La distancia que recorrerá el cuerpo en el plano horizontal hasta que se pare.

Movimiento rectilíneo iniciado en la base del plano inclinado (inicio del plano horizontal) con una velocidad de 3,14 m/s.

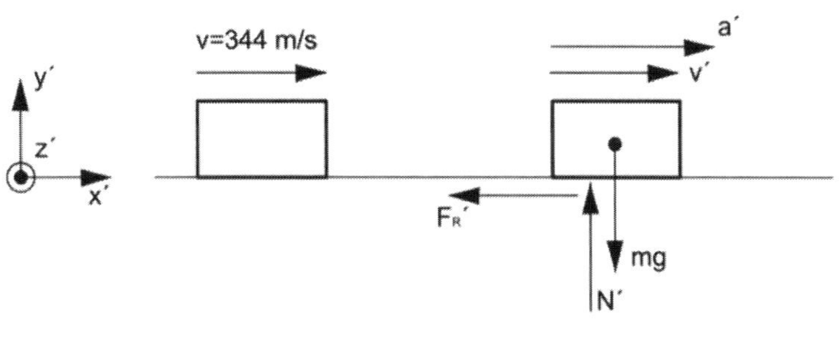

$$\sum F_{x'} = m \cdot a_{x'} \quad \rightarrow \quad -F_{R'} = m \cdot a' \qquad (1)$$

$$\sum F_{y'} = m \cdot a_{y'} \quad \rightarrow \quad N' - mg = 0 \quad \rightarrow \quad N' = mg \qquad (2)$$

$$F_{R'} = \mu \cdot N' \quad \rightarrow \quad F_R = \mu \cdot mg \qquad (3)$$

Con (3) en (1):

$$-\mu \cdot mg = m \cdot a$$

$$a' = -0{,}05 \cdot 9{,}81 = -0{,}4905 \frac{m}{s^2}$$

Se trata de un movimiento uniformemente acelerado.

$$v_f = v_o + a' \cdot t \quad \rightarrow \quad 0 = 3{,}14 + (-0{,}4905) \cdot t \quad \rightarrow \quad t = 6{,}4\ s$$

$$S' = S_o + v_o \cdot t + \frac{a \cdot t^2}{2}$$

$$\boldsymbol{S' = 3,14 \cdot 6,4 + \frac{-0,4905 \cdot 6,4^2}{2} = 10\ m}$$

Ejercicio 5.3. Sobre dos partículas, una de masa m y velocidad v y otra de masa 2m y velocidad 2v perpendicular a la primera, actúan durante un cierto tiempo fuerzas de igual módulo, dirección y sentido. En el instante en qué las fuerzas dejan de actuar, la primera partícula empieza a moverse en sentido contrario a la velocidad 2v. ¿Con qué velocidad se moverá en este caso la segunda partícula?

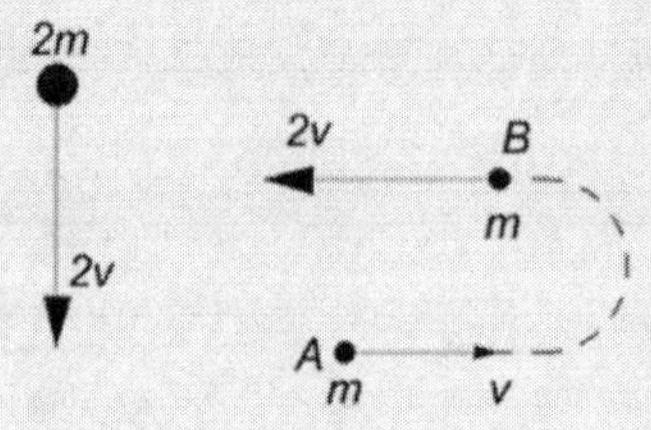

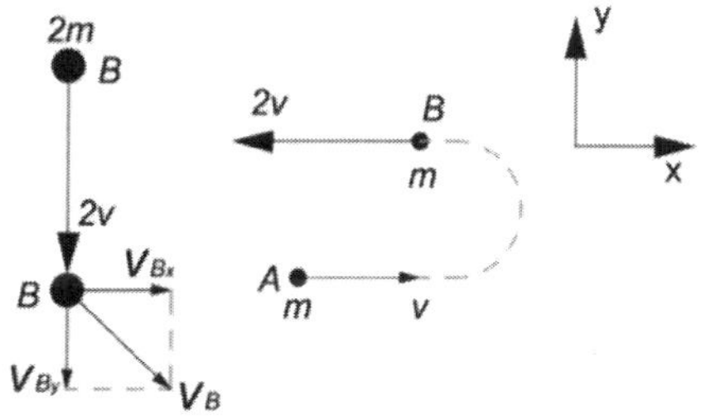

El teorema de la cantidad de movimiento dice:

En el instante en que $\vec{F}$ deja de actuar:

$$\frac{d}{dt}(m \cdot \vec{v}) - \sum \vec{F}$$

Se conserva la cantidad de movimiento del sistema (conjunto de dos partículas):

$$\frac{d}{dt}(m \cdot \vec{v}) = 0 \qquad \rightarrow \qquad m \cdot \vec{v} = \overrightarrow{cte}$$

Proyectando la ecuación vectorial según x e y:

$$m_A \cdot (v_{A_x})_{antes} + m_B \cdot (v_{B_x})_{antes} = m_A \cdot (v_{A_x})_{desp} + m_B \cdot (v_{B_x})_{desp}$$

$$m \cdot v + 2m \cdot v_{B_x}$$

$$\boldsymbol{v_{B_x} = \frac{3}{2} \cdot v}$$

$$m_A \cdot \left(v_{A_y}\right)_{antes} + m_B \cdot \left(v_{B_y}\right)_{antes} = m_A \cdot \left(v_{A_y}\right)_{desp} + m_B \cdot \left(v_{B_y}\right)_{desp}$$

$$m \cdot 0 + 2m \cdot (-2v) = m \cdot 0 + 2m \cdot \left(v_{B_y}\right)$$

$$-4m \cdot v = -2m \cdot v_{B_y}$$

$$\boldsymbol{v_{B_y} = 2v}$$

$$\boldsymbol{\overrightarrow{v_B} = \frac{3}{2} \cdot v\vec{\imath} - 2v\vec{\jmath} v_B = \sqrt{\left(\frac{3}{2} \cdot v\right)^2 + (-2v)^2} = \sqrt{\frac{9v^2}{4} + 4v^2} = \sqrt{\frac{25v^2}{4}} = \frac{5}{2}v \quad ({}^{m}/_{s})}$$

Ejercicio 5.4. Un sistema de tres partículas con masas $m_1 = 5$ Kg, $m_2 = 6$ Kg y $m_3 = 10$ Kg, se mueven bajo la acción de las fuerzas:

$$\vec{F_1} = 500\vec{i} - 200\vec{j} \quad (N)$$

$$\vec{F_2} = -400\vec{i} \quad (N)$$

$$\vec{F_3} = 300\vec{j} \quad (N)$$

Como se ilustra en la figura el movimiento tiene lugar en el plano vertical xy. En un instante dado las velocidades respectivas de las partículas son:

$$\vec{v_1} = 30\vec{i} \quad \left(\frac{m}{s}\right)$$

$$\vec{v_2} = 20\vec{j} \quad \left(\frac{m}{s}\right)$$

$$\vec{v_3} = 5\vec{i} - 2\vec{j} \quad \left(\frac{m}{s}\right)$$

Determinar:

a) El vector cantidad de movimiento total del sistema de partículas.

b) La derivada respecto del tiempo del vector cantidad de movimiento.

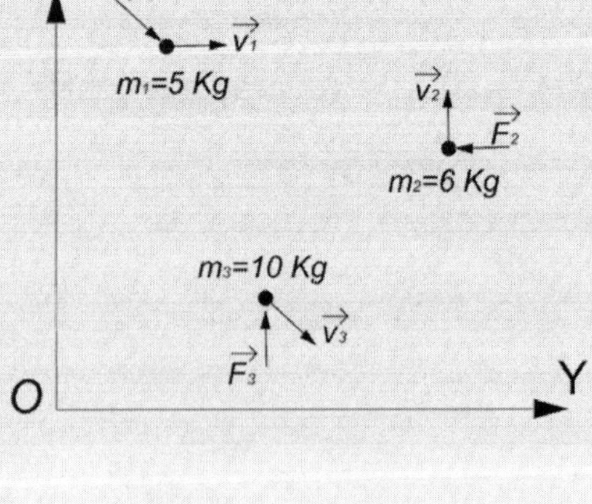

a) $\overrightarrow{P_{sist}}$

$$\overrightarrow{P_{sist}} = \overrightarrow{P_{m_1}} + \overrightarrow{P_{m_2}} + \overrightarrow{P_{m_3}} = \sum_{i=1}^{n} m_i \cdot \vec{v_i} = m_1 \cdot \vec{v_1} + m_2 \cdot \vec{v_2} + m_3 \cdot \vec{v_3} =$$

$$= 5 \cdot (30\vec{i}) + 6 \cdot (20\vec{j}) + 10(5\vec{i} - 2\vec{j})$$

$$\overrightarrow{P_{sist}} = 150\vec{i} + 120\vec{j} + 50\vec{i} - 20\vec{j} = 200\vec{i} + 100\vec{j}$$

$$\boldsymbol{\overrightarrow{P_{sist}} = 200\vec{i} + 100\vec{j}} \qquad \left(\frac{\boldsymbol{Kg \cdot m}}{\boldsymbol{s}} = \boldsymbol{N \cdot s}\right)$$

b) $\frac{d}{dt}\overrightarrow{P_{sist}}$

Ante la imposibilidad de decir que $\overrightarrow{P_{sist}}$ es constante se ha de recurrir a la aplicación del teorema de la cantidad de movimiento:

$$\frac{d}{dt}\overrightarrow{P_{sist}} = \sum_{i=1}^{3} \vec{F_i} \quad \rightarrow \quad \frac{d}{dt}\overrightarrow{P_{sist}} = \vec{F_1} + \vec{F_2} + \vec{F_3} = (500\vec{i} - 200\vec{j}) + (-400\vec{j}) + (300\vec{j})$$

$$\boldsymbol{\frac{d}{dt}\overrightarrow{P_{sist}} = 100\vec{i} + 100\vec{j}}$$

Ejercicio 5.5. Por el plano inclinado KL del prisma cuadrangular truncado DEKL desciende el peso A de masa $m_A = 10$ Kg poniendo en movimiento mediante el hilo extensible e imponderable el peso B de masa $m_B = 6$ Kg.

Hallar el desplazamiento del prisma DEKL de masa $m_{pr} = 20$ Kg por el plano horizontal perfectamente liso, si el peso A se ha trasladado por el plano inclinado KL en 1 m hacia abajo. El en instante inicial, el sistema estaba en reposo.

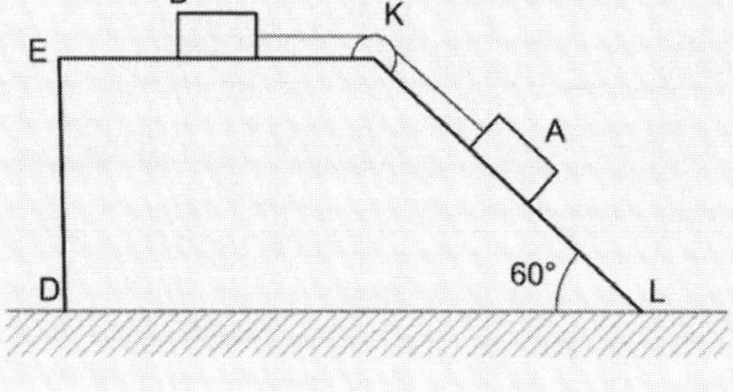

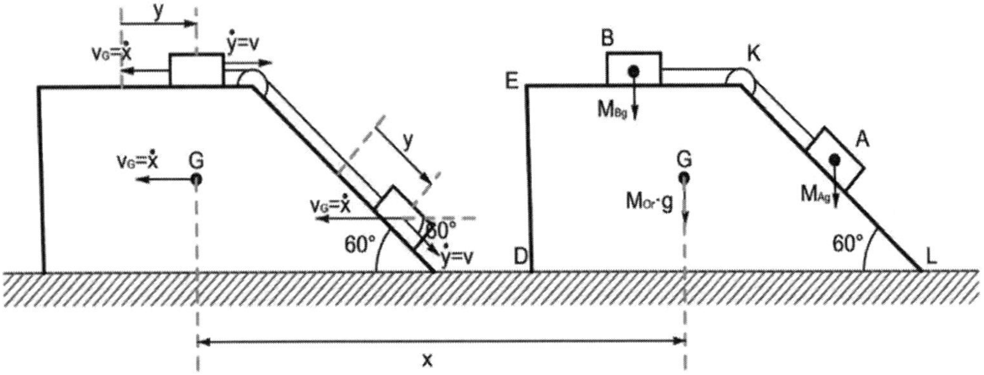

Tomando el conjunto (todo el sistema):

Se conserva la cantidad de movimiento según el eje horizontal (x), pues:

$$\sum F_x = 0 \quad \rightarrow \quad P_x = cte$$

$$M_A \cdot 0 + M_B \cdot 0 + M_{pr} \cdot 0 = M_A \cdot (\dot{x} + \dot{y} \cdot cos60) + M_B \cdot (\dot{x} - \dot{y}) + M_{pr} \cdot \dot{x}$$

$$0 = \left(M_A + M_B + M_{pr}\right) \cdot \dot{x} - (M_A \cdot cos60 + M_B) \cdot \dot{y}$$

$$\dot{x} = \frac{(M_A \cdot cos60 + M_B)}{\left(M_A + M_B + M_{pr}\right)} \cdot \dot{y} \quad \rightarrow \quad \dot{x} = \frac{\left(10 \cdot \frac{1}{2} + 6\right)}{(10 + 6 + 20)} \cdot \dot{y}$$

$$\dot{x} = \frac{11}{36} \cdot \dot{y} \quad \rightarrow \quad \frac{dx}{dt} = \frac{11}{36} \cdot \frac{dy}{dt}$$

Integrando:

$$x = \frac{11}{36} \cdot \int_{y=0}^{y=1m} dy$$

$$\boldsymbol{x = \frac{11}{36} \cdot [1 - 0] = \frac{11}{36}\ m}$$

Ejercicio 5.6. Dos puntos materiales A y B de masa m cada uno, están fijados a una barra (sin peso) solida de longitud 2a. Un punto está fijado en el punto medio de la barra y el otro en el extremo. El otro extremo de la barra O, está articulado.

En el instante inicial, la barra está desviada 60 grados de la vertical y se suelta sin velocidad inicial.

Hallar la velocidad angular de la barra, cuando pasa por la posición de equilibrio estable.

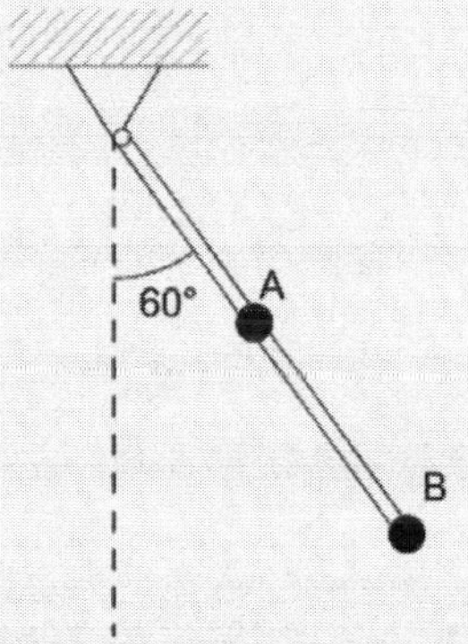

La posición de equilibrio estable es, sin lugar a dudas, la vertical donde en reposo:

$$\sum \vec{F} = \vec{0}$$

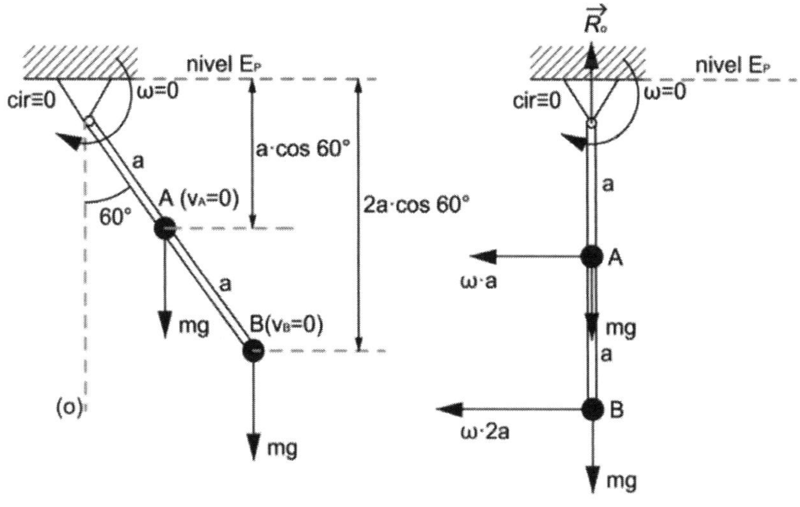

Analizando las fuerzas actuantes:

Peso (mg):

- Son conservativas
- Trabaja, pero su trabajo es la energía potencial con signo contrario.

R_O:

- No conservativa.
- No trabaja

Se conserva la energía mecánica:

$$E_C + E_P = cte$$

$$E_{C_o} + E_{P_o} = E_{C_1} + E_{P_1}$$

$$\left(\frac{1}{2}\cdot m\cdot {v_{A_o}}^2 + \frac{1}{2}\cdot m\cdot {v_{B_o}}^2\right) + \left[mg\cdot\left(-a\cdot\frac{cos60^o}{\frac{1}{2}}\right) + mg\left(-2a\cdot\frac{cos60^o}{\frac{1}{2}}\right)\right] = \left(\frac{1}{2}\cdot m\cdot {v_A}^2 + \frac{1}{2}\cdot m\cdot {v_B}^2\right) + [mg\cdot(-a) + mg(-2a)]$$

$$mg\cdot\left(-\frac{a}{2} - a\right) = \frac{1}{2}\cdot m\cdot {v_A}^2 + \frac{1}{2}\cdot m\cdot {v_B}^2 + mg(-a-2a)$$

$$mg\cdot\left(-\frac{3}{2}a\right) - mg(3a) = \frac{1}{2}\cdot m\cdot({v_A}^2 + {v_B}^2)$$

$$\frac{3}{2}\cdot ga = \frac{1}{2}\cdot({v_A}^2 + {v_B}^2) \qquad \rightarrow \qquad {v_A}^2 + {v_B}^2 = 3ga \qquad (1)$$

Por cinemática, se obtiene la segunda ecuación:

$$v_A = \omega\cdot a$$
$$v_B = \omega\cdot 2a$$

Sustituyendo en (1):

$$(\omega\cdot a)^2 + (\omega\cdot 2a)^2 = 3ga$$

$$\omega^2\cdot a^2 + \omega^2\cdot 4a^2 = 3ga \qquad \rightarrow \qquad 5\omega^2 a^2 = 3ga$$

$$\omega^2 = \frac{3g}{5a} \qquad \rightarrow \qquad \boldsymbol{\omega} = \sqrt{\frac{\mathbf{3g}}{\mathbf{5a}}}$$

Ejercicio 5.7. Se considera un disco A unido a un eje vertical y que gira con él a 30 r.p.m. Otro disco B no está unido al eje y no gira. Suponiendo que se permita al disco B resbalar hacia abajo por el eje hasta que se pone en contacto con el disco A. ¿Cuál será la velocidad angular de los dos discos después que ha cesado el resbalamiento entre ambos? Cada disco tiene 120 cm de diámetro y pesa 80 Kg. Prescíndase de la masa del eje.

¿Cuál es el momento del rozamiento ejercido por A sobre B si el resbalamiento entre los discos dura 2 segundos? ¿Qué porcentaje de la energía del sistema se pierde?

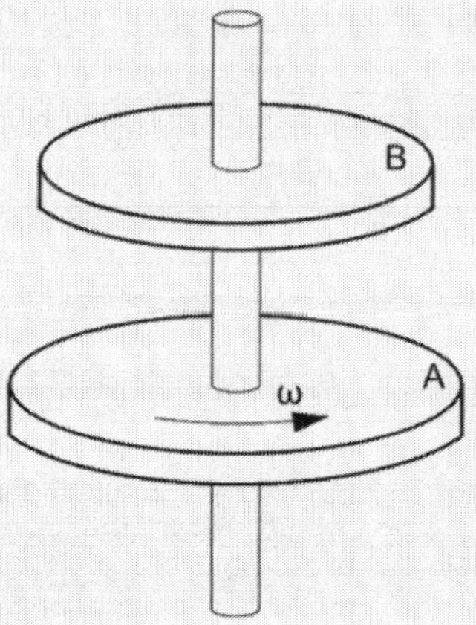

Justo en el momento del contacto (cuando el disco A gira con velocidad angular y el disco B no gira). En ese instante comienza el resbalamiento y llega un instante en que cesa el mismo y los dos discos giran juntos con la misma velocidad.

Tomando el sistema (los dos discos).

$$\omega = \frac{30 \cdot 2\pi}{60} = \pi \frac{rad}{s}$$

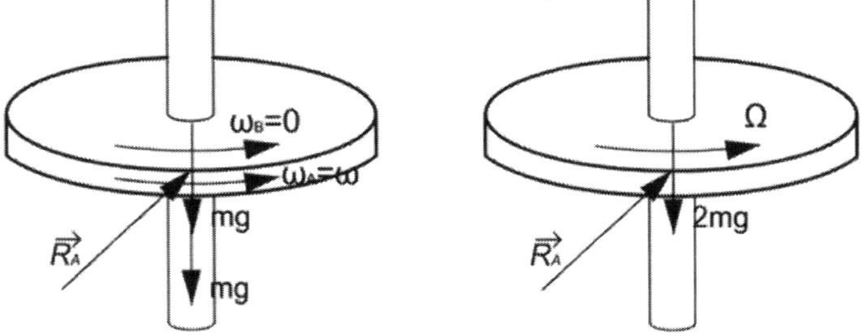

El momento de las fuerzas actuantes respecto del eje e es nulo (pesos y reacción en A pasan y cortan el eje).

$$\left(\frac{dL_{sist}}{dt}\right)_{eje} = \left(\sum M\right)_{eje}$$

$$\boldsymbol{L_{sist} = cte}$$

$$I_A \cdot \omega_A + I_B \cdot \omega_B = (I_A + I_B) \cdot \Omega$$

$$I_A = I_B = \frac{m \cdot r^2}{2}$$

$$I_A \cdot \omega_A = 2I_A \cdot \Omega$$

$$\boldsymbol{\Omega = \frac{\omega_A}{2} = \frac{\pi}{2}\frac{rad}{s}}$$

Cuando están resbalando se aísla A:

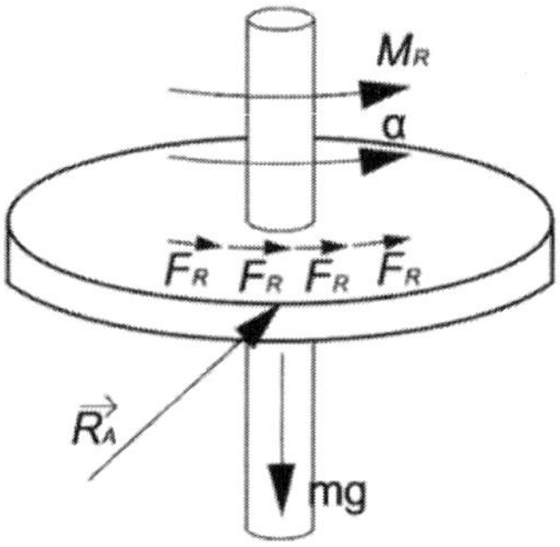

$$\sum \overrightarrow{M_{G_A}} = I_G \cdot \alpha$$

$$M_R = \frac{m \cdot r^2}{2} \cdot \alpha \qquad (1)$$

Se necesita conocer α para determinar M_R:

$$\alpha = \frac{d\omega}{dt} \quad \rightarrow \quad d\omega = \alpha \cdot dt \quad \rightarrow \quad \int_{\omega_A=\omega}^{\Omega} d\omega = \int_{t=0}^{t=2s} \alpha \cdot dt$$

Por lo tanto, α es el movimiento uniforme retardado.

$$\Omega - \omega = \alpha \cdot [t]_0^2 \quad \rightarrow \quad \Omega - \omega = \alpha \cdot 2 \quad \rightarrow \quad \frac{\frac{\pi}{2} - \pi}{2} = \alpha$$

$$\boldsymbol{\alpha = -\frac{\pi}{4} \cdot \frac{rad}{s^2}} \qquad (2)$$

Con (2) en (1):

$$\boldsymbol{M_R = \left(\frac{m \cdot r^2}{2}\right) \cdot \left(-\frac{\pi}{4}\right) = \frac{80 \cdot \left(\frac{1,2}{2}\right)^2}{8} \cdot \pi = -11,31\ N \cdot m}$$

$$E_{C_{Sólido}} = \frac{1}{2} \cdot I_G \cdot \omega^2$$

$$E_{C_{Sist\ inicial}} = \frac{1}{2} \cdot I_A \cdot {\omega_A}^2 + \frac{1}{2} \cdot I_B \cdot {\omega_B}^2 = \frac{1}{2} \cdot I_A \cdot \pi^2$$

$$E_{C_{Sist\ final}} = \frac{1}{2} \cdot (I_A + I_B) \cdot \Omega^2 = \frac{1}{2} \cdot 2 \cdot I_A \cdot \left(\frac{\pi}{2}\right)^2 = \frac{1}{4} \cdot I_A \cdot \pi^2$$

$$\Delta E_C = E_{C_{Sist\ final}} - E_{C_{Sist\ inicial}} = \frac{1}{4} \cdot I_A \cdot \pi^2 - \frac{1}{2} \cdot I_A \cdot \pi^2$$

$$\boldsymbol{\Delta E_C = -\frac{1}{4} \cdot I_A \cdot \pi^2 = \frac{-\left(\frac{80 \cdot \left(\frac{1,2}{2}\right)^2}{2}\right) \cdot \pi^2}{4} = -33,53\ Julios}$$

Ahora mediante una regla de 3, tenemos:

$$\frac{1}{2} \cdot I_A \cdot \pi^2 \quad \text{———————} \quad 100\ \%$$

$$-\frac{1}{4} \cdot I_A \cdot \pi^2 \quad \text{———————} \quad x\ \%$$

de donde,

$X = 50\%$ de energía se pierde

Ejercicio 5.8. Al girar el tambor 1 de masa M_1 y el radio r_1 en torno al eje fijo z, sobre su superficie lateral se arrolla un hilo que pone en movimiento la carga 2 de masa M_2, que se desliza sobre un plano horizontal liso.

Calcular el momento cinético del sistema respecto del eje z, expresándolo en función de la velocidad angular.

Notas.

El tambor se considerará como un cilindro circular macizo y homogéneo.

La masa del hilo se despreciará.

El eje z está orientado perpendicularmente al plano de la figura.

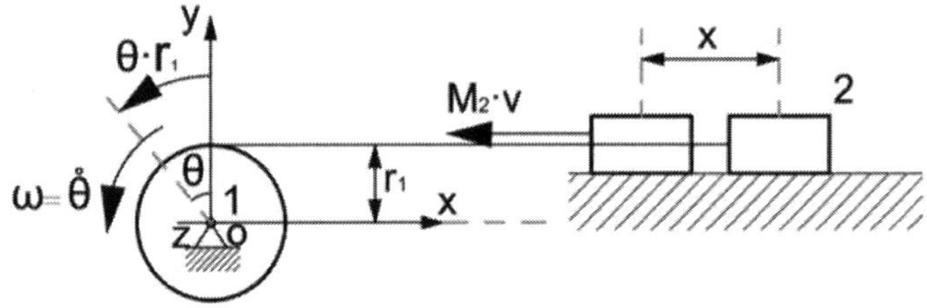

$$\vec{\omega} = \omega \cdot \vec{k}$$

$$\vec{v} = -v \cdot \vec{i}$$

Tomamos unos ejes xyz y calculamos el momento cinético del sistema (carga y tambor) respecto del punto O ($\overrightarrow{L_o}$).

Como piden calcular el momento cinético del sistema respecto del eje z, se ha de proyectar $\overrightarrow{L_o}$ sobre el eje z.

$$\overrightarrow{L_o} = \overrightarrow{L_{o_{tambor}}} + \overrightarrow{L_{o_{carga}}}$$

Estamos en cinemática plana, luego:

$$\overrightarrow{L_{o_{tambor}}} = I_o \cdot \omega \cdot \vec{k} = \left(\frac{M_1 \cdot {r_1}^2}{2}\right) \cdot \omega \cdot \vec{k}$$

$$\overrightarrow{L_{o_{carga}}} = \overrightarrow{r_G} \wedge m \cdot \vec{v}$$

Pero en cinemática plana:

$$\overrightarrow{L_{o_{carga}}} = M_2 \cdot v \cdot r_1 \vec{k}$$

$$\overrightarrow{L_o} = \overrightarrow{L_{o_{tambor}}} + \overrightarrow{L_{o_{carga}}} = \left(\frac{M_1 \cdot {r_1}^2 \cdot \omega}{2} + M_2 \cdot v \cdot r_1\right)\vec{k} \qquad (1)$$

Teniendo las dos variables (ω y v) nos piden que lo expresemos en función de la velocidad angular; luego se necesita una condición cinemática.

Viendo el desplazamiento del tambor y de la carga:

$$x = \theta \cdot r_1$$

Derivando respecto del tiempo:

$$\frac{dx}{dt} = \frac{d\theta}{dt} \cdot r_1 \quad \rightarrow \quad v = \omega \cdot r_1 \qquad (2)$$

Sustituyendo (2) en (1):

$$\overrightarrow{L_o} = \left(\frac{M_1 \cdot {r_1}^2 \cdot \omega}{2} + M_2 \cdot \omega \cdot {r_1}^2\right)\vec{k} \quad \rightarrow \quad \overrightarrow{L_o} = \left[(M_1 + 2M_2) \cdot \omega \cdot \frac{{r_1}^2}{2}\right]\vec{k}$$

Y se proyecta $\overrightarrow{L_o}$ sobre el eje z:

$$L_z = \overrightarrow{L_o} \cdot \vec{k}$$

$$\boldsymbol{L_z = (M_1 + 2M_2) \cdot \omega \cdot \frac{{r_1}^2}{2}}$$

Ejercicio 5.9. Una mesa giratoria grande, como la de la figura, gira alrededor de un eje vertical O con velocidad angular ω constante. Un carro C se mueve radialmente hacia afuera con velocidad v respecto a la mesa.

Hallar la expresión del momento M necesario para girar la mesa en función de la velocidad angular ω, la distancia r del carro al centro, la masa m y la velocidad v del carro.

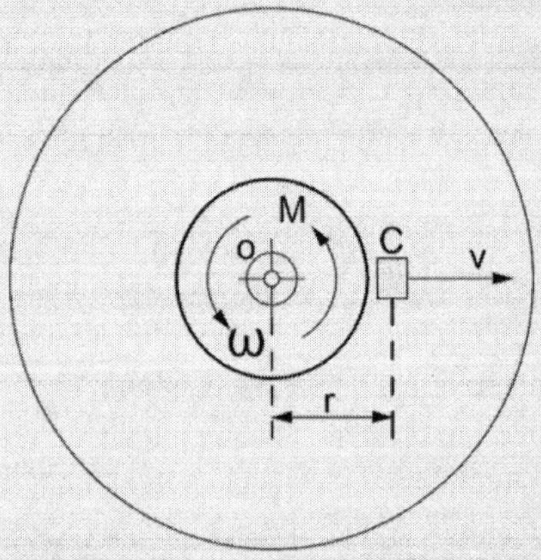

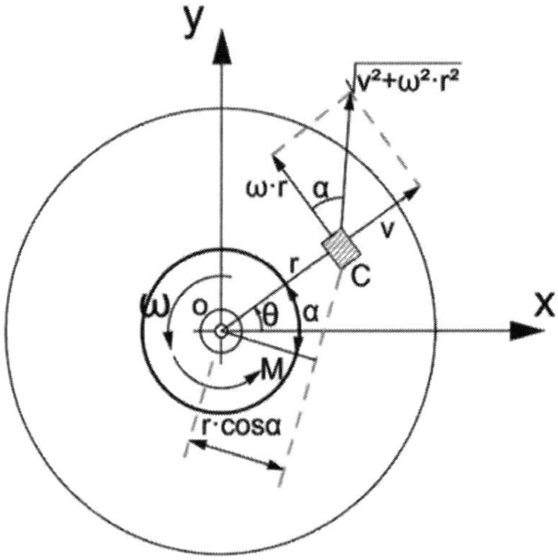

$$\omega = cte = \frac{d\theta}{dt}$$

$$cos\alpha = \frac{\omega \cdot r}{\sqrt{v^2 + \omega^2 \cdot r^2}}$$

$$L_z = \overrightarrow{L_o} \cdot \vec{k} \quad \rightarrow \quad \overrightarrow{L_o} = \overrightarrow{OC} \wedge m \cdot \overrightarrow{v_T}$$

$$L_z = \left(r \cdot cos\alpha \cdot m\sqrt{v^2 + \omega^2 \cdot r^2}\right) = \left(r \cdot \frac{\omega \cdot r}{\sqrt{v^2 + \omega^2 \cdot r^2}} \cdot m\sqrt{v^2 + \omega^2 \cdot r^2}\right)$$

$$L_z = m \cdot \omega \cdot r^2$$

Aplicando el teorema del momento cinético:

$$\frac{dL_z}{dt} = M_Z \quad \rightarrow \quad \frac{d}{dt}(m \cdot \omega \cdot r^2) = M$$

$$m \cdot \left(\frac{d\omega}{dt} \cdot r^2 + \omega \cdot 2r \cdot \frac{dr}{dt}\right) = M$$

$$\boldsymbol{M = 2mv\omega r}$$

Ejercicio 5.10. La velocidad angular de rotación de una rueda, que gira con movimiento uniformemente retardado por haber sido frenada, disminuye en 1 minuto desde 300 r.p.m. hasta 180 r.p.m. El momento de inercia de la rueda (respecto al eje de giro) es igual a 2 Kg · m^2. Hallar:

a) El momento (respecto al eje de giro) de la fuerza que frena.

b) La energía cinética de la rueda cuando gira a 200 r.p.m.

c) El trabajo de frenado.

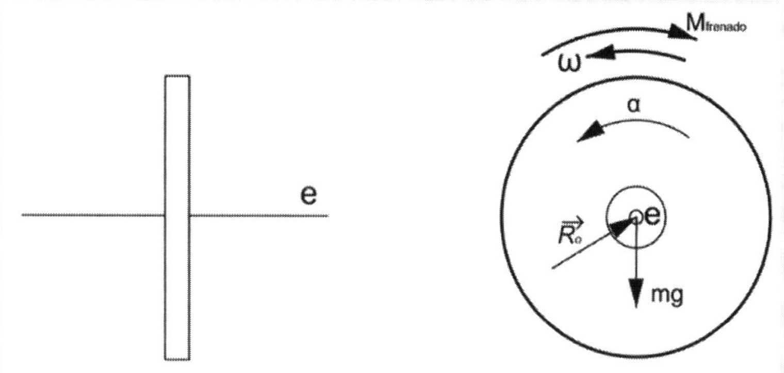

Se trata de un movimiento uniformemente retardado. Como en 1 min hay 60 s.

$$\omega_O = 300\ r.p.m = \frac{300 \cdot 2\pi}{60} = 10\pi \frac{rad}{s}$$

$$\omega_f = 180\ r.p.m = \frac{180 \cdot 2\pi}{60} = 6\pi \frac{rad}{s}$$

a) Momento de frenado:

Ha de existir una fuerza de frenado que provoque este momento de frenado. Por tanto, si tomamos momentos en el centro de la rueda:

$$M_O = I_O \cdot \alpha \quad \rightarrow \quad -M_{frenado} = I_O \cdot \alpha \tag{1}$$

Ahora se ha de determinar α:

$$\alpha = \frac{d\omega}{dt} \quad \rightarrow \quad d\omega = \alpha \cdot dt \quad \rightarrow \quad \int_{\omega_O}^{\omega_f} d\omega = \int_{t=0}^{t=60} \alpha \cdot dt$$

$$\omega_f - \omega_O = \alpha \cdot \Delta t \quad \rightarrow \quad 6\pi - 10\pi = \alpha \cdot 60 \quad \rightarrow \quad \alpha = -\frac{4\pi}{60}$$

$$\boldsymbol{\alpha = -\frac{\pi}{15}\frac{rad}{s^2}}$$

Sustituyendo en (1):

$$-M_{frenado} = 2\ kg \cdot m^2 \cdot \left(-\frac{\pi}{15}\frac{rad}{s^2}\right) \quad \rightarrow \quad -M_{frenado} = -0{,}42\ Kg \cdot \frac{m^2}{s^2}$$

$$\boldsymbol{-M_{frenado} = -0{,}42\ Kg \cdot m \cdot \frac{m}{s^2}}$$

$$\boldsymbol{M_{frenado} = 0{,}42\ N \cdot m}$$

b) Energía cinética de la rueda cuando gira con una velocidad angular de 200 r.p.m.

La energía cinética de un sólido en rotación alrededor de un eje fijo, será:

$$\omega = 200\ r.p.m = \frac{200 \cdot 2\pi}{60} = 20{,}944 \frac{rad}{s}$$

$$\boldsymbol{E_c = \frac{1}{2} \cdot I_e \cdot \omega^2 = \frac{1}{2} \cdot 2\ kg \cdot m^2 \cdot (20{,}944)^2 \frac{rad^2}{s^2} = 438{,}65\ Julios}$$

c) El trabajo de frenado.

$$T_{frenado} = \int \overrightarrow{F_{frenado}} \cdot d\vec{r}$$

Si aplicamos el teorema de la energía:

$$dE_c = dT \quad \rightarrow \quad \Delta E_c = \Delta T \quad \rightarrow \quad \Delta T_{frenado} = E_{c_{final}} - E_{c_{inicial}}$$

$$\Delta T_{frenado} = \frac{1}{2} \cdot I_e \cdot {\omega_f}^2 - \frac{1}{2} \cdot I_e \cdot {\omega_o}^2 = \frac{1}{2} \cdot I_e \cdot \left(\omega_f - \omega_o\right)^2$$

$$\boldsymbol{\Delta T_{frenado} = \frac{1}{2} \cdot 2\, kg \cdot m^2 \cdot (36\pi^2 - 100\pi^2) \frac{rad^2}{s^2} = -631,65\, Julios}$$

Ejercicio 5.11. Utilizando el dispositivo de las poleas que aparece en la figura, un trabajador que pesa P Kg con la ayuda de un contrapeso de masa m_B, intenta bajar la gran jaula de masa m_A. El plan que ha elaborado el conductor del camión es sacar de súbito el camión debajo de la jaula mientras aplica todo su peso sobre el cable. ¿Cuál será la aceleración de cada cuerpo en el instante que esté suspendido libremente?

Datos: P = 80 Kg.

m_A = 100 Kg.

m_B = 50 Kg.

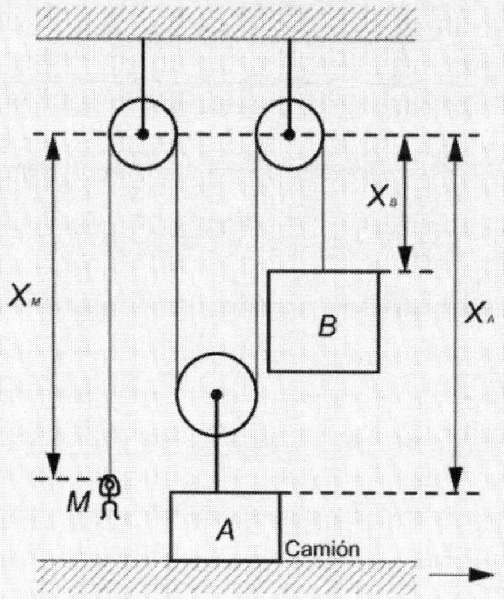

$$\boldsymbol{x_M + \pi \cdot r + (x_{A'} - a) + \pi R + (x_A - a) + \pi r + x_B = cte}$$

Sabemos que la longitud de la cuerda es constante. Tomando desde una posición fija, que en este caso tenemos una serie de parámetros (uno para cada cuerpo). En todo momento:

$$x_M + 2x_A + x_B = cte$$

Derivando respecto del tiempo:

$$v_M + 2v_A + v_B = 0$$

Derivando de nuevo respecto del tiempo (relación cinemática):

$$a_M + 2a_A + a_B = 0 \qquad (1)$$

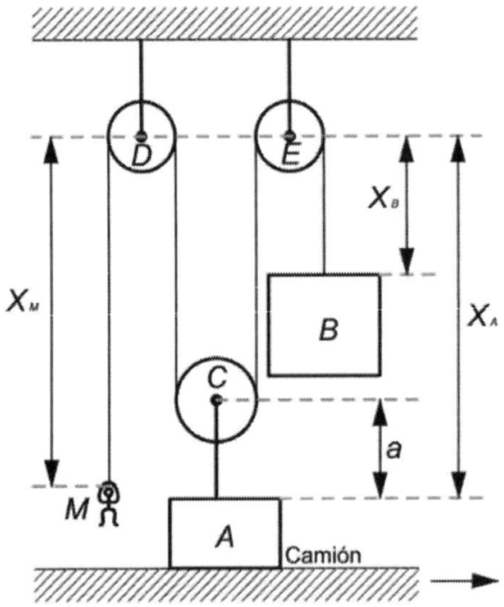

Para la polea C, admitimos que su masa es despreciable:

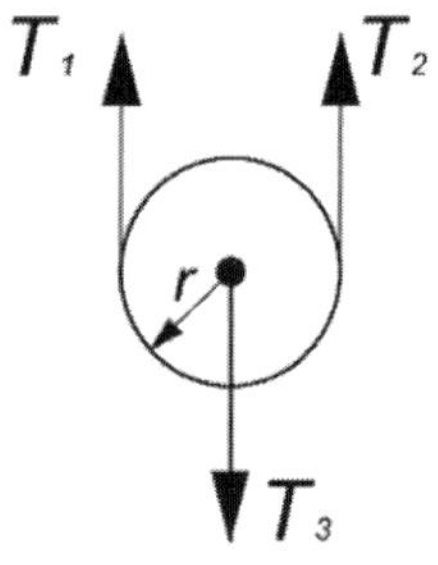

$$\sum M_G = I_G \cdot \alpha \quad \rightarrow \quad \sum M_G = 0$$

$$T_2 \cdot r - T_1 \cdot r = 0 \quad \rightarrow \quad T_2 = T_1 = T$$

$$\sum \vec{F} = m \cdot \vec{a} \quad \rightarrow \quad \sum \vec{F} = 0 \text{ (en vertical)}$$

$$T_3 - T_2 - T_1 = 0 \quad \rightarrow \quad T_3 = T + T$$

$$\boldsymbol{T_3 = 2T}$$

Las otras dos poleas, D y E, cuyas masas también son despreciables:

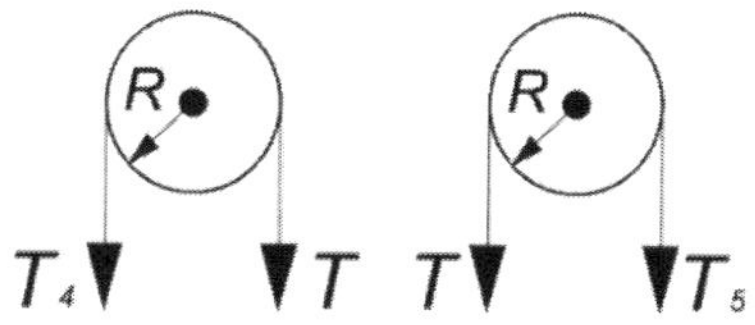

$$\sum M_G = I_G \cdot \alpha \quad \rightarrow \quad \sum M_G = 0$$

$$T_4 \cdot r - T \cdot r = 0 \quad \rightarrow \quad T_4 = T$$

$$T_5 \cdot r - T \cdot r = 0 \quad \rightarrow \quad T_5 = T$$

Cuerpo M (hombre):

$$\sum \vec{F} = m \cdot \vec{a}$$

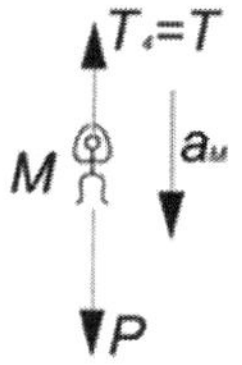

En vertical:

$$\sum F = m \cdot a$$

$$P - T = \frac{P}{g} \cdot a_M \quad \rightarrow \quad a_M = \frac{g \cdot (P - T)}{P} \qquad (2)$$

Cuerpo A (jaula):

$$\sum \vec{F} = m \cdot \vec{a}$$

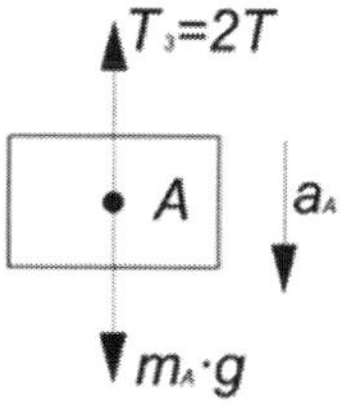

En vertical:

$$\sum F = m \cdot a$$

$$m_A \cdot g - 2T = m_A \cdot a_A$$

$$a_A = \frac{m_A \cdot g - 2T}{m_A} \qquad (3)$$

Cuerpo B (contrapeso):

$$\sum \vec{F} = m \cdot \vec{a}$$

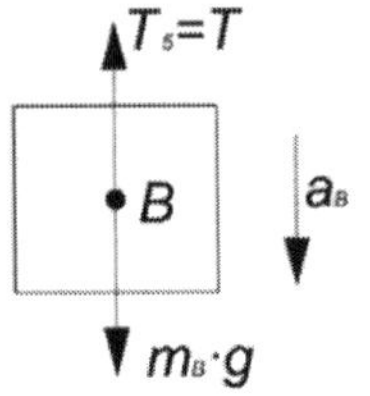

En vertical:

$$\sum F = m \cdot a$$

$$m_B \cdot g - T = m_B \cdot a_B$$

$$a_B = \frac{m_B \cdot g - T}{m_S} \qquad (4)$$

Sustituyendo (2), (3) y (4) en (1):

$$\frac{g \cdot (P - T)}{P} + 2 \cdot \frac{m_A \cdot g - 2T}{m_A} + \frac{m_B \cdot g - T}{m_S} = 0$$

$$g \cdot \frac{P}{P} - g \cdot \frac{T}{P} + 2\frac{m_A \cdot g}{m_A} - \frac{4T}{m_A} + \frac{m_B \cdot g}{m_S} - \frac{T}{m_S} = 0$$

$$g + 2g + g - g \cdot \frac{T}{P} - \frac{4T}{m_A} - \frac{T}{m_S} = 0$$

$$4g = \left(\frac{g}{P} + \frac{4}{m_A} + \frac{1}{m_S}\right) \cdot T$$

De esta manera se puede obtener T y sustituimos en (2), (3), (4) y se obtienen las aceleraciones. Con aplicación numérica:

$$4 \cdot 9{,}81 = \left(\frac{9{,}81}{784{,}8} + \frac{4}{100} + \frac{1}{50}\right) \cdot T$$

$$\boldsymbol{T = 541{,}24\ N}$$

A partir de (2) $\rightarrow$ $a_M = \dfrac{9{,}81 \cdot (784{,}8 - 541{,}24)}{784{,}8}$ $\rightarrow$ $\boldsymbol{a_M = 3{,}044\ m/s^2}$

A partir de (3) $\rightarrow$ $a_A = \dfrac{100 \cdot 9{,}81 - 2 \cdot 541{,}24}{100}$ $\rightarrow$ $\boldsymbol{a_A = -1{,}015\ m/s^2}$

A partir de (4) $\rightarrow$ $a_B = \dfrac{50 \cdot 9{,}81 - 541{,}24}{50}$ $\rightarrow$ $\boldsymbol{a_B = -1{,}015\ m/s^2}$

PROBLEMAS PROPUESTOS

Ejercicio 5.12. Calcular el desplazamiento del camión volquete no frenado de la figura, que en el instante inicial estaba en reposo, si su carrocería de 4 toneladas de peso a girado 30 grados a partir de la posición horizontal alrededor del eje O, perpendicular al plano del dibujo. El peso del camión sin carrocería es igual a 1,5 toneladas. La posición del c.d.g. (C) de la carrocería está indicado en el dibujo, OA = 2 m y AC = 50 cm.

La resistencia al movimiento del camión se desprecia.

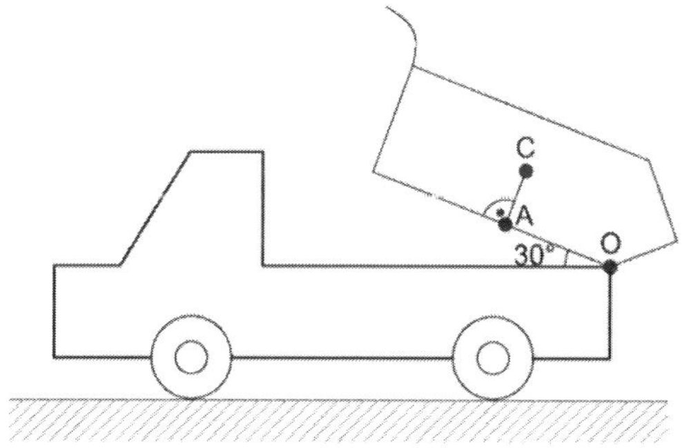

Solución:

$$x = 37,67 \text{ cm}$$

Ejercicio 5.13. Un sistema está formado por tres partículas de masas 3 Kg, 2 Kg y 6 Kg. La primera tiene una velocidad de $6\vec{j}$ (m/s); la segunda se mueve con una velocidad de 8 m/s que forma con el semieje +OX un ángulo de –30 grados.

Hallar la velocidad de la tercera partícula para que el centro de masas permanezca en reposo.

Solución:

$$v_3 = 2,85\frac{m}{s}$$

Ejercicio 5.14. Sobre la superficie interior lisa, de una semiesfera fija de diámetro d, resbala una barra pesada de longitud L, partiendo de la posición inicial representada en la figura.

Hallar las velocidades que tienen sus extremos cuando la barra llegue a su posición inferior.

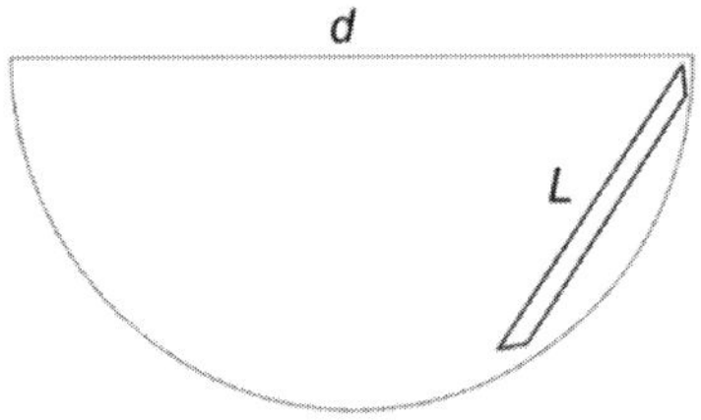

Solución:

$$v_A = v_B = \sqrt{\frac{18gd^2 \cdot \left(1-\frac{L}{d}\right) \cdot \sqrt{\left(\frac{d^2}{4}-\frac{L^2}{4}\right)}}{2L^2+d^2}}$$

Ejercicio 5.15. En el sistema de la figura, el bloque y la partícula (ambos con la misma masa), se encuentran inicialmente en reposo. Sabiendo que no existe ningún rozamiento, calcular las velocidades de ambos, cuando la partícula se encuentra en el punto más bajo de la circunferencia.

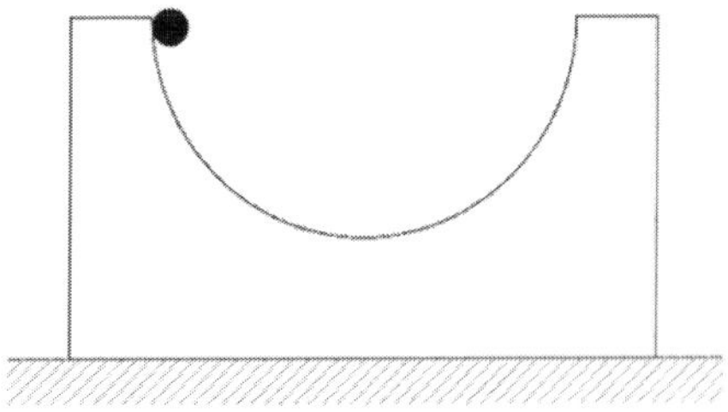

Solución:

$$\overrightarrow{v_{bloque}} = \sqrt{g \cdot R}\,\vec{i}$$

$$\overrightarrow{v_{part}} = -\sqrt{g \cdot R}\,\vec{i}$$

Ejercicio 5.16. El momento cinético de una partícula, con relación a cierto punto O, varía en función del tiempo según la siguiente ley:

$$\vec{M} = \vec{a} + \vec{b} \cdot t^2$$

donde $\vec{a}$ y$\vec{b}$ son vectores constantes y perpendiculares entre sí.

Hallar el momento $\vec{N}$ con relación al punto O de la fuerza que actúa sobre la partícula cuando el ángulo entre los vectores $\vec{N}$ y $\vec{M}$ resulta igual a 45 grados.

Solución:

$$\vec{N} = 2\sqrt{\frac{a}{b}}\,\vec{b}$$

Ejercicio 5.17. Dos barras homogéneas OA y AB de la misma longitud L y de la misma masa M, se mueven en un plano YOZ. La barra OA gira alrededor de O. Se supone conocida la ley de la variación del ángulo. El extremo A de la barra AB está articulado en A al extremo de la barra OA. El extremo B está obligado a deslizar sobre OX. Calcular en un instante genérico:

a) Energía cinética y el momento cinético respecto de O de la barra OA.

b) La energía cinética y el momento cinético respecto de O del sistema formado por las dos barras.

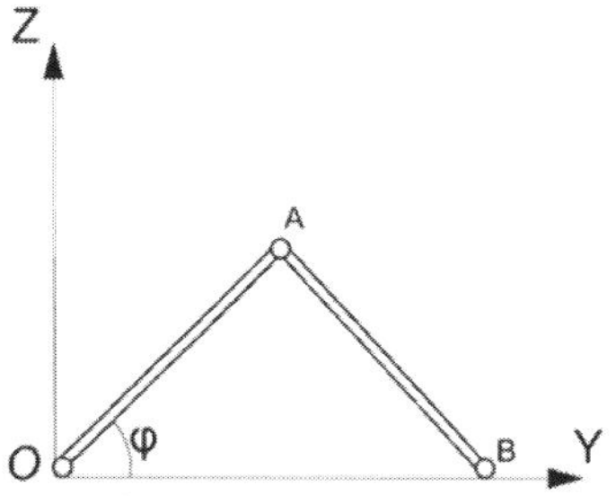

Solución:

a)

$$E_{c_{OA}} = \frac{1}{6} \cdot M \cdot L^2 \cdot \omega^2$$

$$\overrightarrow{L_{o_{OA}}} = \frac{1}{3} \cdot M \cdot L^2 \cdot \omega \cdot \vec{k}$$

b)

$$E_{c_{total}} = \frac{1}{6} \cdot M \cdot L^2 \cdot \omega^2 + M \cdot L^2 \cdot sen^2\varphi \cdot \omega^2$$

$$\overrightarrow{L_{o_{total}}} = \overrightarrow{L_{o_{OA}}} + \overrightarrow{L_{o_{AB}}} = \frac{7}{6} \cdot M \cdot L^2 \cdot \omega \cdot \vec{k}$$

Ejercicio 5.18. Sobre un plano inclinado 30 grados y que ofrece una resistencia al deslizamiento de coeficiente $\mu = 0{,}2$, desliza un bloque de 3 Kg de masa unido a una cuerda que se enrolla en la periferia de una polea formada por dos discos acoplados de 1 Kg y 0,5 Kg y de radios 0,3 m y 0,1 m, respectivamente. De la cuerda enrollada al disco pequeño cuelga un bloque de 10 Kg de peso. Calcular:

a) Las tensiones de las cuerdas.

b) La aceleración de cada cuerpo.

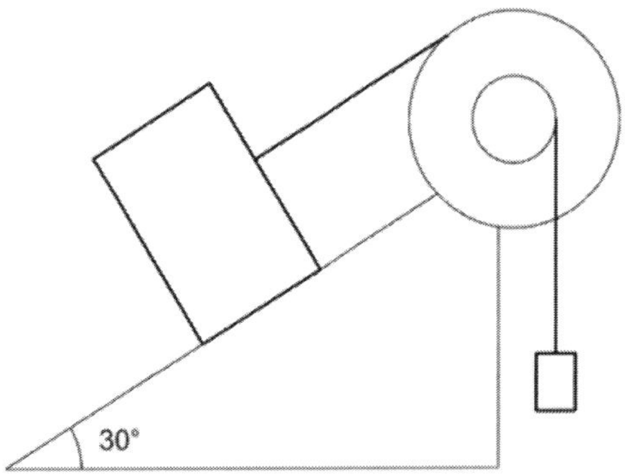

Solución:

a)

$$\boldsymbol{T_1 = 88{,}84\ N}$$

$$\boldsymbol{T_2 = 28{,}15\ N}$$

b)

$$a_1 = 2,778 \frac{m}{s^2}$$

$$a_2 = 0,926 \frac{m}{s^2}$$

Ejercicio 5.19. Las masas de los cuerpos A, B y C de la figura son m_A = 10 Kg, m_B = 20 Kg y m_C = 30 Kg. Las cuerdas que los unen son de masa despreciable y la polea por la que pasa una de ellas se considera también de masa despreciable y sin rozamiento. El coeficiente de rozamiento entre los cuerpos A y B y el plano es $\mu = 0,2$.

Calcular la aceleración de los cuerpos y las tensiones de las cuerdas.

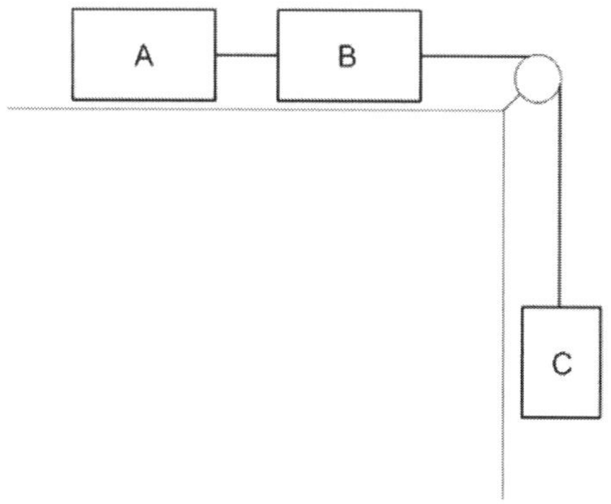

Solución:

Tensión de la cuerda entre los bloques A y B:

$$T = 58,86\ N$$

Tensión de la cuerda entre los bloques B y C:

$$T' = 176,58\ N$$

Aceleración de los bloques:

$$a = 3,924 \frac{m}{s^2}$$

Ejercicio 5.20. Un bloque de 90 Kg se apoya sobre un plano horizontal. Sobre él actúa una fuerza F como se indica en la figura. Si el coeficiente de rozamiento es de 0,25, determinar la magnitud de la fuerza F necesaria para comunicar al bloque una aceleración de 3 m/s^2.

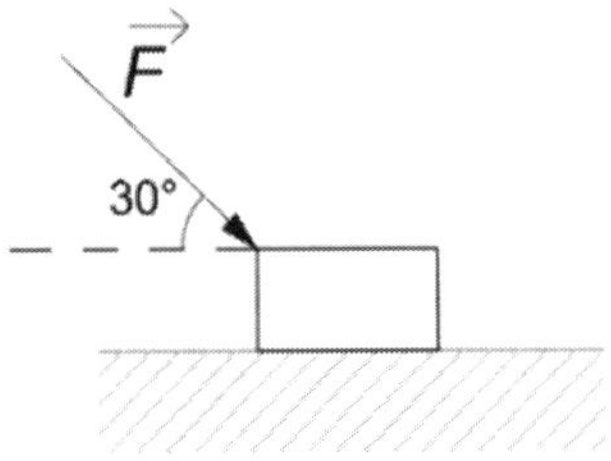

Solución:

$$F = 662,247\ N$$

Ejercicio 5.21. Un pequeño cuerpo M comienza a deslizarse sobre la superficie esférica de la figura partiendo de la posición A en la que está en reposo. ¿En qué punto C abandonara la superficie? Se considera que no existe rozamiento.

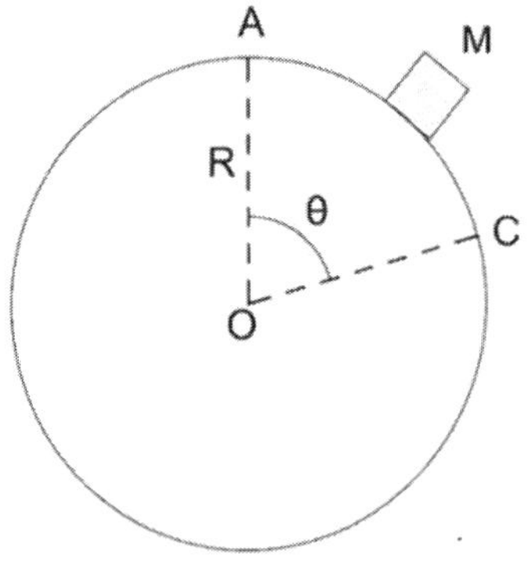

Solución:

Para el siguiente ángulo el objeto M se separa de la superficie.

$$\boldsymbol{\theta = 48,19^{o}}$$

Ejercicio 5.22. Un cilindro de paredes finas y radio R se hace girar hasta la velocidad angular ω y se coloca en un rincón, como se indica en la figura. El coeficiente de rozamiento de deslizamiento entre las paredes del ángulo y el cilindro es μ. ¿Cuántas revoluciones realizará el cilindro hasta pararse?

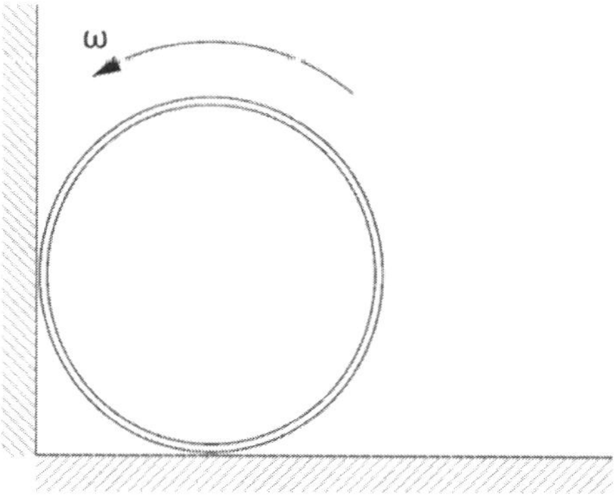

Solución:

$$\boldsymbol{revoluciones\ (x) = \frac{\omega^2 \cdot R(1+\mu^2)}{4\pi g\mu(1+\mu)}\ revoluciones}$$